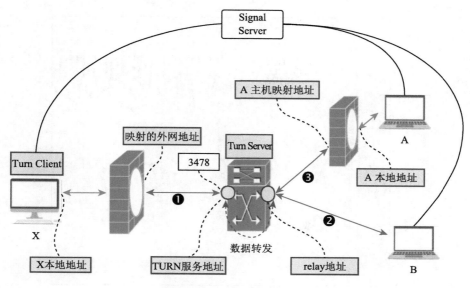

图 6.13　TURN 服务中转

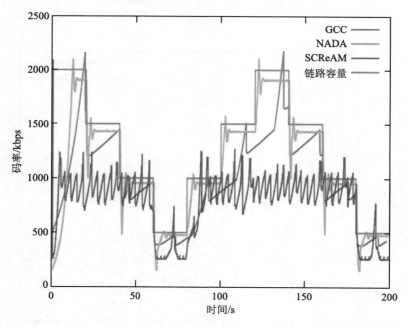

图 10.8　不同拥塞算法之间的比较（来源：https://arxiv.org/pdf/1809.00304.pdf）

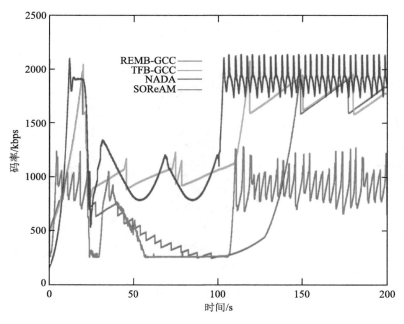

图 10.9　与 TCP 共存时带宽使用情况（来源：https://arxiv.org/pdf/1809.00304.pdf）

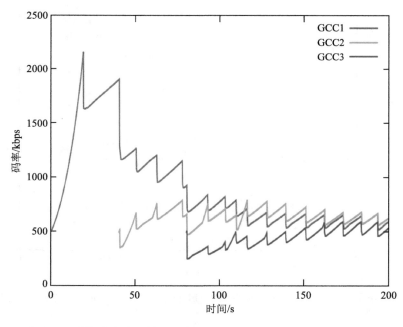

图 10.10　多 GCC 连接带宽占用情况（来源：https://arxiv.org/pdf/1809.00304.pdf）

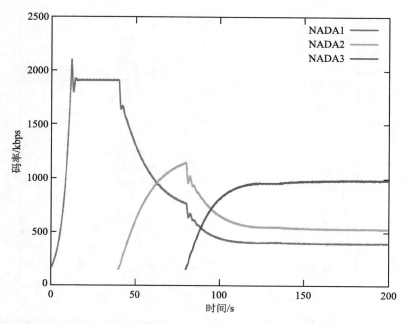

图 10.11 多 NADA 连接带宽占用情况（来源：https://arxiv.org/pdf/1809.00304.pdf）

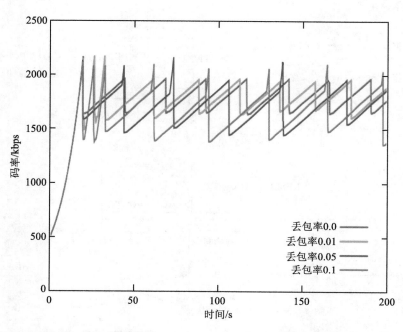

图 10.12 丢包时 GCC 带宽情况（来源：https://arxiv.org/pdf/1809.00304.pdf）

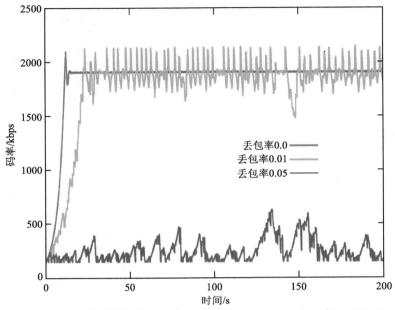

图 10.13　丢包时 NADA 带宽情况（来源：https://arxiv.org/pdf/1809.00304.pdf）

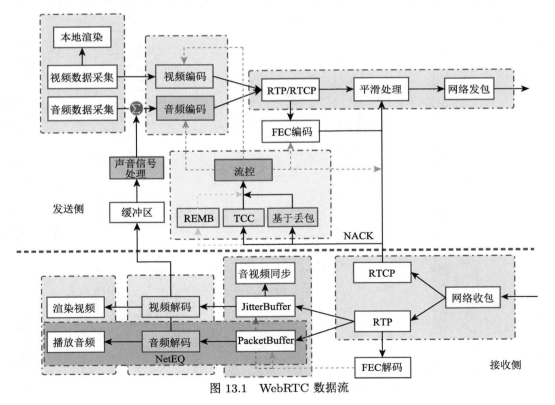

图 13.1　WebRTC 数据流

Web开发技术丛书

WebRTC音视频实时互动技术
原理、实战与源码分析

PRINCIPLE, PRACTICE AND SOURCE CODE ANALYSIS OF WEBRTC
AUDIO AND VIDEO REAL-TIME INTERACTIVE TECHNOLOGY

李 超 编著

机械工业出版社
CHINA MACHINE PRESS

图书在版编目（CIP）数据

WebRTC 音视频实时互动技术：原理、实战与源码分析 / 李超编著 . -- 北京：机械工业出版社，2021.6（2023.3 重印）
（Web 开发技术丛书）
ISBN 978-7-111-68501-2

I. ① W… II. ① 李… III. ① 移动终端 - 应用程序 - 程序设计 IV. ① TN929.53

中国版本图书馆 CIP 数据核字 (2021) 第 127053 号

WebRTC 音视频实时互动技术：原理、实战与源码分析

出版发行：机械工业出版社（北京市西城区百万庄大街 22 号 邮政编码：100037）

责任编辑：赵亮宇 责任校对：殷 虹

印 刷：固安县铭成印刷有限公司 版 次：2023 年 3 月第 1 版第 4 次印刷

开 本：186mm×240mm 1/16 印 张：17.75 插 页：2

书 号：ISBN 978-7-111-68501-2 定 价：89.00 元

客服电话：(010) 88361066 68326294

2021 年 1 月 29 日，WebRTC 正式成为 W3C 和 IETF 标准。自 2011 年 Google 宣布 WebRTC 开源，已经十年了。记得 2011 年 10 月，我约了当时还在 VisualOn 的刘华平和华平科技的刘睿在上海讨论基于 WebRTC 创业计划。

WebRTC 的前身是 GIPS（Global IP Solutions）。GIPS 最早全名叫作 Global IP Sound，是和 Sprit DSP 一样的终端语音通信解决方案。很多运营商都使用了 GIPS 或 Sprit DSP 的方案做 3G 的底层通话 SDK。GIPS 的突出特点是包括编解码、回声消除、降噪等 3A 算法。GIPS 团队中也不乏大师，比如 Ken Vos、Bastiaan Kleijn。Ken Vos（也是后来发明 SILK 的科学家）的 iLBC 和 iSAC 编码器（2000 年后唯一基于 FFT 的语音编码器）都开创了编解码考虑网络丢包影响的先河。发明回声消除动态延时估计算法的 Bastiaan Kleijn 大师的论文一直被后来的工程师膜拜，它从根本上解决了延时估计的问题。GIPS 后期开始做视频通信 SDK 方案，所以也把全名由 Global IP Sound 改成了 Global IP Solutions。但星光闪耀的 GIPS 在商业上不算成功，最后在 2011 年以不到 7000 万美元的价格卖给了 Google。而同年 5 月，微软收购同样技术领先的 Skype 时花费了 85 亿美元。

如果把端到端通信互动技术分解一下，会发现其中有几个技术难点：客户端技术、服务器技术、全球设备网络适配技术和通信互动质量监控与展示技术。在被收购时，GIPS 更像一个完整的客户端解决方案。所以后期 Google 的开发者在里面增加了 P2P 通信技术和一些简单的互联互通协议，以及基于 Web 展示的质量监控，使整个方案逐渐完整起来。

李超先生拥有十多年的实时音视频研发经验，曾带领团队研发过多个直播平台，先后任职沪江网高级架构师、新东方音视频技术专家。这本书从代码出发，详细介绍了如何使用 WebRTC 搭建一对一通信服务，并对内部的协议、拥塞控制技术和交互逻辑也做了详细的剖析，是一本难得的 WebRTC 开发书籍。

十年弹指一挥间，一本书囊括了李超先生多年的经验总结。很荣幸能为李超先生的作品作序。

声网 Agora 技术 VP & 合伙人，高泽华

2021 年 3 月 29 日

前　言 *Preface*

回想 2020 年，疫情的爆发使得世界经济陷入衰退，目前仍对我们的生活造成影响。

幸运的是我们生活在一个好时代，科技在这几十年中得到了迅猛发展。即使在疫情最严重的时刻，我们仍然可以通过音视频会议进行远程办公，通过在线教育系统进行学习，通过一些视频软件观看直播。

从某个角度看，这次疫情虽然导致很多行业处于崩溃边缘，但也迫使一些行业加速发展，其中音视频会议、在线教育的重要性马上体现了出来，新的沟通方式和教育方式被越来越多的人所认知、接纳。我们甚至可以推测，在线教育行业和音视频会议行业会在今年崛起，并在未来十年得到迅猛发展。音视频技术、传输技术（如 5G）的飞速发展，以及因此激发出的人们对音视频的需求，也为音视频行业的发展提供了动力。

现在音视频技术已经非常成熟了，它被越来越广泛地应用于各行各业，如抖音、微信短视频、娱乐直播、教育直播、音视频会议等。就连热门的 AI 技术也与音视频技术关系密切，如智能音箱、自动驾驶、人脸识别等都离不开音视频技术。未来音视频技术会有更好的前景，对音视频人才的需求也必然会像当年移动互联网发展时一样出现井喷现象。面对这样的机遇，你若能掌握音视频的核心技术，一定可以在未来职场上获得丰厚的回报和满满的成就感。所以，目前是学习音视频的最佳时机，及早加入音视频研发的队伍，有助于你在未来的职场上更有作为。

说到音视频技术，就不得不说 Google 开源的 WebRTC 库了。WebRTC 库如同音视频技术的一顶"王冠"，上面镶嵌了大大小小、各种各样的"宝石"，如降噪、回音消除、自动增益、NetEQ、网络拥塞控制……不胜枚举！目前国内无论是在线教育直播系统，还是音视频会议系统，其底层几乎无一例外都使用了 WebRTC 或从 WebRTC 中借鉴了不少有价值的模块和思想。不仅如此，如果现在你去应聘一线大厂的音视频研发岗，可以发现岗位描述中都写有"熟悉 WebRTC 技术者优先"之类的要求，WebRTC 的重要性由此可见一斑。因此，了解和学习 WebRTC 更显得尤为重要。

自从 2011 年 WebRTC 推出之后，我就一直在追踪其进展。最近几年 WebRTC 的发展越来越快，服务质量也越来越好，现在对于大多数公司来说，完全不必像我们当年（2010年）那样从 0 开始自研音视频系统了。你可以在 WebRTC 的基础上构建系统，这样既省时又省力，质量又能得到保障。

但学习 WebRTC 也并非易事，需要你有良好的基础，如熟练掌握 C++、熟悉音视频知识、了解网络传输等，这显然增加了学习 WebRTC 的成本。而我自从加入"跟谁学"团队后，不知怎的竟有了"好为人师"的冲动，一直在想是否可以对 WebRTC 做一个深入剖析，让更多的人知道 WebRTC 能做什么，该如何更好地利用 WebRTC。这种想法一直萦绕心头，随着时间的推移反而愈加强烈，后来竟成了我必须完成的使命！

因此，自 2018 年开始，我制定了"WebRTC 三部曲"的计划，即推出三门课，分别是"WebRTC 入门与实战""百万级高并发 WebRTC 流媒体服务器的实现""WebRTC 源码剖析"。这三门课的前两门我已经在慕课网推出，受到了广泛好评，而第三门则以图书的形式推出，本书也就与大家见面了。当然，WebRTC 源码十分庞杂，想通过一本书将其讲清楚是不现实的，所以这本书的推出既是我制定的 WebRTC 三部曲计划的终点，也是后面深入分析 WebRTC 源码的起点，而我的终极目标是将 WebRTC 剖析透彻，让更多的人可以更好地利用 WebRTC 做出更优秀的产品。

本书分为三部分，共 13 章。其中第 1~3 章为第一部分，主要介绍 WebRTC 的由来，为什么要选择 WebRTC，以及实时音视频通信的本质是什么。其中第 3 章最为关键，只有了解了音视频实时通信的本质，你才能知道音视频实时通信要解决什么问题，然后才能知道如何解决这些问题，从而理解 WebRTC 为什么要这样做。

第二部分包括第 4~10 章，这部分的内容比较多，我会循序渐进地向你讲解 WebRTC 的理论和实战。其中第 4 章介绍了一个最简单的 WebRTC 信令服务器该如何构建，第 5 章介绍了如何通过浏览器实现一对一通信，通过这两章你就可以搭建出一个 WebRTC 一对一实时通信系统了。第 6 章介绍了 WebRTC 底层是如何传输音视频数据的，重点是如何进行 NAT 穿越；第 7 章详述了 WebRTC 媒体协商使用的 SDP 各字段的含义。需要说明的是，SDP 中的每个字段你都需要牢记在心，这样才能为后续阅读 WebRTC 代码扫清障碍。第 8 章介绍如何通过移动端（Android、iOS）Native 的方式实现一对一通信，读完本章内容后，将能实现 Web 端与移动端的互联互通；第 9 章介绍了 WebRTC 底层的传输协议 RTP/RTCP，这部分内容是每个从事实时通信工作的读者必须掌握的；第 10 章介绍了 WebRTC 的两种拥塞控制算法，详细介绍了 WebRTC 为什么最终选择 Transport-CC 作为默认拥塞控制算法。

第三部分包括第 11~13 章。其中第 11 章介绍了编译 WebRTC 源码库的方法，对于大多数刚入门的读者来说，学习 WebRTC 的第一道门槛便是如何编译 WebRTC，通过对该章的学习，相信你一定可以顺利地将 WebRTC 库编译出来；第 12 章对 WebRTC 的 peerconnect_client 例子做了深入剖析，这个例子可以说是我们学习 WebRTC 源码的必经之路，这一章你一定要多花些时间将其全部掌握；第 13 章是对 WebRTC 源码的整体架构和运转流程的详细分析，也是本书最难的部分，将这章了解清楚后，你就知道 WebRTC 是如何运转的了。

我深深知道，一本书的完成并非一人之功，有身边无数亲人、朋友的支持和帮助，才能让这本书得以出版。这里首先要感谢我的家人，特别是我亲爱的妻子，正是她的支持和鼓励，才使我可以顺利地将这本书编写完成。除此之外，她还成了我的第一个读者，帮我纠正了很多语病。

感谢我的老领导、老朋友严石先生，他是 WebEx 创业"十君子"之一，是音视频实时通信方面的顶级专家。他在工作十分繁忙的情况下，仍然抽出了大量时间来阅读本书书稿，并指出了其中的不足，在此万分感谢！

感谢高泽华先生能在百忙之中抽出时间来阅读书稿，并为本书作序。能请到泽华为本书作序是我莫大的荣幸！

感谢刘岐先生为我指出书中的不足。我们是十多年的老朋友了，2005 年我们因研究 Linux 内核而结缘，之后各自发展，没想到几年之后我们又都进入了音视频领域，这应该就是一种缘分吧！

感谢翟方庆先生为本书的编写提供各种帮助，特别是为图书的宣传做了很多工作。

感谢声网，声网不但是一家音视频 SDK 顶级服务商，也是一家特别有情怀的公司，每年举办的 RTC 大会都是音视频界的盛会，促进了 RTC 社区的发展和技术交流。

感谢每一位为本书出版默默付出的人，没有大家的帮助就不会有本书的诞生。

在编写本书时，我努力做到准确细致，但难免存在不妥之处，希望读者朋友能不吝指正，在此万分感谢！

Contents **目 录**

第 1 章 *Chapter 1*

音视频直播的前世今生

1.1 音视频的历史

音视频可以说是人类与生俱来的需求，人一出生就要用耳听，用眼睛看，而听到千里之外的声音和看到千里之外的景象更是从古至今人类的向往。这一点从中国的古代神话小说《西游记》中也能得到佐证。小说中的两位神仙千里眼、顺风耳分别可以看到千里之外的景象和听到千里之外的声音，这充分表达了人们对这种能力的渴望。

为了解决听得远和看得远的问题，科学家们一直在为此孜孜不倦地探索。1876 年，贝尔发明了电话，使人们真的可以听到千里之外的声音（见图 1.1），从此掀起了一场技术革命。

对于我国来说，电话的引入是非常早的。贝尔发明电话后没多久，我国就将其引入了：

- 1882 年，我国第一部磁石电话交换机在上海开通。
- 1904 年，北京的第一个官办电话局在东单二条胡同开通，采用了 100 门人工交换机。
- 1960 年，我国自行研制的第一套 1000 门纵横制自动电话交换机在上海吴淞局开通使用。

不过，我国在这方面真正走上快车道是在 20 世纪 80 年代中后期，当时大量的通信设备制造企业如雨后春笋一般涌现，华为、中兴都是在这一时期开始起步的。

视频的发展与音频几乎是同时的。1872 年美国人斯坦福与他的好友科恩进行了一场激烈的争论，争论的问题是，马在奔跑时，四只马蹄是否是腾空的？最终，他们在摄影师迈布里奇的帮助下，利用相机连续拍照技术，将多张照片按时间顺序生成了一条连贯的照片带，最终确定奔跑的马始终会有一条腿着地，从而解决了争论。但故事并未因争论终止而结束，有人将迈布里奇制作的照片带快速牵动，结果神奇的一幕出现了，照片带中每张静止的马竟然"活"了起来，这件事引起了巨大轰动，并被迅速传开。

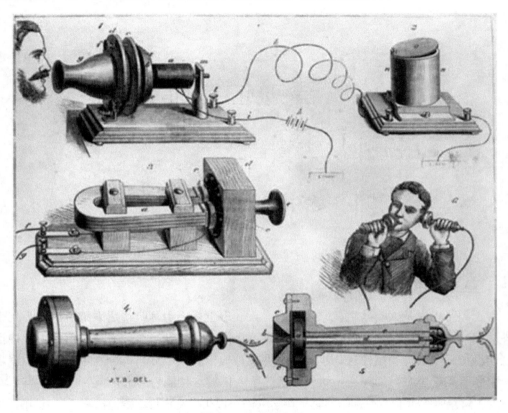

图 1.1　古老的电话

1888 年，生物学家马莱受到迈布里奇的启发，利用连续拍照来研究动物的形态，从而发明了固定底片摄影机。同年，法国的路易斯·普林斯在英国使用同样的方法拍摄了世界上第一部电影《朗德海花园场景》，从此人类进入了有视频的时代。只不过此时的视频还无法改变人们的生活，它唯一的用途就是记录过去。

音视频技术自诞生以来，一直属于科技中的尖端技术，由于它们都诞生在欧美国家，所以百年来这两项技术一直由欧美国家所掌控。许多大家耳熟能详的巨头公司都是由于掌握了音视频的核心技术而称霸世界的，如 AT&T 是有线电话的先驱，摩托罗拉开创了无线通信的时代，诺基亚因其是 2G 技术标准的制定者和早期智能手机的开创者而闻名于世，苹果就更不用说了，iPhone 的出现为智能手机开启了一个新的时代。

不过最近几十年，全世界科技的发展趋于同步。在通信领域，从固定电话到移动电话，从模拟信号到数字信号，从 1G 发展到现在的 3G、4G、5G……速度越来越快，音视频技术也随着通信技术的发展而突飞猛进。现在我们可以看到，音视频技术与通信技术的结合已经开始改变人们的生活方式了。

1.2 移动互联网

虽然在 20 世纪 90 年代末到 2007 年，摩托罗拉、诺基亚等老牌手机厂商在手机领域占主导地位，但 2007 年第一部 iPhone 手机的出现，可以说才真正开启了智能手机的时代。而 2008 年中国 3G 网的正式开通，则宣告了中国移动互联网的到来。从此之后，移动互联网发展之迅猛完全超出了人们的想象。

为了抢占技术先机，现在各国开始大力发展 5G，相信在未来的一两年内，5G 将会被广泛应用于人们的日常生活。5G 的出现会更加激发人们对音视频的需求。

从第一部电话的出现到现在已经有 100 多年的历史了，声音的问题解决了，人们开始憧憬"千里眼"的实现。视频压缩技术远比音频压缩技术复杂得多，但自从 H264 编解码器被研制成功之后，视频压缩技术的发展明显加快，现在 H265/VP9 已基本成熟，而新一代的编解码器 AV1 也呼之欲出。

即使这样，光靠视频压缩技术想实现千里眼还是困难重重。除了将视频数据压缩得更小外，还有没有其他方法呢？当然是提升宽带。可以说光纤的发明从技术上解决了网络带宽的问题，而 3G、4G、5G 的发展使得移动端通信也可以从之前的"乡间小路"变成"高速公路"。

随着压缩技术的解决以及带宽的快速提升，千里眼已经不再是神话了。1996 年 WebEx 的创建及其推出的音视频会议产品是一个里程碑，从此，千里眼和顺风耳合为一体。我们现在的各种娱乐直播以及在线教育的实时互动直播，都是在此之后才如雨后春笋般出现。

回看历史，音频技术的突破及应用开启了移动互联网的浪潮。而视频技术的突破相信就在眼前，必然也会开启另一个技术浪潮。那么压缩技术解决了，高速公路建成了，还缺什么呢？

1.3 音视频直播的两条技术路线

压缩技术解决了，高速公路建成了，接下来就是如何利用这些技术进行产品化了。音视频直播就是众多音视频应用中最亮眼，也是大家最需要的应用。对于不同的行业和领域，在使用音视频直播时，人们往往给直播不同的称谓，比如：在教育领域中使用的直播称为在线教育直播，在远程办公领域的直播称为网络音视频会议，在娱乐领域则称为娱乐直播，等等。

虽然所有的直播底层都是使用音视频和网络传输技术，但由于应用的场景不同、目标不同，所以它们的技术方案也有很大的区别。

对于音视频会议来讲，它关注的是实时通话的质量，也就是说当你开启摄像头、打开麦克风后，远端的用户就可以立即看到你的视频、听到你的声音。同样，你也可以立即看到对方的视频、听到对方的声音。而娱乐直播则与音视频会议不同，它追求的目标是可以让尽可能多的用户观看到节目，视频清晰、不卡顿。但它对音视频延迟要求不高，因此这类直播的实时性比较差。

由此，我们可以知道音视频直播分成了两条技术路线：一条是以音视频会议为代表的实时互动直播；另一条是以娱乐直播为代表的流媒体分发。

所谓实时互动直播，就是指以实时互动为目标的直播。其中 1996 年朱敏创建的 WebEx 公司应该是这个领域中影响最广泛的一家公司。在 20 世纪 90 年代末就可实现多人实时互动聊天，可见它当时的技术有多么前沿。WebEx 仅用四年时间就成功在美国上市，当时引起了不小的轰动。现在大家熟知的 Zoom 创始人袁征、声网创始人赵斌都是 WebEx 的早期员工。

而娱乐直播是从 2002 年开始真正发展起来的，当时 Adobe 推出了基于 RTMP 的流媒体服务器 FMS，它推动了媒体分发技术的广泛应用。从 FMS 之后，各种流媒体服务器相继上市，如 Wowza、Red5、Nginx-Rtmp Module、SRS 等。之后各大 CDN 厂商看到了这个巨大的市场，纷纷推出了各自的直播系统，从而形成了现在以阿里、腾讯为首，多家 CDN 并存的市场格局。

这两种技术各有优缺点：互动直播主要解决人们远程音视频交流的问题，所以其优点是实时性强，时延一般低于 500ms；而娱乐直播则主要解决音视频的大规模分发问题，因此其在大规模分发上更具优势，但实时性比较差，通常时延在 3s 以上。表 1.1 中给出了目前常见的几种直播技术。

表 1.1 直播技术

技术路线	WebRTC	RTMP	HTTP-FLV	HLS	DASH
传输方式	UDP/RTP	TCP	TCP/HTTP	TCP/HTTP	TCP/HTTP
平均时延	500ms	3s 左右	3s 左右	10s 以上	10s 以上
分段下发	否	否	是	是	是
浏览器播放	支持	不支持	支持	支持	支持

在表 1.1 中，只有 WebRTC 技术用于实时互动直播，而其他几种技术都用于娱乐直播。实际上，最初娱乐直播也只有 RTMP 这一种方案可选，但后来由于苹果宣布不再支

持 RTMP，并推出了自己的解决方案 HLS，最终导致 RTMP 走向了消亡。HLS 是基于 HTTP 的，它首先对媒体流（文件）进行切片，然后通过 HTTP 传输，接收端则需要将接收到的切片进行缓冲，之后才能将媒体流平稳地播放出来。基于上述机制，HLS 在实时性方面比 RTMP 差很多，但使用它的好处也是显而易见的（苹果产品原生支持），而且娱乐直播本来也对实时性要求不高，因此这种方案被大家广泛采纳。随着 Adobe 公司宣布不再维护 RTMP，那些已经广泛使用 RTMP 的公司不得不变更方案。然而，将 RTMP 换成 HLS 需要付出高昂的成本，于是有人提出了 HTTP-FLV 方案，即传输的内容仍然使用 RTMP 格式，但底层传输协议换成 HTTP，这种方案既可以保障其实时性比 HLS 好，又可以节约升级的成本，因此也受到各方的欢迎。不过 HTTP-FLV 的扩展性比较差，因此它只是一种临时方案。HLS 方案虽然不错（有大量的用户使用），但其他公司也有类似的方案，这使得各直播厂商不得不写多套代码，费时费力。于是，FFMPEG 推出了 DASH 方案，该方案与 HLS 类似，也是以切片的方式传输数据，最终该方案成为国际标准，从而使直播厂商只要写一套代码就可以实现切片传输了。

1.4　音视频直播的现状

从直播服务端的角度看，随着时代的发展、技术的进步，单纯的实时互动直播或娱乐直播已经不能满足人们的日常需求了。以在线教育为例，它既要求老师与学生之间可以进行实时互动以增强教学的质量，又需要让更多的（尤其偏远地区的）学生可以听到优质的课程。因此，实时互动直播与娱乐直播技术相结合成为现在直播服务器的主流技术方案。

从直播客户端的角度看，虽然音视频技术已经很成熟，允许我们自研音视频会议产品，但自研这种产品费用十分昂贵。而 Google 帮我们解决了这个问题，2011 年 Google 花了 6000 多万美元收购 GIPS 公司（它也是一家从事音视频实时互动引擎开发的公司，在音频编解码、网络传输等方面，有很多的技术积累和非常大的技术优势），并将其技术重新组织，开源成为现在的 WebRTC。

WebRTC 的愿景是让浏览器间可以快速、方便地实现端到端的实时音视频互动。随着这几年 WebRTC 技术的演进，以及 WebRTC1.0 规范的推出，在浏览器间进行实时音视频互动已成为可能。目前主流的浏览器（Chrome、Firefox、Safari、Edge）都已支持 WebRTC，其愿景已初见成效。一旦这一愿景全部实现，它必将对人类产生巨大的影响。我们可以想象一下，未来我们只要通过浏览器就可以与全世界几十亿的人随时随地地实时沟通，这是多么震撼的场景！

此外，WebRTC 不仅可以用在浏览器之间进行音视频互动，它还可以应用在非常广泛的产品上，如 P2P 传输、文本聊天、文件传输、游戏、多人实时互动、音频处理（回音消除、降噪）等各种各样的应用中，甚至是人工智能软件上。

正是看到 WebRTC 如此强大，各大公司现在都开始引入、拥抱 WebRTC。目前做音视频相关产品的公司或多或少都参考或借鉴了 WebRTC，甚至有些公司完全使用 WebRTC 来研发产品。

比如阿里、腾讯就在使用 WebRTC 技术替换自己的 CDN 直播网络。现在在它们的一些实验产品中，已经可以使用 RTMP 推流，然后在浏览器上使用 WebRTC 技术拉流观看了。这种技术对于视频监控行业来说应该是一个特别好的解决方案。

由此可见，音视频直播技术有两个重要趋势：一是实时互动直播技术与娱乐直播技术合二为一；二是 WebRTC 已经是直播技术的标准，大家都在积极地拥抱 WebRTC。

1.5 音视频直播的未来

随着 5G 的发展，我们可以预见未来 5～10 年，音视频直播一定会从一个小众技术逐渐发展成像云主机一样的基础服务。另外它还会与其他技术如 AI、深度学习、大数据等融合，这种融合一旦成熟，必将给整个世界带来巨变。

我们都知道，音视频中存在着非常丰富的信息，如人的面部表情、动作、物体、环境等，但由于音视频属于非结构化数据，在没有 AI、深度学习之前，人们除了可以用眼看、用耳听之外，别无他法，只能眼睁睁地看着它们浪费掉。但现在不一样了，有了 AI、深度学习技术，我们可以利用它们对音视频数据做二次处理，将这些非结构化的数据转变成结构化的数据（存入数据库或保存成格式化文件），之后再利用大数据技术对它们进行分析，生成各种报表，从而为你的业务提供支持和服务。音视频技术、AI、深度学习以及大数据技术就像魔法药水中的各种成分，只要将它们混合在一起，就可以变换出各种神奇的效果。

当然，如果可以再进一步，将 AI 和大数据分析速度提升到实时处理的级别，让产品可以根据视频中用户的面部表情、行为举止实时改变服务的内容，如老师在线授课时，可以实时提供每个学生听课的专注程度等，从而让老师可以适当调整讲课的节奏，提高学生的成绩，这样的产品才是更奇妙的。相信在不久的将来一定可以做到这一点。

此外，前文已经介绍过，WebRTC 目前已经成为音视频实时通信的标准，而它与浏览器是深度绑定的，因此未来浏览器的功能会越来越强大，强大到我们在终端上不需要安装任何其他软件，只要有一个浏览器就可以完成我们所有的日常工作。这在几年以前还是不可想象的事情，但现在这种趋势已经越来越明显了。

1.6　小结

本章简要地介绍了音视频技术的诞生、发展以及未来的趋势。随着音视频技术、网络传输技术、AI 等技术的发展，相信在未来几年，各种基于音视频技术的应用会如雨后春笋般应运而生。同样，它也会像移动互联网刚出现时一样，再次改变人们的生活方式。

此外，我们从音视频技术的发明过程可以看出，任何伟大的发明都是敢于想象。正因为人们想象出了千里眼、顺风耳，才会有电话、音视频会议的出现。有梦想，是梦想成真的前提！

第 2 章

为什么要使用WebRTC

我们在网上经常看到有人说："在线教育直播是用 WebRTC 做的""音视频会议是用 WebRTC 做的""声网、腾讯、阿里……都使用 WebRTC"，等等。为什么要使用 WebRTC 呢？WebRTC 到底好在哪里呢？

这个问题，对于长期做音视频实时通信的老手来说是不言而喻的；但对于新手，则是急切想知道，又很难得到答案的问题。下文将采用对比法详细阐述 WebRTC 到底好在哪里。

此次我们对比的指标包括性能、易用性、可维护性、流行性、代码风格等多个方面。不过，要做这样的对比并非易事。首先要解决的难点是，目前市面上没有一款与 WebRTC 接近或有相似功能的开源库。

好在这点困难难不倒我们。既然没有与之可比较的开源库，那我们就自己"造"一个，用自研系统与 WebRTC 做比较。评估一下自研系统与基于 WebRTC 开发的音视频客户端，哪个成本更低、质量更好。通过这样的对比，可以更加了解 WebRTC，知道其到底有多优秀。

2.1 自研直播客户端架构

我们先来了解一下自研直播客户端的架构，如图 2.1所示。这是一个最简单的音视频直播客户端架构，通过这张架构图，你大体可以知道自研系统包括了哪些模块。

由图 2.1可以知道，一个最简单的直播客户端至少应该包括音视频采集模块、音视频编码模块、网络传输模块、音视频解码模块和音视频渲染模块五大部分。

• 音视频采集模块。该模块调用系统的 API，从麦克风和摄像读取设备采集音视频数据。音频采集的是 PCM 数据，视频采集的是 YUV 数据。
- 音视频编码模块。该模块负责将音视频设备上采集的原始数据（PCM、YUV）进行压缩编码。
- 网络传输模块。该模块负责将编码后的数据生成 RTP 包，并通过网络传输给对端；同时，在对端接收 RTP 数据。
- 音视频解码模块。该模块对网络传输模块接收到的压缩数据进行解码，还原为原始数据（PCM、YUV）。
- 音视频渲染模块。该模块拿到解码后的数据后，将音频输出到扬声器，将视频渲染到显示器。

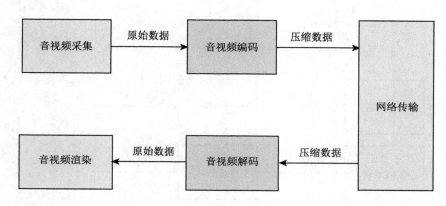

图 2.1　最简单的音视频客户端架构

通过前面的介绍，相信读者一定觉得自研一个直播客户端好像也不是特别难的事情。但实际上，上面介绍的音视频直播客户端架构是极简化的，甚至都不能称之为直播客户端架构，这里只是给出了一个简化的客户端架构示意图，要将它变为真实的、可编码的架构还需要做不少细化的工作。

2.1.1　拆分音视频模块

接下来，我们就对上面的直播客户端架构图进行逐步细化。细化的第一步就是拆分音视频模块。因为在实际开发中，音频与视频的处理是完全独立的，它们有各自的处理方式。如音频有独立的采集设备（声卡）、独立的播放设备（扬声器）、访问音频设备的系统 API、多种音频编解码器（如 Opus、AAC、iLBC）等；同样地，视频也有自己的采集设备（摄像头）、渲染设备（显示器）、各种视频编解码器（如 H264、VP8）等。细化后的直播客户端架构如图 2.2所示。

从图 2.2中可以看到，细化后的架构中，音频的采集模块与视频的采集模块是分开的，而音频编解码模块与视频的编解码模块也是分开的。也就是说，音频采用了一条处理流程，视频则采用了另外一条处理流程，它们之间并不相交。在音视频处理中，我们一般称每一路音频或每一路视频为一条轨[⊖]。

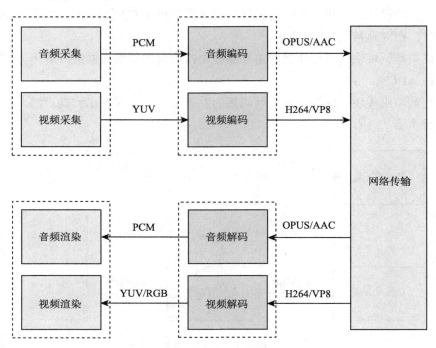

图 2.2　拆分音视频的客户端架构

除此之外，我们还可以知道，自研音视频直播客户端要实现的模块远不止 5 个，至少应该包括音频采集、视频采集、音频编码/音频解码、视频编码/视频解码、网络传输、音频播放以及视频渲染这 7 个模块。

2.1.2　跨平台

实现音视频直播客户端除了要实现上面介绍的 7 个模块外，还要考虑跨平台的问题，只有在各个平台上都能实现音视频的互联互通，才能称得上是一个合格的音视频直播客户端。所以它至少应该支持 Windows、Mac、Android 以及 iOS 四个终端，当然如果还能够支持 Linux 端和浏览器就更好了。

要知道的是，如果不借助 WebRTC，想在浏览器上实现音视频实时互通，难度是非常大的，这是自研系统的一大缺陷。除此之外，其他几个终端的实现倒是相对较容易的事。

⊖ 轨：取两条轨永远不相交的意思，也就是说，音频数据与视频数据是永远不会交叉存放到一起的。

增加跨平台后，音视频直播客户端的架构较之前复杂多了，如图 2.3所示。从这张图中可以看到，要实现跨平台，难度最大也是最首要的是访问硬件设备的模块，如音频采集模块、音频播放模块、视频采集模块以及视频播放模块等，它们在架构中的变化是最大的。

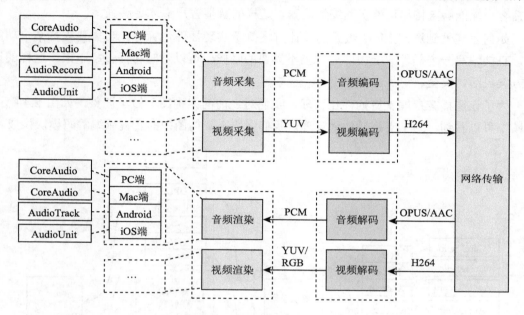

图 2.3　跨平台音视频直播客户端架构

以音频采集为例，在不同的平台上，采集音频数据时使用的系统 API 是不一样的。PC 端使用的是 CoreAudio；Mac 端使用的系统 API 也称为 CoreAudio，不过具体的函数名是不同的；Android 端使用的是 AudioRecord；iOS 端使用的是 AudioUnit；Linux 端使用的是 PulseAudio。

总之，每个终端都有各自采集音视频数据的 API。由于不同的系统其 API 设计的架构不同，所以在使用这些 API 时，调用的方式和使用的逻辑也千差万别。因此，在开发这部分模块时，其工作量是巨大的。

2.1.3　插件化管理

对于音视频直播客户端来说，我们不但希望它可以处理音频数据、视频数据，而且还希望它可以分享屏幕、播放多媒体文件、共享白板……此外，即使是处理音视频，我们也希望它可以支持多种编解码格式，如音频除了可以支持 Opus、AAC 外，还可以支持 G.711/G.722、iLBC、Speex 等，视频除了可以支持 H264 外，还可以支持 H265、VP8、VP9、AV1 等，这样它才能应用得更广泛。

实际上，这些音视频编解码器都有各自的优缺点，也有各自适用的范围。比如 G.711/G.722 主要用于电话系统，音视频直播客户端要想与电话系统对接，就要支持这种编解码格式；Opus 主要用于实时通话；AAC 主要用于音乐类的应用，如钢琴教学等。我们希望直播客户端能够支持尽可能多的编解码器，这样的直播客户端才足够强大。

如何才能做到这一点呢？最好的设计方案就是实现插件化管理。当需要支持某个功能时，直接编写一个插件放上去即可；当不需要的时候，可以随时将插件拿下来。这样的设计方案灵活、安全、可靠。

为了让直播客户端支持插件化管理，我们对之前的架构图又做了调整，如图 2.4 所示。从图中可以看到，为了支持插件化管理，我们将原来架构图中的音视频编解码模块换成音

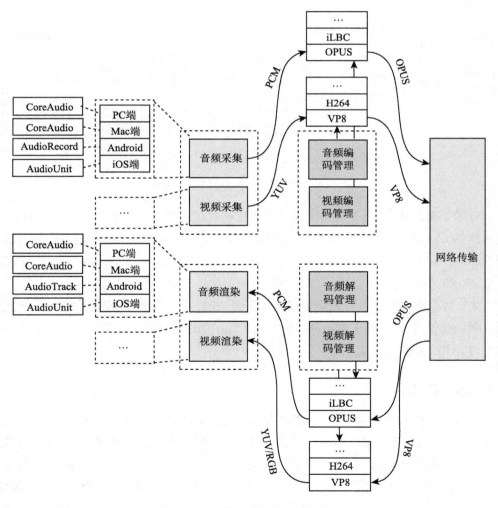

图 2.4 插件管理直播客户端架构图

视频编解码插件管理模块，而各种音视频编解码器（Opus、AAC、iLBC……）都可以作为一个插件注册到其中。当想使用某种类型的编码器时，可以通过参数进行设定，这样从音视频采集模块采集到的数据就会被送往对应的编码器进行编码；当接收到 RTP 格式的音视频数据时，又可以根据 RTP[⊖]头中的 Payload Type 来区分数据，将数据交由对应的解码器进行解码。经这样处理后，音视频直播客户端的功能就更强大了，应用范围也更广了。

　　这里以音频编解码器为例，简要介绍一下直播客户端增加插件管理前后的区别。客户端在增加插件管理之前，只能使用一种音频编解码器，如 Opus。因此，在一场直播活动中，所有参与直播的终端都只能使用同一种音频的编解码器（Opus）。这样看起来好像也不会产生什么问题。不过，假如此时我们想将一路电话语音接入这场直播中（电话语音使用的编解码器为 G.711/G.722），那它就无能为力了。而有了插件管理模块情况就不同了，各终端可以根据接收到的音频数据类型调用不同的音频解码器进行解码，从而实现不同编解码器在同一场直播中互通的场景，这就是插件化管理给我们带来的好处。

2.1.4　其他

　　除了上面介绍的几点外，要实现一个功能强大、性能优越、应用广泛的音视频直播客户端还有很多工作要做。通常读者比较关心以下问题：

- 音视频不同步。音视频数据经网络传输后，由于网络抖动和延迟等问题，很可能造成音视频不同步。对此，可在音视频直播客户端增加音视频同步模块以保障音视频的同步。
- 回音。指的是与其他人进行实时互动时可以听到自己的回声。在实时音视频通信中，不光有回音问题，还有噪声、声音过小等问题，我们将它们统称为 3A[⊖]问题。这些问题都是非常棘手的。目前开源的项目中，只有 WebRTC 和 Speex 有开源的回音消除算法，而且 WebRTC 的回音消除算法是非常先进的。
- 音视频的实时性。要进行实时通信，网络质量尤为关键。但网络的物理层是很难保障网络服务质量的，必须在软件层加以控制才行。虽然常用的 TCP 有一套完整的保障网络质量的方案，但它在实时性方面表现不佳。换句话说，TCP 是以牺牲实时性来保障网络服务质量的，而实时性又是音视频实时通信的命脉，这就导致 TCP 不能作为音视频实时传输的最佳选择了。因此，为了保证实时性，一般情况下实时直播应该首选 UDP。但这样一来，我们就必须自己编写网络控制算法以保证网络质量。

此外，还有网络拥塞、丢包、延时、抖动、混音等问题。

通过上面的描述，读者应该清楚要自己研发一套音视频直播客户端到底有多难了。

⊖　关于 RTP 的相关信息将在第 9 章中详细介绍。

⊖　3A 是指：Acoustic Echo Cancelling（AEC），即回音消除；Automatic Gain Control（AGC），即自动增益；Active Noise Control（ANC，也称为 Noise Cancellation、Noise Suppression），即降噪。

2.2 WebRTC 客户端架构

实际上，2.1节所讲的所有功能 WebRTC 都已经实现了。下面让我们看一下 WebRTC 架构图，如图 2.5所示。

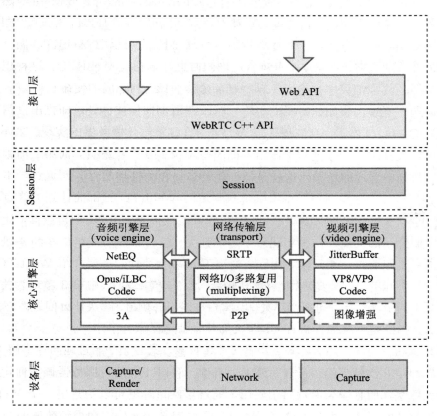

图 2.5 WebRTC 架构图

从 WebRTC 架构图中可以了解到，它大体上可以分成四层：接口层、Session 层、核心引擎层和设备层。下面简要介绍一下每一层的作用。

接口层包括两部分：一是 Web 层接口；二是 Native 层接口。也就是说，你既可以使用浏览器开发音视频直播客户端，也可以使用 Native（C++、Android、OC 等）开发音视频直播客户端。基于浏览器开发音视频直播客户端的知识将在第 5 章中详细介绍；而关于 Native 开发的内容则分别在第 8 章和第 12 章中详细介绍。

Session 层的主要作用是控制业务逻辑，如媒体协商、收集 Candidate 等，这些操作都是在 Session 层处理的；这些内容在第 5 章以及第 6 章中进行详细讲解。

核心引擎层包括的内容比较多。从大的方面说，它包括音频引擎、视频引擎和网络传

输层。音频引擎层包括 NetEQ、音频编解码器（如 Opus、iLBC）、3A 等；视频引擎包括
JitterBuffer、视频编解码器（VP8、VP9、H264）等；网络传输层包括 SRTP、网络 I/O
多路复用、P2P 等。以上这些内容中，本书重点介绍了网络相关的内容，它们分布在第 3
章、第 6 章、第 9 章、第 10 章等几章中。限于篇幅，其他内容我会陆续发布在我的个人
主站⊖上。

　　设备层主要与硬件打交道，它涉及的内容包括：在各终端设备上进行音频的采集与播
放，视频的采集，以及网络层等。这部分内容会在本书的最后一章详细介绍。

　　从上面的描述中可以看到，在 WebRTC 架构的四层中，最复杂、最核心的是第三层，
即引擎层，因此在这里再对引擎层内部的关系做简要介绍。引擎层包括三部分内容，分别
是音频引擎、视频引擎以及网络传输。其中音频引擎和视频引擎是相对比较独立的，但它
们都需要与网络传输层（transport）打交道。也就是说，它们都需要将自己产生的数据通
过网络传输层发送出去；同时，也需要通过网络传输层接收其他端发过来的数据。此外，音
频引擎与视频引擎由于要进行音视频同步，所以它们之间也存在着关联关系。

　　最后，我们再次以音频为例，看一下 WebRTC 中的数据流是如何流转的（见图 2.6）。
一方面，当 WebRTC 作为发送端时，它通过音频设备采集到音频数据后，先要进行 3A 处
理，处理后的数据交由音频编码器编码，编码后由网络传输层将数据发送出去；另一方面，
当网络传输层收到数据后，它要判断数据的类型是什么，如果是音频，它会将数据交给音
频引擎模块处理，数据首先被放入 NetEQ 模块做平滑处理及音频补偿处理，之后进行音
频解码，最终将解码后的数据通过扬声器播放出来。视频的处理流程与音频的处理流程是
类似的。

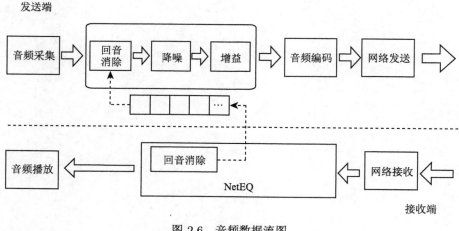

图 2.6　音频数据流图

⊖　作者个人主站地址：https://avdancedu.com。

2.3 小结

通过上面对自研音视频客户端架构以及 WebRTC 客户端架构的描述，相信读者已对 WebRTC 的优势非常清楚了。下面再从性能、跨平台、音视频服务质量、稳定性等几个方面对两者做一下总结，如表 2.1所示。

表 2.1 自研系统与 WebRTC 比较

指标	自研	WebRTC
性能	自己控制	Google 技术专家支持及强大的社区支持
浏览器	不支持	支持
跨平台	要自己实现，费时费力	已实现
插件化	要自己实现，费时费力	已实现
网络传输	要自己实现，实现复杂	已实现
服务质量	要自己实现，实现复杂	已实现
稳定性	与团队研发能力有关	非常稳定
更新速度	一般比较慢	每月一个版本

表 2.1告诉我们，WebRTC 在实时音视频直播方面的优势是不言而喻的，又有 Google 的强大支持，这就是大家都选择 WebRTC 的真正原因。

音视频实时通信的本质

通过上一章的学习，我们知道利用 WebRTC 开发实时音视频直播系统有着巨大的优势。但无论是自研引擎，还是使用 WebRTC 实现音视频实时直播客户端，首先要弄清楚的应该是实时通信的本质。

那么实时通信的本质究竟是什么呢？下面举几个例子说明。比如我们想听某位名师的课程，是愿意线下面对面地听他讲呢，还是愿意在线听他的视频课呢？不出意外的话，我们一定会选择面对面的授课方式，因为这样的教学质量是最好的。再比如，我们特别喜欢某个歌手，他举办了一场演唱会，同时开通了线上直播，如果票价相同的话，你是愿意去现场听呢，还是愿意在线听呢？相信在条件允许的情况下，你一定会首选去现场听，因为感觉不一样。这样的例子数不胜数！

实际上，对于这种互动性极强的场景，大多数人的第一选择一定是线下交流。为什么大家更愿意选择线下的交流方式呢？相信大家即使不知道这个问题的真正答案，也会回答："感觉不一样！"

到底是哪里感觉不一样呢？总结起来有以下两方面的原因：

一是实时性不够。当音视频经过网络传输后，或多或少都会有一定的延迟，而这种延迟对于我们的互动交流产生了很大影响。

二是业务数据有损失。这里指的损失主要有三个方面：

- 其一，摄像头采集的角度过于狭小。也就是说，摄像头无法将人眼所看到的内容全部采集到。
- 其二，设备的质量无法保障。每个用户使用的设备参差不齐，千差万别。不同的设备可能存在色彩不一样、亮度不一样、声音质量不一样等问题，而且它们与人眼看到的色彩和人耳听到的声音很可能也是不一样的。

- 其三，现场的氛围是无法通过摄像头和麦克风采集到的。比如人与人的肢体接触等。换句话说，除了视觉和听觉之外，人类在线下通过其他方式获得的感知是无法在线获得的。

由于线上与真实场景存在这样或那样的不同，因此我们可以总结出，音视频实时通信追求的本质是尽可能逼近或达到面对面交流的效果，同时这也是音视频实时通信的目标。

3.1 两种指标

弄清楚音视频实时通信的本质后，接下来的问题是我们如何才能达到面对面交流的效果。说到这里，就不得不提两个指标：一是实时通信中的延迟指标；二是音视频服务质量指标。

3.1.1 实时通信延迟指标

首先来看一下实时通信延迟指标[⊖]，如表 3.1 所示。通过该表格中的数据，我们可以知道：如果端到端延迟在 200ms 以内，则双方通信的效果特别好，基本接近于面对面交流的效果；如果延迟在 300ms 以内，质量也很不错，一般人很难感觉到通信中的延迟；如果延迟达到 400ms，延迟效果就有些明显了，在测评中会有少部分人感受到通信中有迟滞现象，效果令他们不太满意；而当延迟超过 500ms 后，大部分人都可以明显地感觉出迟滞现象，影响互动的效果。当然在有些地区，由于网络质量特别差，用户心里会有一定预期。在这种情况下，达到 800ms 的延迟也能被人们接受，不过它已经是延迟的上限了。

表 3.1　实时通信延迟指标

延迟	人的感受
200ms	非常优质，如同在一个房间里聊天
300ms 以内	大多数很满意
400ms 以内	有小部分人可以感觉到延迟，但还基本可以进行互动
500ms 以上	延迟明显，影响互动，大部分人不满意

在端到端之间，引起延迟的因素有很多，比如音视频采集时间、编解码时间、网络传输时间、音视频的渲染时间以及各种缓冲区所用的时间等。在众多延迟因素中，网络传输引起的延迟是动态的（时快时慢，飘忽不定），所以其最难以评估、难以控制且难以解决，而其他因素引起的延迟时间则基本是恒定不变的。

⊖ https://www.itu.int/rec/T-REC-G.114-200305-I

3.1.2 音视频服务质量指标

除了实时通信延迟指标外,音视频通信中还有业务服务质量指标,包括音频服务质量和视频服务质量。由于音频数据量比较小,对网络的影响不大,并且 3A 问题非常复杂,需要专门的一本书来讲解,所以这里就不介绍了。接下来重点介绍一下视频服务质量指标。

在讲解视频服务质量指标之前,我们先来了解几个视频的基本概念,即分辨率、帧率以及码率。这几个概念看似简单,但对于理解视频服务质量有着非常关键的作用。

- 分辨率,指图像占用屏幕上像素的多少。图像中的像素密度越高,图像的分辨率越高。对于实时通信而言,图像默认分辨率一般设置为 640×480 或 640×360,如果分辨率低于该值,则图像中包含的信息太少,基本只能看到一个头像,效果就会很差。另外,分辨率还指明了图像清晰度的最大上限。

- 帧率,指视频每秒播放帧(图像)的数量。播放的帧数越多,视频越流畅。一般动画片/电影的帧率在 24 帧/秒以上,高清视频的帧率在 60 帧/秒以上。对于实时通信的视频来说,15 帧/秒是一个分水岭,当帧率小于 15 帧/秒时,大部分人会觉得视频质量不佳,卡顿严重。

- 码率,指视频压缩后,每秒数据流的大小。原则上,分辨率越大,码率也越大。如果出现分辨率大而码率小的情况,说明在视频编码时丢弃了大量的图像信息,这将导致解码时无法将图像完整复原,从而造成失真。因此我们可以得到结论:在相同分辨率的情况下,码率越大还原度越好,图像越清晰。当然,这里的码率大小是有限制的,超过一定阈值(MOS=5)后,再大的码率也没有意义了。

除了上面这几个基本概念之外,还需要了解一下 MOS[⊖]值。MOS 值是用来评估业务服务质量好坏的,MOS 值越高,业务质量越好。它共分为 5 级,由高到低分别为:5——优秀;4——较好;3——还可以;2——差;1——很坏。

下面以 H264 编码为例,看看在不同 MOS 值下,码率与分辨率之间存在何种关系,如图 3.1所示。从图中可以看到,如果视频的 MOS 值为 4,分辨率为 640×480 时,需要 1900kbps 的码率,分辨率为 1920×1080 时,需要 7Mbps 的码率;当 MOS 为 3 时,分辨率为 640×480 时,需要 500kbps 的码率,分辨率为 1920×1080 时,需要 2.5Mbps 的码率……由此可知,MOS 值越高,视频的质量越好,码率也就越大,需要的带宽也就越多。

了解了上述指标后,我们现在应该清楚,要想使在线实时通信可以逼近或达到面对面交流的效果,就必须尽可能地降低传输的延迟,同时增大音视频传输的码率。然而,降低延迟与增大码率是矛盾的,除非所有用户都有足够的带宽和足够好的网络质量,但这显然

⊖ MOS(Mean Option Score),平均意见值。

是不现实的。

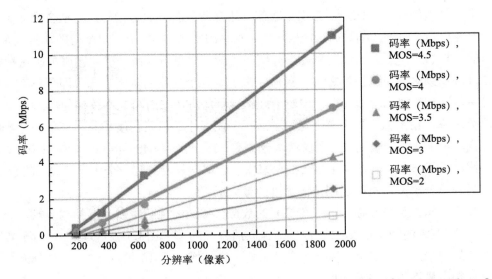

图 3.1　H264 分辨率与码率的关系图（来源：http://ieeexplore.ieee.org/xpl/articleDetails.jsp?
tp＝&arnumber＝5729848&queryText%3DThe＋Relationship＋Among＋Video＋
Quality%2C＋Screen＋Resolution%2C＋and＋Bit＋Rate）

3.2　实时通信的主要矛盾

现实中，我们要服务许许多多的用户，但每个用户的网络状况参差不齐，而他们却有
一个共同的愿望，即享受较好的实时音视频服务质量。这就形成了用户"较差"的网络与
接受"较好"的服务质量之间的矛盾。更准确地说，是音视频服务质量与带宽大小、网络
质量、实时性之间的矛盾，而这也是实时通信的主要矛盾。

如何解决这一矛盾呢？总结起来，有以下几种方法：一是增加带宽；二是减少数据量；
三是适当增加时延；四是提高网络质量；五是快速准确地评估带宽。

3.2.1　增加带宽

在众多的解决方案中，增加带宽的方案无疑是解决音视频实时通信服务质量的根本。
如果用户的带宽足够大、质量足够好，甚至可以在 200ms 内传输 2K 分辨率的视频的话，
那之前所说的实时传输的矛盾就都不存在了。

但实际上，很少有用户可以拥有如此好的带宽。即使有，在多方实时通信（如音视频
会议、在线教育）时，单个用户带宽的增加对整个服务质量也起不到什么作用。因为多方
通信属于典型的"木桶效应"，通信服务质量的好坏是由网络最差的那个用户决定的，即木

桶中最短的那块板。因此，这里所说的增加带宽，指的是所有用户带宽的增加，而不是个别用户带宽的改善。接下来了解一下增加带宽的具体方法。

5G 的落地肯定会使移动网络产生质的飞越，同时也会解决实时音视频通信中带宽与服务质量的矛盾。但 5G 所起的作用短时间内还不太乐观，因为即使 5G 落地了，让所有用户使用 5G 也是一个较长的过程：一方面，用户升级到 5G 需要更换新手机；另一方面，5G 要达到全国覆盖也不是短时间内可以完成的。

除了等待 5G 提升网络能力这种被动的方法外，还有一些变相增加带宽的方案，分为客户端方案和服务端方案。

在客户端方案中，最典型的就是 WebRTC 支持的选路方案——它可以按优先级选择最优质的网络连接线路。该方法将在第 6 章中做介绍。

在服务端方案中，有三种可以间接提升带宽的方法，分别是：提供更优质的接入服务，保证云端网络的带宽和质量，更合理的路由调度策略。下面以图 3.2 为基础，详细介绍一下这几种提升网络带宽的方法。

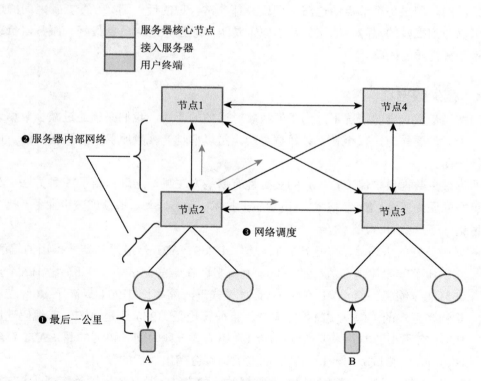

图 3.2　大规模实时流媒体服务框架图

提供更优质的接入服务，指的是图3.2中的❶，也就是"最后一公里"问题。用户在接入服务器时，如果可以提高用户终端接入的网络质量，就相当于提高了用户的网络带宽。

目前国内存在多家网络运营商，如联通、电信、移动、长城宽带、铁通等，因此国内的网络十分复杂。一般情况下，同类型运营商（如联通）的用户相互通信时，都不会遇到什么问题，但跨运营商（如联通与电信）的用户进行通信时，网络质量就很难得到有效保障。

解决这一问题的一般办法是，让用户连接同一地区、同一运营商的接入服务器，这样就可以有效保障用户与服务器之间的连接通道。如上海的电信用户在接入时，一定要选择一台位于上海的、电信的、负载最低的服务器接入。

保证云端网络的带宽和质量，指的是图3.2中的❷，即数据进入云端后，云内部的网络质量一定要好。因为云内部的带宽大小和质量是可以控制的，所以提升这部分的网络能力相对简单一些。最简单的办法是，可以购买优质的 BGP 网络作为云内部使用。但优质的 BGP 的费用也是比较高的。

更合理的路由调度策略，指的是图3.2中的❸。从图中可以看到，如果 A 与 B 两个用户要进行实时音视频通信，从 A 到 B 有很多路径可以选择，因此对于节点 2 如何选路是非常关键的。如果每个节点的选路（调度）都非常合理的话，那么 A 与 B 之间的通信质量就可以得到很好的保障。选路的基本原则是距离最近、网络质量最好、服务器负载最小的线路是最优质的线路。

3.2.2 减少数据量

当网络带宽一定的情况下，为了解决实时通信的矛盾，我们必须通过减少数据量来解决这一矛盾。要知道，减少音视频数据量一定是以牺牲音视频服务质量为代价的，但这就是一种平衡。

通过减少数据量来保障音视频的实时性有哪些方法呢？这里总结了 5 种方法，分别是采用更好的压缩算法、SVC 技术、Simulcast 技术、动态码率、甩帧或减少业务。接下来就详细讨论一下这几种方法。

- 采用更好的压缩算法。这比较好理解，H265、AVI 是最近几年才推出的编解码器，它的压缩率要比现在流行的 H264 高得多。在一些测试中，H265 比 H264 提高了 25% 的压缩率，而 AV1 in veryslow 模式下压缩率比 H264 提高了 40% 左右，这是相当可观的。但从实时性方面看，目前无论是 H265 还是 AVI，其编码速度都与 H264 有不小的差距，要达到商用级别还需要一段时间。可喜的是，AVI 已经进入 Chrome 的测试版中，相信其后的发展速度会超出人们的预期。
- SVC 技术，是减少传输数据量非常好的一种方法。其基本原理是将视频按时间、空间及质量分成多层编码，然后将它们装在一路流中发给服务端。服务端收到后，再根据每个用户的带宽情况选择不同的层下发。其好处是，可以让不同网络状况的用户都得到较好的服务质量。但它也有缺点：一是上行码流不但没减少反而增加了，所以需要上行用户配置很好的带宽；二是由于 SVC 实现复杂，又没有硬件支持，所以终端解码时对 CPU 消耗很大。

- Simulcast 技术。Simulcast 与 SVC 技术类似，不过它的实现要比 SVC 简单得多（见图 3.3）。其基本原理是，将视频编码出多种不同分辨率的多路码流，然后上传给服务端。服务端收到码流后，根据每个用户不同的带宽情况，选择其中一路最合适的码流下发给用户。它与 SVC 技术相比有以下几点不同：一是 Simulcast 上传的每一路流可以单独解码，而 SVC 做不到；二是由于 Simulcast 的每一路都可以单独解码，所以它的解码复杂度与普通解码的是一样的；三是由于 Simulcast 上传的是多路单独的流，所以上传码率要比 SVC 多很多。

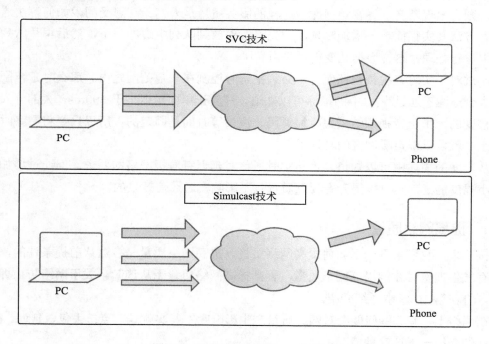

图 3.3　SVC 与 Simulcast 比较图

- 动态码率，也是一种减少数据的方法。当网络带宽评估出用户带宽不够时，会通过编译器让其减小输出码率；当评估出带宽增大时，又会增加输出码率。这就是动态码率。如果你发现在网络抖动比较大时，某个音视频产品的图像一会儿清晰，一会儿模糊，那多半是因为其采用了动态码率的策略。
- 甩帧或减少业务。除了上面介绍的那些方法外，还有一种不太友好的方法，就是甩帧或关闭某些不重要的业务来减少数据量。当然，这种方法是在用户带宽严重不足的情况下才使用的，只有到了万不得已的时候才会使用这种策略。

以上就是通过减少数据量解决音视频与网络之间矛盾的方法，在上面的几种方法中，用得最多的是 Simulcast 和动态码率。

3.2.3 适当增加时延

除了增加带宽、减少数据量外，适当增加延迟也可以解决部分业务质量和网络之间的矛盾。

例如，数据在网络上传输时，根据不同情况，传输速度有时快有时慢。我们将数据传输时出现的时快时慢现象称为网络抖动。如果不对网络抖动加以处理的话，它会对音视频服务质量造成严重影响：对于视频来说，网络抖动会造成频繁卡顿和快播现象；对于音频而言，则会出现断音、吞音等问题。这样的服务质量是人们无法忍受的，如何解决这一问题呢？方法其实很简单：增加时延，即先将数据放到队列中缓冲一下，然后再从队列中获取数据进行处理，这样数据就变得"平滑"了。

不过对于实时音视频直播而言，必须把延时控制在一定范围之内。那么时延范围设置为多大合适呢？通过表3.1中的指标可以知道，只要让单向延迟小于 500ms，大部分人都是可以接受的。由于音视频的采集、编解码、渲染等时间是固定的，所以只要将网络时延计算出来，就可以确定缓冲区的时延了。

从上面的描述中可以知道，虽然实时通信对延迟有着极严格的要求，但通过增加适当的、小幅度的延迟是可以提升音视频质量且不影响实时通信效果的。

3.2.4 提高网络质量

接下来，我们来看一下如何提高网络质量。提高网络质量是有默认前提条件的，即网络没有发生拥塞时才能提高网络质量，否则提高网络质量无从谈起。关于网络防止拥塞的内容，将在第 10 章中详细介绍。

在网络上，有哪些问题会对网络质量产生影响呢？其实就是三点：丢包、延迟、抖动。下面详细介绍一下这三种情况：

- 丢包，是网络传输过程中网络质量好坏的最重要标志，对网络的影响是最大的。优质的网络丢包率不超过 2%。对于 WebRTC 而言，大于 2%且小于 10%的丢包率是正常的网络。

- 延迟，也是网络质量的重要指标，但与丢包相比，其对网络的影响要少一些。如果在两端之间数据传输的延迟持续增大，说明网络线路很可能发生了拥塞。

- 抖动，对网络质量的影响是最小的。一般情况下，网络都会发生一些抖动，如果抖动很小的话，可以通过循环队列将其消除；如果抖动过大，则将乱序包当作丢包处理。在 WebRTC 中，抖动时长不能超过 10ms，也就是说，如果有包乱序了，最多等待该乱序包 10ms，超过 10ms 就认为该包丢了（即使在第 11ms 时，乱序的包来了，也仍然认为它丢失了）。

下面我们来看一下有哪些方法可以解决上述问题（丢包、延迟、抖动）。这里总结了 5 种方法，分别是 NACK/RTX、FEC 前向纠错、JitterBuffer 防抖动、NetEQ、拥塞控制。

- NACK/RTX，NACK 是 RTCP 中的一种消息类型，由接收端向发送端报告一段时间内有哪些包丢失了；RTX 是指发送端重传丢失包，并使用新的 SSRC（将传输的音视频包与重传包进行区分）。
- FEC 前向纠错，使用异或操作传输数据，以便在丢包时可以通过这种机制恢复丢失的包。FEC 特别适合随机少量丢包的场景。
- JitterBuffer，用于防抖动，可以将抖动较小的乱序包恢复成有序包。
- NetEQ，专用于音频控制，里面包括了 JitterBuffer。除此之外，它还可以利用音频的变速不变调机制将积攒的音频数据快速播放或将不足的音频拉长播放，以实现音频的防抖动。
- 拥塞控制，这部分内容很丰富，将在第 10 章中详细介绍。

3.2.5 快速准确地评估带宽

正如我们在 3.2.4 节中介绍的，网络质量提升的前提是网络没有发生拥塞，而为了防止发生网络拥塞，直播客户端就要有快速、准确地评估带宽的方法。

在实时通信领域，有四种常见的带宽评估方法，分别是 Goog-REMB、Goog-TCC、NADA、SCReAM。它们对网络带宽的评估各有优劣，但整体上来看 Google 最新的带宽评估算法 Goog-TCC 是最优的。

这几种带宽评估方法也将在第 10 章中介绍，同时还会在它们之间进行详细的比较。

3.3 小结

本章阐述了音视频实时通信的本质，即尽可能逼近或达到面对面交流的效果。之后，又详细讲解了实时通信的主要矛盾以及解决这个矛盾的 5 种方法，即增加带宽、减少数据量、适当增加时延、提高网络质量以及快速准确地评估带宽。

这 5 种方法是我们开发音视频实时直播的关键方法，WebRTC 也是按照这 5 种方法来解决音视频服务质量的，所以这 5 种方法读者一定要牢记在心，这样能更有利于学习后面的内容。图 3.4是本章知识的思维导图，应该可以让读者更容易记住这些内容。

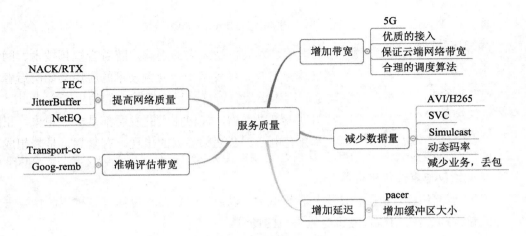

图 3.4　音视频服务质量思维导图

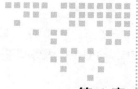

构建 WebRTC 一对一信令服务器

要实现 WebRTC 一对一通信，信令服务器是重要的一环。没有信令服务器，通信的双方就好像站在两个孤立的岛上，彼此无法见到对方。

信令服务器的作用主要有两个：一是实现业务层的管理，如用户创建房间，加入房间，退出房间等；二是让通信的双方彼此交换信息，其中最常见的是交换通信双方的 IP 地址和端口。下面将详述如何构建 WebRTC 一对一信令服务器。

4.1 WebRTC 一对一架构

在构建 WebRTC 一对一信令服务器之前，我们先从全局的角度来看一下 WebRTC 一对一架构是什么样子的，这样更有利于了解 WebRTC 信令服务器所处的位置。其架构图如图 4.1所示。

WebRTC 由四部分组成，分别为两个 WebRTC 终端、一个信令服务器、一台中继服务器（STUN⊖/TURN⊖）和两个 NAT⊖，这是最经典的一对一通信架构。其中，信令服务器与中继服务器都在 NAT 外，也就是属于外网。而两个 WebRTC 终端在 NAT 内，属于内网。

对于两个 WebRTC 终端而言，它们是如何进行通信的呢？首先两个终端在通信之前，都要先与信令服务器连接，即图 4.1 中的步骤❶。与服务端建立好连接后，通信的双方就可以通过信令服务器彼此交换必要的信息了，比如告诉对方自己的外网 IP 地址和端口是多

⊖ Session Traversal Utilities for NAT，NAT 会话穿越实用工具协议。
⊖ Traversal Using Relay NAT，通过中继方式穿越 NAT。
⊖ Network Address Translation，网络地址转换。

少等。

　　不过在交换信息之前，WebRTC 终端还要与 STUN/TURN 服务器建立连接。这样做的目的是通过 STUN/TURN 服务器获得各自的外网 IP 地址和端口，即图 4.1中的步骤❷。

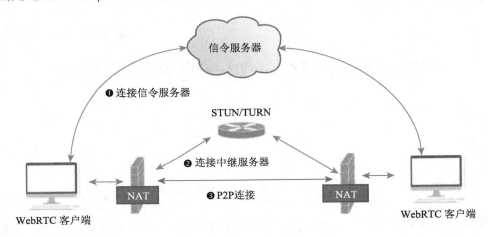

图 4.1　　WebRTC 1:1 架构图

　　WebRTC 终端拿到自己的外网 IP 地址和端口后，再通过信令服务器交换给对方。当彼此获得对方地址后，它们就可以尝试 NAT 穿越，进行 P2P 连接了，也就是图 4.1中的步骤❸。

4.2　细化架构

　　在4.1节中介绍了 WebRTC 一对一通信的整体结构及其过程，下面对其进一步细化，看看它内部又做了什么，如图 4.2所示。

　　从图 4.2中可以看到它与图 4.1的架构是类似的，只不过将每个端的内部进行了细化。图中通信的双方称为 Call 和 Called，即一个主叫，一个被叫。实际上，两个终端内部的逻辑是一样的，这里以 Call 端为例，来看一下它内部的结构及其运转机制。

　　在 Call 端内部，首先调用音视频设备检测模块检测终端是否有可用的音视频设备，即步骤❶；然后执行第❷步，调用音视频采集模块从设备中采集音视频数据；采集到数据后，执行第❸步开启客户端录制（是否开启录制是可选的，用户可以根据自己的需求选择录制或不录制）；当数据采集相关的工作就绪后，执行第❹步，通过信令模块与信令服务器建立连接；紧接着执行第❺步，创建 RTCPeerConnection 对象（RTCPeerConnection 对象是 WebRTC 最核心的对象，后面音视频数据的传输都靠它来完成）。RTCPeerConnection 创建好后，系统要先将它与之前采集的音视频数据绑定到一起，这样 RTCPeerConnection 才知道从哪里获取要发送的数据。以上就是图 4.2 中前五步所完成的工作。

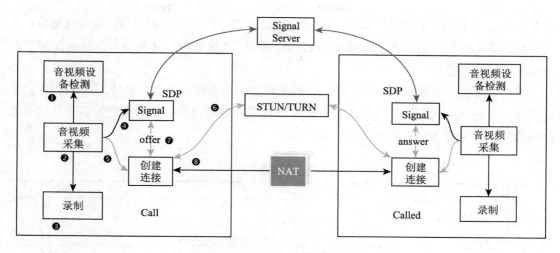

图 4.2　WebRTC 1:1 架构图细化

接下来再来看一下 RTCPeerConnection 创建 socket 连接的过程。要建立 socket 连接，RTCPeerConnection 首先要执行图 4.2 中的第❻步，向 STUN/TRUN 服务器发送请求。STUN/TURN 服务器收到 Call 的请求后，会将 Call 的外网 IP 地址和端口号作为应答消息返回去；之后终端执行第❼步，通过信令服务器将 Call 的连接地址发送给对端。同理，Called 也会将它的 IP 地址和端口发给 Call。当通信双方都获得对端的地址后，执行第❽步，此时 socket 连接就被建立起来了。至此，RTCPeerConnection 就可以将音视频数据源源不断地发送给对端。以上就是 WebRTC 一对一通信的完整过程。

4.3　信令

信令是实现一对一通信的重要一环，如创建房间、退出房间等都会用到信令。但 WebRTC 1.0 规范文档⊖中没有对信令做任何定义，这是怎么回事呢？究其原因，是因为信令与业务逻辑密切相关，不同业务逻辑的信令也会千差万别，将其定义到规范里显然是费力不讨好的事情。因此，不如不做约束，让大家根据自己的业务定义信令，而 WebRTC 只聚焦在服务质量上，这样反而效果更好。

4.3.1　信令定义

要实现一对一通信，驱动系统运转的核心就是信令。信令控制着系统各模块之间的前后调用关系。比如当收到用户成功加入房间的信令后，系统需要立即将 RTCPeerConnection

---

⊖　https://w3c.github.io/webrtc-pc

对象创建好，以便向 STUN/TURN 服务器请求其外网的 IP 地址和端口；而当收到另一个用户加入房间的消息时，系统需要将自己的外网 IP 地址和端口交换给对方，从而建立起 socket 连接，等等。

下面具体看一下要实现一对一通信，最简单的信令系统应该如何设计。在这个例子中，我们将信令分成两大类：第一类为客户端发送给服务端的信令；第二类为服务端发送给客户端的信令。各信令含义如表 4.1所示。

表 4.1 信令系统

信令	说明	类型
join	用户加入房间	客户端
leave	用户离开房间	客户端
message	端到端命令（offer、answer、candidate）	客户端
joined	用户已加入	服务端
left	用户已离开	服务端
other_ joined	其他用户已加入	服务端
bye	其他用户已离开	服务端
full	房间已满	服务端

4.3.2 信令时序

表 4.1中的信令已经足够简单了，共 8 个信令。这 8 个信令还是比较好理解的，例如，当用户要进行通信，加入"房间"时，会向信令服务器发送 join 信令。信令服务器收到该信令后，先将该用户加入服务器管理的房间里，然后向客户端返回 joined 信令，表示该用户已经成功加入房间了。这就是 join 信令与 joined 信令的作用，一个用于请求加入房间，另一个用于成功应答。其他的信令与这两个信令是类似的。

图 4.3清楚地表达了各信令之间的时序关系。在发送信令之前，各端要先与信令服务器 SigServer 建立连接。连接建立好后，终端 Caller 会向信令服务器发送 join 消息，服务器收到该消息后，返回 joined 消息，表示该用户已经成功加入房间；当第二个终端 Callee1 成功加入后，第一个终端 Caller 还会收到 otherjoin 消息，表示第二个用户也成功加入了；之后，Caller 与 Callee1 进行媒体协商（媒体协商会在第 5 章介绍），即通过 message 消息交换 WebRTC 需要的 offer/answer 等内容；当媒体协商成功后，双方就可以进行音视频通信了；如果此时有第三个用户 Callee2 请求加入，信令服务器发现房间里已经有两个用户了，则会给 Callee2 返回 full 消息，告诉它当前房间已满，不能再加入了。

同样地，在用户离开时，需要向服务器发送 leave 消息，服务器收到后返回 left 消息。客户端收到 left 消息说明服务器已经将它从房间中移除了。同时，服务器还会向另一方发送 bye 消息，通知它与它通话的用户已经走了，可以释放相关的资源了。以上就是信令的时序和它们之间的逻辑关系。

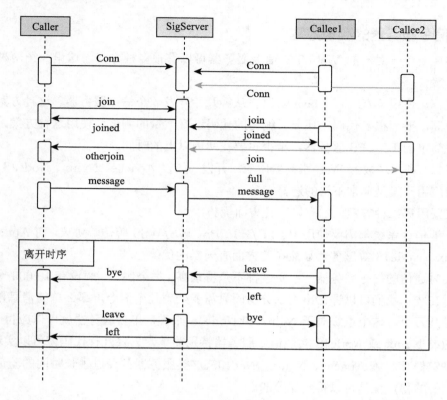

图 4.3　信令时序图

4.3.3　信令传输协议的选择

我们一般选择 TCP 或基于 TCP 的 HTTP/HTTPS、WS/WSS 等协议作为信令服务器的传输协议。这样做有两点好处：一是不用担心信令丢失，因为 TCP 是可靠的传输协议，能保证传输的数据可靠、有序到达；二是在 TCP 上传输的数据是流式的，因此不必担心传输的数据过大导致拆包传输的问题。

当然，也可以选择 UDP 来实现信令的传输。但由于 UDP 是基于包的不可靠传输协议，所以需要你自己处理丢包、乱序、拆包重组等一系列问题，这将导致很多额外的工作。

4.4　构建信令服务器

了解清楚信令之后，接下来是如何构建 WebRTC 一对一信令服务器。我们将从以下几个方面来介绍如何构造信令服务器：一是信令服务器的实现方案；二是信令服务器的业务逻辑；三是信令服务器的实现；四是信令服务器的安装与部署。

4.4.1 信令服务器的实现方案

要实现一个一对一的 WebRTC 信令服务器可以有很多种方案，这里介绍两种最常见的实现方案。

方案一，使用 C/C++、Java 等语言从零开始开发一个信令服务器。这种方案的实现成本非常高，要写很多代码，还要对编写的代码进行大量的测试。使用这种方案，即使开发一个最简单的 HTTPS 服务器，至少也要花两周以上的时间。

方案二，利用现成的 Web 服务器做应用开发，如以 Apache、Nginx、NodeJS 为服务，在其上做应用开发是非常不错的选择。

建议采用第二种方案，它有以下几方面优势：

- 一般信令系统都需要使用 HTTP/HTTPS、WS/WSS 等传输协议，而 Apache、Nginx、NodeJS 等服务器显然在这方面有天然的优势。
- 实时通信的信令服务器一般负载都不是特别高。举个例子，假设有 10 000 个房间同时在线，我们可以评估出大部分房间只需要处理几个信令，那么总的消息量也不过是几万个，这个量级对于 Nginx 和 NodeJS 来说，单台服务器就可以应付了。
- 通过 Nginx 或 NodeJS 实现信令服务器特别简单，只要几行代码就可以实现。
- 稳定性高。像 Apache、Nginx、NodeJS 这类服务器都经过了长时间的验证，所以它们的稳定性是可以得到保障的。

基于以上几点原因，建议你采用第二种方案实现自己的信令系统。

在第二种方案中，尤其推荐使用 Node.js 来实现信令服务器。虽然 NodeJS 在性能上不如 Nginx，但对于我们这种学习项目来说使用它已经足够了，而且它使用起来也特别简单，还有非常好的生态链，很多逻辑关系不需要我们自己写，大大减少了开发信令服务器的工作量。

4.4.2 信令服务器的业务逻辑

关于 WebRTC 一对一信令服务器的业务逻辑前面已做了一些介绍，其中最重要的是房间的概念。当两个用户要进行通信时，他们首先要创建一个房间，成功加入房间之后，双方才能交换必要的信息，如 Offer/Answer、Candidate 等。当通信的双方结束通话后，用户需要发送离开房间的消息给信令服务器，此时信令服务器需要将房间内的所有人清除；如果房间里已经没有人了，还需要将空房间销毁掉。

对于这样一套机制，如果我们自己实现的话，需要花不少时间。好消息是，著名的 socket.io 库已经实现了这套逻辑，只要我们在 NodeJS 中引入它即可。

4.4.3　信令服务器的实现

接下来看一下信令服务器的实现。要实现信令服务器，我们需要思考以下几个问题：如何通过 NodeJS 实现一个 HTTP 服务？如何使用 socket.io 库？如何进行信令的转发？下面我就来回答上面的问题，当这几个问题解答完了，信令服务器也就实现了。

1）如何通过 NodeJS 实现一个 HTTP 服务？在 NodeJS 上开发一个 HTTP 应用只要几行代码即可，如代码 4.1 所示。

代码 4.1　HTTP 服务器

```
1   ...
2   const http = require('http');          //引入http库
3   const express = require('express');    //引入express库
4
5   //创建HTTP服务，并侦听8980端口
6   const app = express();
7   const http_server = http.createServer(app);
8   http_server.listen(8080, '0.0.0.0');
9   ...
```

上面的代码中引入了两个库：一个是 http 库，用于创建 HTTP 服务；另一个是 express 库，是一套开发 Web 应用的框架，它提供了很多开发 Web 应用的工具。

通过上面引入的两个库，你很容易写出一个 HTTP 服务来。首先，通过 express 创建一个 Web 应用，如第 6 行代码所示；之后调用 HTTP 库的 createServer() 方法创建 HTTP 对象，即 http_server；最后调用 http_server 对象的 listen() 方法侦听 8080 端口。通过上面的步骤就实现了一个 HTTP 服务。

2）如何使用 socket.io 库？在使用 socket.io 库之前，也需要像开发 HTTP 服务一样，先通过 require 将它引入程序中，然后利用 socket.io 的 on 方法接收消息，用 emit 方法发送数据。下面是 socket.io 的几个常见方法：

- 给本次连接发送消息，如代码 4.2 所示。

代码 4.2　发送消息

```
socket.emit('cmd')
```

- 给本次连接发送带参数的消息，如代码 4.3 所示。

代码 4.3　发送带参数消息

```
socket.emit('cmd',arg1); //多个参数往后排
```

- 给除本次连接外房间内的所有人发消息，如代码 4.4 所示。

代码 4.4　给房间内的所有人发消息

```
socket.to(room).emit('cmd')
```

- 接收消息，如代码 4.5 所示。

代码 4.5　接收消息

```
socket.on('cmd', function(){…})
```

- 接收带参数的消息，如代码 4.6 所示。

代码 4.6　接收带参数的消息

```
socket.on('cmd', function(arg1){…})
```

3）如何转发信令？你需要根据收到的客户端不同的信令，给它返回不同的结果，如代码 4.7 所示。

代码 4.7　转发信令

```
1  …
2  io.sockets.on('connection', (socket) => {
3
4    //收到message时，进行转发
5    socket.on('message', (message) => {
6      //给另一端转发消息
7      socket.to(room).emit('message', message);
8    });
9
10   //收到 join 消息
11   socket.on('join', (room) => {
12     var o = io.sockets.adapter.rooms[room];
13
14     //得到房间里的人数
```

```
15        var nc = o ? Object.keys(o.sockets).length : 0;
16        if (nc < 2){ //如果房间中没有超过 2 人
17          socket.join(room);
18          //发送 joined消息
19          socket.emit('joined', room);
20          ...
21        } else { // max two clients
22          socket.emit('full', room); //发送 full 消息
23        }
24      }
25      ...
26    });
```

　　从上面的代码片段中可以看到，所有消息的处理都是在客户端与服务器建立连接之后进行的。因此，需要提前将 connection 消息的处理函数注册到 socket.io 中（即第 2 行代码的含义）；然后，再分别注册各消息（joined、message……）的处理函数。这样，当服务器收到客户端发来的消息时，socket.io 就会根据消息类型调用注册的处理函数，从而完成对应的业务处理。

　　经过上面的讲解，现在再看代码 4.7 是不是觉得很简单了？其具体过程如下：如果服务端收到 message 消息，它不做任何处理，直接进行转发（第 7 行代码）；如果是 join 消息，则首先将用户加入服务端管理的房间中，之后向客户端返回 joined 消息（第 17、第 19 行代码）；如果用户加入时房间里已经有两个用户了，则拒绝该用户的加入，并返回 full 消息，以告之目前房间里人已经满了（第 22 行代码）；对于其他消息的处理以此类推。

　　经过上面的步骤后，信令服务器开发完成。接下来介绍如何将开发好的代码部署到服务器上。

4.4.4　信令服务器的安装与部署

　　在服务器上部署信令服务器需要三个步骤：

　　1）安装 NodeJS。

　　2）安装 NPM[⊖]，并安装信令服务器的依赖库。

　　3）启动服务。

　　下面我们就按照上面的步骤实际操作一下：

　　⊖　Node Package Manager，NodeJS 包管理器。

1）安装 NodeJS。在不同的环境中安装 NodeJS 的方法略有不同，但都十分方便，下面是在不同系统下安装 NodeJS 的方法：

- Ubunt 系统

```
apt install nodejs
```

- CentOS

```
yum install nodejs
```

- MacOS

```
brew install nodejs
```

2）安装 NPM。NPM 起什么作用呢？实际上，它与 apt、yum、brew 工具类似，也是一个包管理器，只不过是专门用来管理、安装 NodeJS 需要的依赖库的。安装 NPM 与安装 NodeJS 类似，在 Ubuntu 下安装命令如下：

```
apt install npm
```

其他系统中的安装方法不再赘述。NPM 安装好后，我们就可以用它来安装 NodeJS 的依赖库 express 和 socket.io 库（http 库是 NodeJS 自带的，不需要安装）。其安装方法如下：

```
1  npm install socket.io@2.0.3
2  npm install express
```

3）现在代码编写好了，运行环境也搭建好了，接下来就可以启动服务了。假如你将上面编写的信令服务器程序命名为 sigserver.js，那么只要在安装依赖库的目录下执行下面的命令，就可以启动信令服务器。

```
node sigserver.js
```

此时，你可以在控制终端上执行以下命令，来观察信令服务器是否正常启动。

```
netstat -ntpl |grep 8080
```

　　如果在控制终端上能查看到 8080 端口已经就绪，则说明信令服务器已开始工作，可以随时接收客户端向该端口发送的信令消息。至此，WebRTC 一对一信令服务器就完成了。

4.4.5　信令服务器的完整代码

　　通过上面的讲解，相信大多数读者完全能自己实现一个 WebRTC 一对一信令服务系统。不过对于新手来说，即使讲解得再详细，也不如有一个完整的例子做参考来得实际。为此我特意将信令服务器的完整代码放在本章的最后作为参考，具体参见代码 4.8。

代码 4.8　信令服务器完整代码

```
1   'use strict'
2
3   //依赖库
4   var log4js = require('log4js'); //用于输出日志
5   var http = require('http');      //提供HTTP服务
6   var https = require('https');    //提供HTTPS服务
7   var fs = require('fs');          //用于读取文件内容
8
9   var socketIo = require('socket.io');
10  var express = require('express');
11
12  var serveIndex = require('serve-index');
13
14  //一个房间里可以同时在线的最大用户数
15  var USERCOUNT = 3;
16
17  //日志的配置项
18  log4js.configure({
19    appenders: {
20     file: {
21       type: 'file',
22       filename: 'app.log',
23       layout: {
24         type: 'pattern',
25         pattern: '%r %p - %m',
26       }
27     }
28    },
```

```
29    categories: {
30      default: {
31        appenders: ['file'],
32        level: 'debug'
33      }
34    }
35  });
36
37  var logger = log4js.getLogger();
38
39  var app = express();
40  app.use(serveIndex('./public'));
41  app.use(express.static('./public'));
42
43  //设置跨域访问
44  app.all("*",function(req,res,next){
45    //设置允许跨域的域名，*代表允许任意域名跨域
46    res.header("Access-Control-Allow-Origin","*");
47
48    //允许的header类型
49    res.header("Access-Control-Allow-Headers","content-type");
50
51    //跨域允许的请求方式
52    res.header("Access-Control-Allow-Methods","DELETE,PUT,POST,GET,
          OPTIONS");
53    if (req.method.toLowerCase() == 'options'){
54      res.send(200);    //让options尝试请求快速结束
55    }else {
56      next();
57    }
58  });
59
60  //HTTP 服务
61  var http_server = http.createServer(app);
62  http_server.listen(80, '0.0.0.0');
63
64  //你的网站证书
65  var options = {
```

```
66      key : fs.readFileSync('./cert/cert.key'),
67      cert: fs.readFileSync('./cert/cert.pem')
68    }
69
70    //HTTPS 服务
71    var https_server = https.createServer(options, app);
72    var io = socketIo.listen(https_server);
73
74    //处理连接事件
75    io.sockets.on('connection', (socket)=> {
76
77      //中转消息
78      socket.on('message', (room, data)=>{
79        logger.debug('message, room: ' + room + ", data, type:" + data.
            type);
80        socket.to(room).emit('message',room, data);
81      });
82
83      //用户加入房间
84      socket.on('join', (room)=>{
85        socket.join(room);
86        var myRoom = io.sockets.adapter.rooms[room];
87        var users = (myRoom)? Object.keys(myRoom.sockets).length : 0;
88
89        logger.debug('the user number of room (' + room + ') is: '
                      + users);
90
91        //如果房间里人未满
92        if(users < USERCOUNT){
93          //发给除自己之外的房间内的所有人
94          socket.emit('joined', room, socket.id);
95
96          //通知另一个用户，有人来了
97          if(users > 1){
98            socket.to(room).emit('other_join', room, socket.id);
99          }
100     }else{ //如果房间里人满了
101       socket.leave(room);
```

```
102            socket.emit('full', room, socket.id);
103        }
104    });
105
106    //用户离开房间
107    socket.on('leave', (room)=>{
108
109        //从管理列表中将用户删除
110        socket.leave(room);
111
112        var myRoom = io.sockets.adapter.rooms[room];
113        var users = (myRoom)? Object.keys(myRoom.sockets).length : 0;
114        logger.debug('the user number of room is: ' + users);
115
116        //通知其他用户有人离开了
117        socket.to(room).emit('bye', room, socket.id);
118
119        //通知用户服务器已处理
120        socket.emit('left', room, socket.id);
121
122    });
123 });
124
125 https_server.listen(443, '0.0.0.0');
```

4.5 小结

　　本章首先介绍了 WebRTC 一对一实时通信的架构，之后详述了实现一对一通信至少需要哪些信令，以及各信令之间的时序关系。这部分内容是本章的重点，是需要牢记的内容。

　　在本章的最后，通过一个实际的例子讲述了如何通过 NodeJS 来实现一个信令服务器。相信通过对本章内容的学习，读者一定可以亲手将这个最简单的信令服务器实现出来。

　　学习完本章和下一章的内容后，读者就能够自己实现一套 WebRTC 一对一通信系统了。

WebRTC实现一对一通信

在浏览器上实现一对一实时音视频通信是 WebRTC 最主要的应用场景。由于主流的浏览器都已支持了 WebRTC，因此在浏览器中实现一对一通信很容易，只要几行代码就可以实现。

5.1　浏览器对 WebRTC 的支持

在具体介绍在浏览器中用 WebRTC 进行一对一通信之前，我们先来看一下浏览器对 WebRTC 的支持程度，这对于开发商业级产品是至关重要的。

目前像 Chrome、Safari、Firefox 等世界上主流的浏览器都已支持 WebRTC。不过需要注意的是，微软的 IE 浏览器明确表示不支持 WebRTC，而是在新推出的 Edge 浏览器上支持它。之所以不在 IE 浏览器上支持 WebRTC，主要有两方面的原因：一是 IE 浏览器将会逐渐被 Edge 所替代；二是支持 WebRTC 要对浏览器架构做大规模调整，成本太高。支持 WebRTC 的浏览器如表 5.1所示。

表 5.1　支持 WebRTC 的浏览器

Host	Chrome	Safari	Firefox	Edge	Opera
PC	28+	11+	22+	12+	18+
Android	28+	不支持	24+	不支持	12+
iOS	不支持	11+	不支持	不支持	不支持

注：表中数字表示的是支持 WebRTC 的浏览器版本号，"+"表示后续版本。例如表中 PC 端 Chrome 对应的值为 28+，其代表的意思是从 Chrome 的第 28 号版本开始，以后的版本都支持 WebRTC。

通过表 5.1我们可以发现，PC 端的浏览器对 WebRTC 的支持是最好的。iOS 端只有 Safari 支持 WebRTC，这与苹果公司的限制有关。苹果公司要求第三方只能使用它的 WebView 来实现浏览器，而 WebView 却不支持 WebRTC，因此导致其他使用 WebView 的浏览器也无法使用 WebRTC。不过从 iOS 14.3 开始，WebView 终于支持 WebRTC 了，相信不久的将来 iOS 端的其他浏览器也都可以支持 WebRTC。Android 端除了 Safari 和 Edge 因没有对应的终端版本不支持 WebRTC 外，其他浏览器都支持 WebRTC。

5.2 遍历音视频设备

正如第 4 章中所述，进行一对一通信之前，需要对设备进行检测，看看主机上都支持哪些设备。在浏览器上遍历音视频设备特别简单，调用 enumerateDevices() 接口即可，其原型参见代码 5.1。

代码 5.1 enumerateDevices() 接口格式

```
navigater.mediaDevices.enumerateDevices();
```

enumerateDevices() 接口执行成功后，会返回 deviceInfo 数组。数组中的每一项为一个 deviceInfo 对象，其结构参见代码 5.2。

代码 5.2 MediaDeviceInfo 结构体

```
interface MediaDeviceInfo {
  readonly attribute DOMString deviceId;
  readonly attribute MediaDeviceKind kind;
  readonly attribute DOMString label;
  readonly attribute DOMString groupId;
};

enum MediaDeviceKind {
  "audioinput",
  "audiooutput",
  "videoinput"
};
```

下面详细介绍一下 MediaDeviceInfo 结构。从上面的代码中可以看到，MediaDeviceInfo 包括 4 个属性，分别是 deviceId、kind、label 和 groupId。

deviceId 表示每个设备的唯一编号，通过该编号可以从 WebRTC 的音视频设备管理中找到该设备。

kind 表示设备的种类。音视频设备包括三种类型：音频输入设备、音频输出设备以及视频输入设备。音频的输入设备和输出设备是两种不同类型的设备。而对于视频设备来说，它只有输入设备，视频的输出则是由显示器完成的。由于显示器是默认设备，所以不需要通过音视频设备管理器进行管理。

label 是设备的名字。该名字是便于人们记忆的名字，不像 deviceId 那样是一串毫无规律的字符串。

groupId 表示组 Id。如果两个设备是在同一个硬件上，则它们属于同一组，因此它们的 groupId 是一致的，例如音频的输入与输出设备就是集成到一起的。

现在 enumerateDevices() 接口的作用及其参数含义你已经清楚了，下面我们来了解一下如何调用 enumerateDevices() 接口。在浏览器上使用 JavaScript 调用 enumerate-Devices() 时，与我们通常使用 C/C++ 等语言调用接口的方式有些不同，JavaScript 采用 Promise⊖方式调用 enumerateDevices() 接口。关于 Promise 的内容在这里就不做进一步讲解了，如果你对其不熟悉，可以自行在网上查找相关内容⊖。下面看一下使用 enumerate-Devices() 接口的具体例子，如代码 5.3 所示。

代码 5.3　枚举音视频设备

```
1  //如果遍历设备失败，则回调该函数
2  function handleError(error) {
3    console.log('err:', error);
4  }
5
6  //如果得到音视频设备，则回调该函数
7  function gotDevices(deviceInfos) {
8    ...
9    //遍历所有设备信息
10   for (let i = 0; i !== deviceInfos.length; ++i) {
11     //取每个设备信息
12     const deviceInfo = deviceInfos[i];
13     ...
14   }
15   ...
```

⊖ 它是一种 JavaScript 异步处理机制。
⊖ 例如,可参见 https://developer.mozilla.org/en-US/docs/Web/JavaScript/Reference/Global_Objects/Promise。

```
16  }
17
18  //遍历所有音视频设备
19  navigator.mediaDevices.enumerateDevices()
20              .then(gotDevices)
21              .catch(handleError);
```

当将上面的代码片段生成 js 文件放到浏览器下执行时，浏览器首先从第 19 行处的代码开始执行，即调用 enumerateDevices() 接口获得主机上的所有音视频设备。如果 enumerate-Devices() 函数执行成功，则会回调 gotDevices() 方法，该方法的输入参数 deviceInfos 中存放的就是通过 enumerateDevices() 获得的所有音视频设备的信息。此时，可以通过一个 for 循环来遍历每一项设备信息。如果 enumerateDevices() 函数执行失败，则回调 handleError() 函数，此时可以通过该函数将错误信息打印出来。

这里需要注意的是，基于安全方面的原因，浏览器有可能不允许调用 enumerate-Devices() 函数，此时需要手工将浏览器的安全访问设置为允许。另外，测试时最好使用 Chrome 浏览器，因为它对 WebRTC 的支持最全。

5.3 采集音视频数据

通过 enumerateDevices() 接口获得音视频设备后，就可以选择其中的设备进行数据采集了。在浏览器下采集音视频数据也很方便，调用 getUserMedia() 这个 API 就可以采集到。getUserMedia 的接口格式如代码 5.4 所示。

代码 5.4 getUserMedia() 接口格式

```
navigator.mediaDevices.
            getUserMedia(MediaStreamConstrains);
```

该接口有一个 MediaStreamConstrains 类型的输入参数，可以用来控制从哪个设备上采集音视频数据，以及限制采集到的数据的格式，如限制采集到的视频分辨率、音频数据的采样率、采样大小等。其结构如代码 5.5 所示。

代码 5.5 MediaStreamConstrains 结构体

```
dictionary MediaStreamConstrains {
   (boolean) or (MediaTrackConstrains) video = false;
   (boolean) or (MediaTrackConstrains) audio = false;
}
```

从上面 MediaStreamConstrains 类型的定义可以看出，video 和 audio 属性既可以是 boolean 类型，也可以是 MediaTrackConstrains 类型（只有像 JavaScript 这种弱类型语言才可以做这一点）。因此，我们既可以直接给 video 和 audio 赋值 true/false，简单地指明是否采集视频或音频数据，也可以给它赋值一个 MediaTrackConstrains 类型的值，对音视频设备做更精准的设置。

如果直接给 video/audio 属性赋值 true，则浏览器会使用默认设备和默认参数采集音视频数据，否则如果给 video/audio 赋值 MediaTrackConstrains 类型值，则浏览器会按 MediaTrackConstrains 中的限制，从指定的设备中采集音视频数据。MediaTrackConstrains 结构如代码 5.6 所示。

代码 5.6　MediaTrackConstraintSet 结构体

```
dictionary MediaTrackConstraintSet {
    //视频相关
    ConstrainULong width;
    ConstrainULong height;
    ConstrainDouble aspectRatio;      //宽高比
    ConstrainDouble frameRate;
    ConstrainDOMString facingMode;    //前置/后置摄像头
    ConstrainDOMString resizeMode;    //缩放或裁剪
    //音频相关
    ConstrainULong sampleRate;
    ConstrainULong sampleSize;
    ConstrainBoolean echoCancellation;
    ConstrainBoolean autoGainControl;
    ConstrainBoolean noiseSuppression;
    ConstrainDouble latency;          //目标延迟
    ConstrainULong channelCount;
    //设备相关
    ConstrainDOMString deviceId;
    ConstrainDOMString groupId;
};
```

从上面的代码片段中可以看到，MediaTrackConstrains 结构由三部分组成，即视频相关属性、音频相关属性以及设备相关属性。视频属性中包括分辨率、视频宽高比、帧率、前置/后置摄像头、视频缩放；音频属性包括采样率、采样大小、是否开启回音消除、是否开启自动增益、是否开启降噪、目标延迟、声道数；设备相关属性包括设备 ID、设备组 ID。

我们来看一个具体的例子，看看如何通过 getUserMedia() 接口来采集音视频数据。具体代码参见代码 5.7。

代码 5.7　获取音视频流

```
1   //采集到某路流
2   function gotMediaStream(stream){
3       ...
4   }
5   ...
6   //从设备选项栏里选择某个设备
7   var deviceId = xxx;
8
9   //设置采集限制
10  var constraints = {
11    video : {
12      width: 640,
13      height: 480,
14      frameRate  :  15,
15      facingMode  : 'enviroment',
16      deviceId  :  deviceId?{exact:deviceId}:undefined
17    },
18    audio : false
19  }
20
21  //开始采集数据
22  navigator.mediaDevices.getUserMedia(constraints)
23          .then(gotMediaStream)
24          .catch(handleError);
25  ...
```

在上面的代码片段中，首先执行第 22 行代码，即调用 getUserMedia() 接口，然后根据 constraints 中的限制获取音视频数据。在这个例子中，getUserMedia() 从指定设备（deviceId）上按指定参数采集视频数据，具体参数如下：分辨率为 640×480、帧率为 15 帧/秒、使用后置摄像头（environment⊖）。因为 audio 属性为 false，所以此例中仅采集视频数据而不采集音频数据。

⊖ https://w3c.github.io/mediacapture-main/#def-constraint-facingMode

此外，从上面的代码中还可以看到，调用 getUserMedia() 接口的方式与调用 enumerate-Devices() 接口的方式是一样的，也是使用 Promise 方式。当调用 getUserMedia() 成功时，会回调 gotMediaStream() 函数，该函数的输入参数 MediaStream 里存放的就是音视频数据流。当获得音视频数据后，既可以把它作为本地预览，也可以将它传送给远端，从而实现一对一通信。如果调用 getUserMedia() 接口失败，则调用错误处理函数 handleError。

5.4　MediaStream 与 MediaStreamTrack

在 WebRTC 中有两个重要的概念，即 MediaStream 和 MediaStreamTrack。其中 MediaStreamTrack 称为"轨"，表示单一类型的媒体源，比如从摄像头采集到的视频数据就是一个 MediaStreamTrack，而从麦克风采集的音频又是另外一个 MediaStreamTrack。MediaStream 称为"流"，它可以包括 0 个或多个 MediaStreamTrack。

MediaStream 有两个重要作用，一是可以作为录制或者渲染的源，这样我们就可以将 Stream 中的内容录制成文件或者将 Stream 中的数据通过浏览器中的 <video> 标签播放出来；二是在同一个 MediaStream 中的 MediaStreamTrack 数据会进行同步（比如同一个 MediaStream 中的音频轨和视频轨会进行时间同步），而不同 MediaStream 中的 MediaStreamTrack 之间不进行时间同步。

5.5　本地视频预览

当使用 getUserMedia() 接口获得本地音视频流 MediaStream 后，可以使用 H5 的 <video> 标签将其展示出来。要实现这个功能很简单，只要将 MediaStream 赋值给 <video> 标签的 srcObject 属性即可。

我们来看一个具体的例子，重点看一看 <video> 标签是如何与 MediaStream 建立联系的。示例参见代码 5.8。

代码 5.8　本地视频预览

```
1  //H5 代码
2  <html>
3  ...
4  <body>
5  ...
6  //定义了一个<video>标签
7  <video autoplay playsinline></video>
```

```
8   <script src="./demo.js"></script>
9   ...
10  </body>
11  </html>
12
13  //demo.js
14  ...
15  // 从 H5 获得 <video> 标签
16  const lv = document.querySelector('video');
17
18  //getUserMedia 的采集限制
19  const contrains = {
20    video: true,
21    audio: true
22  };
23
24  //调用 getUserMedia 成功后，回调该函数
25  function gotLocalStream(mediaStream){
26    lv.srcObject = mediaStream;
27  }
28  ...
29  navigator.mediaDevices.getUserMedia(contrains)
30    .then(gotLocalStream)
31    .catch(handleLocalMediaStreamError);
32  ...
```

上面的代码由两部分组成，即 H5 代码和 js 代码。其中，H5 代码用于定义 <video> 标签；js 代码用于控制音视频数据的采集，并将采集的视频数据与 <video> 标签建立联系。

首先来看 H5 的代码。该代码非常简单，唯一需要说明的是 <video> 标签的两个属性，即 autoplay 和 playsinline。其中 autoplay 表示 <video> 标签收到音视频数据后立即开始播放；playsinline 的作用是让播放器在页面内播放，而不是调用外部的系统播放器播放音视频。

接下来看一下 demo.js。demo.js 中的大部分代码已经在5.3节中介绍过了。需要重点说明的是，MediaStream 与 <video> 标签的绑定是在回调函数 gotLocalStream() 中完成的。只要将 MediaStream 赋值给 <video> 标签（即代码第 26 行），即完成了绑定工作。这样，从音视频设备上采集的数据就可以通过 <video> 标签播放出来了。至此就完成了本地视频预览工作。

5.6　信令状态机

在开始介绍端到端通信之前，必须先实现客户端的信令系统，让客户端与信令服务器可以互通，从而为端到端交换信息做好准备。那么客户端的信令系统该如何实现呢？

最简单的办法是通过状态机实现，其基本原理如下：每次发送/接收一个信令后，客户端都根据状态机当前的状态做相应的逻辑处理。比如当客户端刚启动时，其处于 Init 状态，在此状态下，用户只能向服务端发送 join 消息，待服务端返回 joined 消息后，客户端的状态机发生了变化，变成了 joined 状态后，才能开展后续工作。客户端的状态机如图 5.1所示。

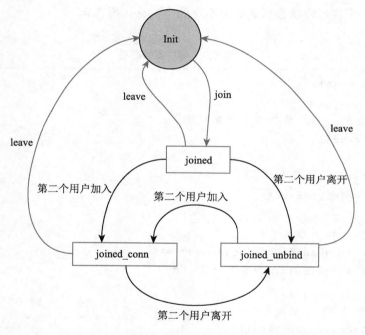

图 5.1　信令状态机

从图中可以发现，客户端的状态机共有 4 种状态，分别是 Init、joined、joined_unbind 以及 joined_conn。下面详述一下各种状态之间是如何变化的。

- 客户端刚启动时，其初始状态为 Init。
- 在 Init 状态下，用户只能向服务器发送 join 消息；服务端收到 join 消息后，会返回 joined 消息；如果客户端能收到 joined 消息，则说明用户已经成功加入房间中，此时客户端状态更新为 joined。
- 在 joined 状态下，客户端有多种选择，根据不同的选择可以切换到不同的状态：
  - 如果用户离开房间，客户端又回到了初始状态，即 Init 状态。

- 如果客户端收到第二个用户加入的消息（即 other_joined 消息），则切换到 join_conn 状态。在这种状态下，两个用户就可以进行通信了。
- 如果客户端收到第二个用户离开的消息（即 bye 消息），则需要将其状态切换到 join_unbind。实际上，join_unbind 状态与 joined 状态基本是一致的，不过可以通过这两种不同的状态值判断出用户之前的状态。

- 如果客户端处于 join_conn 状态，当它收到 bye 消息时，会变成 joined_unbind 状态。
- 如果客户端是 joined_unbind 状态，当它收到 other_join 消息时，会变成 join_conn 状态。

接下来看一下客户端状态机是如何实现的，参见代码 5.9。

代码 5.9　客户端状态机

```
1   var state = init;
2
3   //连接信令服务器并根据信令更新状态机
4   function conn(){
5
6       //建立socket.io连接
7       socket = io.connect();
8
9       //收到joined消息
10      socket.on('joined', (roomid, id) =>
11          state = 'joined'; //变更状态
12          ...
13          //创建连接
14          createPeerConnection();
15          bindTracks();
16          ...
17      });
18
19      //收到otherjoin消息
20      socket.on('other_join', (roomid) => {
21          ...
22          state = 'joined_conn';  //更改状态
23          call();
24          ...
25      });
```

```
26
27    //收到full消息
28    socket.on('full', (roomid, id) => {
29      ...
30      hangup();
31      socket.disconnect();   //关闭连接
32      state = 'init';        //回到初始化状态
33      ...
34    });
35
36    //收到用户离开的消息
37    socket.on('left', (roomid, id) => {
38      ...
39      hangup();
40      socket.disconnect();
41      state='init'   //回到初始化状态
42      ...
43    });
44
45    socket.on('bye', (room, id) => {
46      ...
47      state = 'joined_unbind';
48      hangup();
49      ...
50    });
51
52    ...
53    //向服务端发送join消息
54    roomid = getQueryVariable('room');
55    socket.emit('join', roomid);
56
57  }
58
59  ...
60  conn(); //与信令服务器建立连接
61  ...
```

在代码 5.9 中，首先执行第一行代码，将状态机的状态初始化为 init；之后调用 conn()

函数，让客户端与信令服务器建立连接。而在 conn() 内部做了三件事：一是调用 socket.io 的 connect() 方法与信令服务器建立连接；二是向 socket.io 注册 5 个回调函数，分别对应 5 个信令消息，即 joined、otherjoin、full、left 以及 bye 消息，以便收到不同的消息时做不同的逻辑处理；三是向信令服务器发送 join 消息。至此客户端的运转就由信令驱动起来了。

当客户端收到服务端返回的 joined 消息后，会在回调之前注册到 socket.io 中的回调函数，因此上面代码的第 10~17 行会被执行。在这段代码中，客户端首先变更自己当前的状态为 joined，然后创建 RTCPeerConnection（关于 RTCPeerConnection 的内容将会在 5.7.1 节详细介绍）对象，最后将采集到的音视频流绑定到之前创建好的 RTCPeerConnection 对象上。

当第二个用户上线后，第一个用户会收到服务端发来的 otherjoin 消息。上面代码中的第 20~25 行会被执行。在这几行代码中，也是先变更客户端状态为 joined_conn，然后调用 call() 函数。call() 函数实现的是媒体协商，有关媒体协商相关的内容会在 5.7.3 节再做介绍，相关的代码也在 5.7.3 节中给出。

其他几种情况与前面介绍的两种情况是类似的，都是收到服务端的信令后回调对应的函数，在函数中变更状态，然后做相应的逻辑处理，这里就不再赘述了。

5.7 RTCPeerConnection

RTCPeerConnection 对象是 WebRTC 的核心，它是 WebRTC 暴露给用户的统一接口，其内部由多个模块组成，如网络处理模块、服务质量模块、音视频引擎模块，等等。你可以把它想象成一个超级 socket，通过它可以轻松地完成端到端数据的传输。更让人惊讶的是，它还可以根据实际网络情况动态调整出最佳的服务质量。

接下来我们将用 6 个小节详细讲述如何通过 RTCPeerConnection 完成一对一实时通信。

5.7.1 创建 RTCPeerConnection 对象

首先，我们来看一下如何在浏览器上创建一个 RTCPeerConnection 对象，其原型如代码 5.10 所示。

代码 5.10　创建 RTCPeerConnection

```
1  const configuration = {
2          iceServers: [
3            {urls: 'stun:stun.example.org'}
4          ]
5  };
```

```
6  ...
7  let pc = new RTCPeerConnection(configuration);
8  ...
```

创建 RTCPeerConnection 对象很简单，只要通过 new 关键字就可以将 RTCPeerConnection 对象创建出来。在创建 RTCPeerConnection 对象时，需要给它传输一个参数。这个参数是一个 JSON 格式的数据，通过该参数可以对 WebRTC 中数据传输方式做一些策略选择。比如，通信时是以中继方式传输数据，还是使用 P2P 方式传输数据？如果使用中继方式，那它可以使用哪些中断服务器？这些问题都可以通过创建 RTCPeerConnection 对象的输入参数来设定。

关于 RTCPeerConnection 对象输入参数的具体内容，将在第 6 章中再做进一步讲解。

5.7.2　RTCPeerConnection 与本地音视频数据绑定

在5.3节中已经介绍了如何通过 WebRTC 的 getUserMedia() 接口采集音视频数据。数据采集到了，我们该如何将采集到的数据发送给对方呢？想必你一定猜到了，使用 RTCPeerConnection。

不过，在使用 RTCPeerConnection 对象将数据发送给对方之前，还需要解决一个关键问题，即如何将采集到的数据与 RTCPeerConnection 对象绑定到一起。只有让 RTCPeerConnection 拿到音视频数据，它才能将其发送出去。

对于绑定数据的问题，RTCPeerConnection 对象为我们提供了两种方法：一个是 addTrack()；另一个是 addStream()。这两种方法都可以实现将采集到的数据与 RTCPeerConnection 绑定的作用，不过由于 WebRTC 规范中已经将 addStream() 标记为过时，因此建议尽量使用 addTrack() 方法，以免以后出现兼容性问题。

正如在5.6节中介绍的，当客户端从服务端接收到 joined 消息后，它会创建 RTCPeerConnection 对象，然后调用 bindTracks() 函数将其与之前通过 getUserMedia() 接口采集到的音视频数据绑定到一起，如代码 5.11 所示。

代码 5.11　绑定 Track

```
1  ...
2  function bindTracks() {
3    ...
4    ls.getTracks().forEach((track)=>{
5    pc.addTrack(track, ls);
6    ...
```

```
7    }
8    ...
```

在上面的代码中，ls 是一个全局变量，当通过 getUserMedia() 接口采集到 MediaStream 后，需要将其交由 ls 管理。pc 是 RTCPeerConnection 的缩写，也是一个全局变量。当 RTCPeerConnection 创建好后，交由 pc 管理。这样当调用 bindTracks() 函数时，它就可以从 ls 中获取每一个准备好的 track，然后将其加入 RTCPeerConnection 对象中，从而实现了音视频数据与 RTCPeerConnection 对象绑定的工作。

5.7.3　媒体协商

当 RTCPeerConnection 对象与音视频绑定后，紧接着需要进行媒体协商。什么是媒体协商呢？其实，它就像我们买卖东西时的讨价还价。通信的双方在真正通信之前，也要讨价还价，以了解彼此都有哪些能力。比如说，你默认使用的编码器是 VP8，要想与对方通信，还需要知道对方是否可以解码 VP8 的数据。如果对方不支持 VP8 解码，那你就不能使用这个编码器。再比如，通信中的一方说，我的数据是使用 DTLS-SRTP 加密的，而另一方也必须具备这种能力，否则双方无法通信。这就是媒体协商。

进行媒体协商时，交换的内容是 SDP 格式的。关于媒体协商内容方面的知识，将在第 7 章中详细讨论，这里我们只关注媒体协商的过程即可。

在 WebRTC 中，媒体协商是有严格的协商顺序的，其过程如图 5.2所示，整个协商过程共 8 步。下面详述一下这个过程。

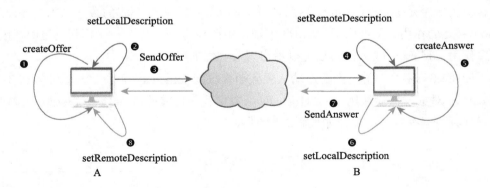

图 5.2　媒体协商

这里我们假设协商的发起方是用户 A，当它创建好 RTCPeerConnection 对象并与采集到的数据绑定后，开始执行图 5.2中的第❶步，即调用 RTCPeerConnection 对象的 createOffer 接口生成 SDP 格式的本地协商信息 Offer；本地协商信息 Offer 生成后，再调用 setLocal-

Description 接口，将 Offer 保存起来（图中的第❷步）；之后通过客户端的信令系统将 Offer 信息发送给远端用户 B（图中第❸步）。此时用户 A 的媒体协商过程暂告一段落（还未完成）。

　　用户 B 通过信令系统收到用户 A 的 Offer 信息后，调用本地 RTCPeerConnection 对象的 setRemoteDescription 接口，将 Offer 信息保存起来（图中的第❹步）；这一步完成后，再调用 createAnswer 接口创建 Answer 消息（图中的第❺步）（Answer 消息也是 SDP 格式，里边记录的是用户 B 端的协商信息）；Answer 消息创建好后，用户 B 调用 setLocalDescription 接口将 Answer 信息保存起来（图中的第❻步）。至此，用户 B 端的媒体协商已经完成。接下来，用户 B 需要将 Answer 消息发送给 A 端（图中的第❼步），以便让用户 A 继续完成自己的媒体协商。

　　用户 A 收到用户 B 的 Answer 消息后，就可以重启其未完成的媒体协商了。用户 A 需要调用 RTCPeerConnection 对象的 setRemoteDescription 接口将收到的 Answer 消息保存起来（图中第❽步）。执行完这一步后，整个媒体协商过程才算最终完成。

5.7.4　ICE

　　当媒体协商完成后，WebRTC 就开始建立网络连接了，其过程称为 ICE[⊖]。更确切地说，ICE 是在各端调用 setLocalDescription() 接口后就开始了。其操作过程如下：收集 Candidate[⊖]，交换 Candidate，按优先级尝试连接。

1. 什么是 Candidate

　　在介绍如何收集 Candidate 之前，我们先了解一下什么是 Candidate。举个例子，比如我们想用 socket 连接某台服务器，一定要知道这台服务器的一些基本信息，如服务器的 IP 地址、端口号以及使用的传输协议。只有知道了这些信息，才能与这台服务器建立连接。而 Candidate 正是 WebRTC 用来描述它可以连接的远端的基本信息，因此它是至少包括 {address, port, protocol} 三元组的一个信息集。

　　当然，真正的 Candidate 包含的内容要比三元组 {address, port, protocol} 多一些，它还包括 CandidateType、ufrag 等。代码 5.12 是一个真实的 Candidate 所包含的信息。

代码 5.12　Candidate 信息

```
IceCandidate{
"candidate":
  "udp 192.168.1.9 45845 type host …ufrag aOj8 …",
"sdpMid":"0",
```

　　⊖　Interactive Connectivity Establishment，交互式连接建立。
　　⊖　Candidate，可连接的候选者。每个候选者是包含 IP 地址和端口等内容的信息集。

```
    "sdpMLineIndex":0
  }
```

通过上面的信息可以看到，IceCandidate 的结构由 candidate、sdpMid 和 sdpMLineIndex 三部分组成。其中最关键的内容放在 candidate 字段中，也就是第 3 行代码里的内容（这行内容已经做了删减，将一些无关紧要的内容删掉了）。

从第 3 行代码中还可以知道，它包括了该 IceCandidate 使用的传输协议（UDP）、IP 地址、端口号、Candidate 类型（type host）以及用户名（ufrag a0j8）。有了这条信息，WebRTC 就可以尝试与远端进行连接了。需要注意的是，实际中使用的 IceCandidate 结构与 WebRTC 1.0 规范中定义的 IceCandidate⊖结构有很大出入。之所以会出现这种情况，主要是因为 WebRTC 1.0 规范出来得较晚，各浏览器厂商还是按之前的草案来实现的。不过相信未来各浏览器厂商最终还是会按 WebRTC 规范来实现的。

WebRTC 将 Candidate 分成了四种类型，即 host、srflx、prflx 及 relay，且它们还有优先级次序，其中 host 优先级最高，relay 优先级最低。比如 WebRTC 收集到了两个 Candidate，一个是 host 类型，另一个是 srflx 类型，那么 WebRTC 一定会先尝试与 host 类型的 Candidate 建立连接，如果不成功，才会使用 srflx 类型的 Candidate。

2. 收集 Candidate

WebRTC 收集 Candidate 时有几种途径：host 类型的 Candidate，是根据主机的网卡个数来决定的，一般来说，一个网卡对应一个 IP 地址，给每个 IP 地址随机分配一个端口从而生成一个 host 类型的 Candidate；srflx 类型的 Candidate，是从 STUN 服务器获得的 IP 地址和端口生成的；relay 类型的 Candidate，是通过 TRUN 服务器获得的 IP 地址和端口号生成的。

收集到 Candidate 后，为了通知上层，WebRTC 还在 RTCPeerConnection 对象中提供了一个事件，即 onicecandidate。为了将收集到的 Candidate 交换给对端，需要为 onicecandidate 事件设置一个回调函数。如代码 5.13 所示。

代码 5.13　获取本地 Candidate

```
1  pc.onicecandidate = (e)=>{
2    if(e.candidate) {
3      ...
4    }
5  }
```

⊖ https://w3c.github.io/webrtc-pc/#rtcicecandidate-interface

通过该回调函数就可以获得 WebRTC 底层收集到的所有 Candidate 了。同时，还可以在该函数中将收集到的 Candidate 发送给对端。

3. 交换 Candidate

WebRTC 收集好 Candidate 后，会通过信令系统将它们发送给对端。对端接收到这些 Candidate 后，会与本地的 Candidate 形成 CandidatePair（即连接候选者对）。有了 CandidatePair，WebRTC 就可以开始尝试建立连接了。这里需要注意的是，Candidate 的交换不是等所有 Candidate 收集好后才进行的，而是边收集边交换。

4. 尝试连接

当 WebRTC 形成 CandidatePair 后，便开始尝试进行连接。一旦 WebRTC 发现其中有一个可以连通的 CandidatePair 时，它就不再进行后面的连接尝试了，但发现新的 Candidate 时仍然可以继续进行交换。

5.7.5　SDP 与 Candidate 消息的交换

在 5.7.3 节和 5.7.4 节中都提到了通信双方要进行信息的交换，如交换 SDP 和 Candidate。这种信息交换使用的也是之前介绍的信令系统，只不过需要为这种需求专门设置一个新的信令，即 message。

下面我们看一下信息交换的过程。其过程非常简单，当通信双方需要交换信息时，发起方首先向信令服务器发送 message 消息，服务端收到 message 消息后不做任何处理，直接将该消息转发给目标用户。

根据上述消息交换的过程，我们知道消息交换分成三个步骤，即发起方发送要交换的消息，服务端收到消息后进行转发，客户端接收消息。具体实现如下：

- 客户端发送消息，参见代码 5.14。

代码 5.14　客户端发送消息

```
1  function sendMessage(roomid, data){
2    ...
3    socket.emit('message', roomid, data);
4  }
```

- 服务端收到消息后转发，参见代码 5.15。

代码 5.15　服务端收到消息后转发

```
1  socket.on('message', (room, data)=>{
```

```
2    ...
3    socket.to(room).emit('message',room, data);
4  });
```

- 客户端接收消息，参见代码 5.16。

代码 5.16　客户端接收消息

```
1  socket.on('message', (roomid, data) => {
2    ...
3    if(data.hasOwnProperty('type')
4        && data.type === 'offer') {
5      ...
6    }else if(data.hasOwnProperty('type')
7            && data.type === 'answer'){
8      ...
9
10   }else if (data.hasOwnProperty('type')
11           && data.type === 'candidate'){
12     ...
13   }else{
14     ...
15   }
16 });
```

　　通过上面的代码可以看到，交换消息的处理还是很简单的。对于发送方来说，只需要调用 socket.io 的 emit() 方法就可以将消息发送给服务器；服务端收到消息后，调用 socket.to(room).emit() 方法给房间里除自己之外的所有人转发消息。因为我们在逻辑层控制了一个房间内只能有两个人，所以实际上服务端只会给另一方转发消息；在接收端，它会为 message 消息注册一个回调函数，当收到 message 消息后，函数被回调。在回调函数内部对消息的类型又做了判断，对于不同的消息类型，如 offer、answer、candidate，做不同的逻辑处理。以上就是消息交换的整个过程。

5.7.6　远端音视频渲染

　　当各端将收集到的 Candidate 通过信令系统交换给对方后，WebRTC 内部就开始尝试建立连接了。连接一旦建成，音视频数据就开始源源不断地由发送端发送给接收端。

　　不过,此刻音视频数据即使到达了接收端,我们也看不见、听不到它,这是因为 WebRTC 还不知道如何处理收到的音视频数据。如何做才能让收到的视频数据在屏幕上显示,音频数据在扬声器里播放呢?

　　事实上,在播放音视频数据之前,我们需要将远端传来的音视频数据流与本地 <video> 标签绑定才行。具体的做法是将收到的音视频数据流（MediaStream）赋值给 <video> 标签的 srcObject 属性。接下来的问题就是如何才能获得远端的音视频流（MediaStream）?

　　在这方面,WebRTC 给我们提供了一个非常好的接口,即 RTCPeerConnection 对象的 ontrack() 事件。每当有远端的音视频数据传过来时,ontrack() 事件就会被触发。因此你只需要给 ontrack() 事件设置一个回调函数,就可以拿到远端的 MediaStream 了。具体代码参见代码 5.17。

代码 5.17　获取远端视频流

```
1  function getRemoteStream(e){
2      ...
3  }
4
5  let pc = new RTCPeerConnection(...);
6  ...
7  pc.ontrack = getRemoteStream();
8  ...
```

　　在上述代码中,首先创建了 RTCPeerConnection 对象,然后为 pc 的 ontrack() 事件设置了一个回调函数,即 getRemoteStream()。该回调函数有一个输入参数 e,其中就包括了远端的 MediaStream。在回调函数中,需要将获得的 MediaStream 对象赋值给 <video> 标签,这样远端的音视频数据就与 <video> 标签绑定好了。

5.7.7　客户端完整例子

　　为了方便能更快速地将 WebRTC 一对一通信的客户端搭建起来,依然将客户端的完整代码放在本章的最后以供参考。需要说明的是,客户端的实现相对于服务端来说要复杂得多,它由三个文件组成,分别是 room.html、client.css 以及 client.js。

　　room.html 文件用于界面的展示,它由三个展示区组成,即用户操作区、视频直播展示区和 SDP 展示区。其中,用户操作区用于连接信令服务器或断开与信令服务器的连接;视频直播展示区由两个 <video> 标签组成,一个用于本地视频预览,另一个用于显示远端视频;SDP 展示区用于查看和分析媒体协商中的 Offer/Answer 内容。其界面如图 5.3所示。

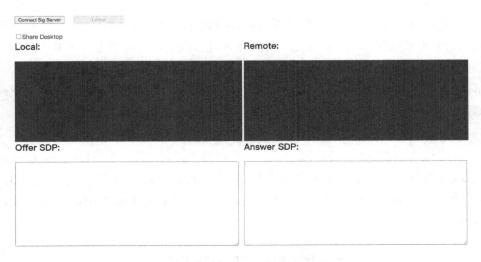

图 5.3　WebRTC 一对一通信客户端界面

client.css 文件用于美化 room.html 界面。由于该文件中的内容与本书所讲的内容并无太大关系，所以这里只是将其列出，有兴趣的读者可以自行对其进行研究。对于该文件唯一要说明的是，在使用本例程时，需要将它存放在 room.html 所在目录的 css 子目录下，这样才能让它正常工作。

client.js 文件是本例程最重要的文件，里面包含了实现 WebRTC 一对一通信最核心的逻辑。因此，我们对该文件中的重要函数和关键的语句都做了详细注释。相信通过本章前面讲解的内容，再加上代码中的注释，读者在阅读该文件的代码时不会感到有太大的困难。该文件应该存放在 room.html 目录的 js 子目录下。

首先看一下 room.html 是如何实现的，如代码 5.18 所示。

代码 5.18　客户端 HTML 代码

```
1   <html>
2     <head>
3       <title>WebRTC PeerConnection</title>
4       <link href="./css/client.css" rel="stylesheet" />
5     </head>
6
7   <body>
8     <div>
9       <!--
10          用户操作区，包括两个Button:
11          一个用户连接信令服务器；另一个用户与信令服务器断开连接
```

```
12        -->
13        <div>
14          <button id="connserver">ConnServer</button>
15          <button id="leave" disabled>Leave</button>
16        </div>
17
18        <!--
19          显示区, 用于展示:
20          • 视频
21          • Offer/Answer
22        -->
23        <div id="preview">
24          <!--
25            本地视频与 Offer 的展示区
26          -->
27          <div >
28            <h2>Local:</h2>
29            <video id="localvideo" autoplay playsinline muted></video>
30            <h2>Offer SDP:</h2>
31            <textarea id="offer"></textarea>
32          </div>
33          <!--
34            远端视频与 Answer 的展示区
35          -->
36          <div>
37            <h2>Remote:</h2>
38            <video id="remotevideo" autoplay playsinline></video>
39            <h2>Answer SDP:</h2>
40            <textarea id="answer"></textarea>
41          </div>
42        </div>
43      </div>
44
45      <!--
46        引用的 JavaScript 脚本库:
47        socket.io.js: 用于连接信令服务器
48        adapter-latest.js: 用于浏览器适配 Chrome, Firefox…
49        main.js: WebRTC 客户端代码
```

```
50    -->
51    <script src="https://cdnjs.cloudflare.com/ajax/libs/socket.io
         /2.0.3/socket.io.js">
52    </script>
53    <script src="https://webrtc.github.io/adapter/adapter-latest.js">
54    </script>
55    <script src="js/main.js">
56    </script>
57  </body>
58 </html>
```

接下来是 client.css 的实现，由于该文件比较简单，且与我们所讲内容关系不大，所以我们并没有对其进行注释，可以直接复制使用。其实现如代码 5.19 所示。

代码 5.19　客户端引用的 CSS 代码

```
1  button {
2    margin: 10px 20px 25px 0;
3    vertical-align: top;
4    width: 134px;
5  }
6
7  table {
8    margin: 200px (50% - 100) 0 0;
9  }
10
11 textarea {
12   color: #444;
13   font-size: 0.9em;
14   font-weight: 300;
15   height: 20.0em;
16   padding: 5px;
17   width: calc(100% - 10px);
18 }
19
20 div#getUserMedia {
21   padding: 0 0 8px 0;
22 }
```

```
23
24  div.input {
25    display: inline-block;
26    margin: 0 4px 0 0;
27    vertical-align: top;
28    width: 310px;
29  }
30
31  div.input > div {
32    margin: 0 0 20px 0;
33      vertical-align: top;
34  }
35
36  div.output {
37    background-color: #eee;
38    display: inline-block;
39    font-family: 'Inconsolata', 'Courier New', monospace;
40    font-size: 0.9em;
41    padding: 10px 10px 10px 25px;
42    position: relative;
43    top: 10px;
44    white-space: pre;
45    width: 270px;
46  }
47
48  div.label {
49    display: inline-block;
50    font-weight: 400;
51    width: 120px;
52  }
53
54  div.graph-container {
55    background-color: #ccc;
56    float: left;
57    margin: 0.5em;
58    width: calc(50%-1em);
59  }
60
```

```
61  div#preview {
62    border-bottom: 1px solid #eee;
63    margin: 0 0 1em 0;
64    padding: 0 0 0.5em 0;
65  }
66
67  div#preview > div {
68    display: inline-block;
69    vertical-align: top;
70    width: calc(50% - 12px);
71  }
72
73  section#statistics div {
74    display: inline-block;
75    font-family: 'Inconsolata', 'Courier New', monospace;
76    vertical-align: top;
77    width: 308px;
78  }
79
80  section#statistics div#senderStats {
81    margin: 0 20px 0 0;
82  }
83
84  section#constraints > div {
85    margin: 0 0 20px 0;
86  }
87
88  h2 {
89    margin: 0 0 1em 0;
90  }
91
92  section#constraints label {
93    display: inline-block;
94    width: 156px;
95  }
96
97  section {
98    margin: 0 0 20px 0;
```

```
99       padding: 0 0 15px 0;
100  }
101
102  video {
103      background: #222;
104      margin: 0 0 0 0;
105      --width: 100%;
106      width: var(--width);
107      height: 225px;
108  }
109
110  @media screen and (max-width: 720px) {
111  button {
112      font-weight: 500;
113      height: 56px;
114      line-height: 1.3em;
115      width: 90px;
116  }
117
118  div#getUserMedia {
119      padding: 0 0 40px 0;
120  }
121
122  section#statistics div {
123      width: calc(50% - 14px);
124  }
```

最后是 client.js 文件的实现代码，该文件最重要。由于该文件比较大，且有一定难度，所以需要仔细阅读，参见代码 5.20。

代码 5.20　客户端 JS 代码

```
1  use strict
2
3  //本地视频预览窗口
4  var localVideo =
5          document.querySelector('video#localvideo');
6
```

```
7   //远端视频预览窗口
8   var remoteVideo =
9           document.querySelector('video#remotevideo');
10
11  //连接信令服务器Button
12  var btnConn =
13          document.querySelector('button#connserver');
14
15  //与信令服务器断开连接Button
16  var btnLeave =
17          document.querySelector('button#leave');
18
19  //查看Offer文本窗口
20  var offer =
21          document.querySelector('textarea#offer');
22
23  //查看Answer文本窗口
24  var answer =
25          document.querySelector('textarea#answer');
26
27  var pcConfig = {
28    'iceServers': [{
29      //TURN服务器地址
30      'urls': 'turn:xxx.avdancedu.com:3478',
31      //TURN服务器用户名
32      'username': "xxx",
33      //TURN服务器密码
34      'credential': "xxx"
35    }],
36    //默认使用relay方式传输数据
37    "iceTransportPolicy":"relay",
38    "iceCandidatePoolSize":"0"
39  };
40
41  //本地视频流
42  var localStream = null;
43  //远端视频流
44  var remoteStream = null;
```

```
45
46   //PeerConnection
47   var pc = null;
48
49   //房间号
50   var roomid;
51   var socket = null;
52
53   //offer描述
54   var offerdesc = null;
55
56   //状态机，初始为init
57   var state = 'init';
58
59   /**
60    * 功能：判断此浏览器是在PC端，还是移动端。
61    *
62    * 返回值：false，说明当前操作系统是移动端；
63    *        true，说明当前的操作系统是PC端。
64    */
65   function IsPC() {
66     var userAgentInfo = navigator.userAgent;
67     var Agents = ["Android", "iPhone","SymbianOS", "Windows Phone",
                     "iPad", "iPod"];
68     var flag = true;
69
70     for (var v = 0; v < Agents.length; v++) {
71       if (userAgentInfo.indexOf(Agents[v]) > 0) {
72         flag = false;
73         break;
74       }
75     }
76
77     return flag;
78   }
79
80   /**
81    * 功能：判断是Android端还是iOS端。
```

```
82    *
83    * 返回值：true，说明是Android端；
84    *         false，说明是iOS端。
85    */
86   function IsAndroid() {
87     var u = navigator.userAgent, app = navigator.appVersion;
88     var isAndroid = u.indexOf('Android') > -1 || u.indexOf('Linux') > -1;
89     var isIOS = !!u.match(/\(i[^;]+;( U;)? CPU.+Mac OS X/);
90     if (isAndroid) {
91       //这个是Android系统
92       return true;
93     }
94
95     if (isIOS) {
96       //这个是iOS系统
97       return false;
98     }
99   }
100
101  /**
102   * 功能：从url中获取指定的域值
103   *
104   * 返回值：指定的域值或false
105   */
106  function getQueryVariable(variable)
107  {
108    var query = window.location.search.substring(1);
109    var vars = query.split("&");
110    for (var i=0;i<vars.length;i++) {
111      var pair = vars[i].split("=");
112      if(pair[0] == variable){
113        return pair[1];
114      }
115    }
116    return false;
117  }
118
119  /**
```

```
120    * 功能: 向对端发消息
121    *
122    * 返回值: 无
123    */
124   function sendMessage(roomid, data){
125     console.log('send message to other end',
126                                   roomid, data);
127     if(!socket){
128       console.log('socket is null');
129     }
130     socket.emit('message', roomid, data);
131   }
132
133   /**
134    * 功能: 与信令服务器建立socket.io连接;
135    *       并根据信令更新状态机。
136    *
137    * 返回值: 无
138    */
139   function conn(){
140
141     //连接信令服务器
142     socket = io.connect();
143
144     //'joined'消息处理函数
145     socket.on('joined', (roomid, id) => {
146       console.log('receive joined message!',
147                                   roomid, id);
148
149       //状态机变更为 'joined'
150       state = 'joined'
151
152       /**
153        * 如果是Mesh方案, 第一个人不该在这里创建
154        * peerConnection, 而是要等到所有端都收到
155        * 一个'otherjoin'消息时再创建
156        */
157
```

```
158        //创建PeerConnection 并绑定音视频轨
159        createPeerConnection();
160        bindTracks();
161
162        //设置button状态
163        btnConn.disabled = true;
164        btnLeave.disabled = false;
165        console.log('receive joined message,
166                                    state=', state);
167    });
168
169    //otherjoin消息处理函数
170    socket.on('other_join', (roomid) => {
171        console.log('receive joined message:',
172                                    roomid, state);
173
174        //如果是多人，每加入一个人都要创建一个新的 PeerConnection
175        if(state === 'joined_unbind'){
176            createPeerConnection();
177            bindTracks();
178        }
179
180        //状态机变更为 joined_conn
181        state = 'joined_conn';
182
183        //开始"呼叫"对方
184        call();
185
186        console.log('receive other_join message,
187                                    state=', state);
188    });
189
190    //full消息处理函数
191    socket.on('full', (roomid, id) => {
192        console.log('receive full message',
193                                    roomid, id);
194
195        //关闭socket.io连接
```

```
196        socket.disconnect();
197        //挂断"呼叫"
198        hangup();
199        //关闭本地媒体
200        closeLocalMedia();
201        //状态机变更为 leaved
202        state = 'leaved';
203
204        console.log('receive full message,
205                                    state=', state);
206        alert('the room is full!');
207    });
208
209    //leaved消息处理函数
210    socket.on('left', (roomid, id) => {
211        console.log('receive leaved message',
212                                    roomid, id);
213
214        //状态机变更为leaved
215        state='leaved'
216        //关闭socket.io连接
217        socket.disconnect();
218        console.log('receive leaved message,
219                                    state=', state);
220
221        //改变button状态
222        btnConn.disabled = false;
223        btnLeave.disabled = true;
224    });
225
226    //bye消息处理函数
227    socket.on('bye', (room, id) => {
228        console.log('receive bye message',
229                                    roomid, id);
230
231        /**
232         * 当是Mesh方案时，应该带上当前房间的用户数，
233         * 如果当前房间用户数不小于 2，则不用修改状态，
```

```
234          * 并且关闭的应该是对应用户的PeerConnection。
235          * 在客户端应该维护一张PeerConnection表，它是
236          * key:value的格式，key=userid, value=peerconnection
237          */
238
239          //状态机变更为 joined_unbind
240          state = 'joined_unbind';
241
242          //挂断"呼叫"
243          hangup();
244
245          offer.value = '';
246          answer.value = '';
247          console.log('receive bye message, state=',
248                                                  state);
249      });
250
251  //socket.io连接断开处理函数
252  socket.on('disconnect', (socket) => {
253      console.log('receive disconnect message!',
254                                          roomid);
255      if(!(state === 'leaved')){
256          //挂断"呼叫"
257          hangup();
258          //关闭本地媒体
259          closeLocalMedia();
260      }
261
262      //状态机变更为 leaved
263      state = 'leaved';
264
265  });
266
267  //收到对端消息处理函数
268  socket.on('message', (roomid, data) => {
269      console.log('receive message!',
270                                  roomid, data);
271
```

```
272    if(data === null || data === undefined){
273      console.error('the message is invalid!');
274      return;
275    }
276
277    //如果收到的SDP是offer
278    if(data.hasOwnProperty('type') &&
279                  data.type === 'offer') {
280
281      offer.value = data.sdp;
282
283      //进行媒体协商
284      pc.setRemoteDescription(new RTCSessionDescription(data));
285
286      //创建answer
287      pc.createAnswer()
288        .then(getAnswer)
289        .catch(handleAnswerError);
290
291    //如果收到的SDP是answer
292    }else if(data.hasOwnProperty('type') &&
293                    data.type == 'answer'){
294      answer.value = data.sdp;
295      //进行媒体协商
296      pc.setRemoteDescription(new RTCSessionDescription(data));
297
298    //如果收到的是Candidate消息
299    }else if (data.hasOwnProperty('type') &&
300                    data.type === 'candidate'){
301      var candidate = new RTCIceCandidate({
302        sdpMLineIndex: data.label,
303        candidate: data.candidate
304      });
305
306      //将远端Candidate消息添加到PeerConnection中
307      pc.addIceCandidate(candidate);
308
309    }else{
```

```
310          console.log('the message is invalid!', data);
311      }

312

313    });

314

315    //从url中获取roomid
316    roomid = getQueryVariable('room');

317

318    //发送'join'消息
319    socket.emit('join', roomid);

320

321    return true;
322  }

323

324  /**
325   * 功能：打开音视频设备，并连接信令服务器
326   *
327   * 返回值：永远为true
328   */
329  function connSignalServer(){

330

331    //开启本地视频
332    start();

333

334    return true;
335  }

336

337  /**
338   * 功能：打开音视频设备成功时的回调函数
339   *
340   * 返回值：永远为true
341   */
342  function getMediaStream(stream){

343

344    //将从设备上获取到的音视频track添加到localStream中
345    if(localStream){
346      stream.getAudioTracks().forEach((track)=>{
347        localStream.addTrack(track);
```

```
348        stream.removeTrack(track);
349      });
350    }else{
351      localStream = stream;
352    }
353
354    //本地视频标签与本地流绑定
355    localVideo.srcObject = localStream;
356
357    /* 调用conn()函数的位置特别重要，一定要在
358     * getMediaStream调用之后再调用它，否则就
359     * 会出现绑定失败的情况
360     */
361
362    //setup connection
363    conn();
364 }
365
366 /**
367  * 功能：错误处理函数
368  *
369  * 返回值：无
370  */
371 function handleError(err){
372    console.error('Failed to get Media Stream!', err);
373 }
374
375 /**
376  * 功能：打开音视频设备
377  *
378  * 返回值：无
379  */
380 function start(){
381
382    if(!navigator.mediaDevices ||
383       !navigator.mediaDevices.getUserMedia){
384       console.error('the getUserMedia is not supported!');
385       return;
```

```
386      }else {
387
388        var constraints;
389
390        constraints = {
391          video: true,
392          audio: {
393            echoCancellation: true,
394            noiseSuppression: true,
395            autoGainControl: true
396          }
397        }
398
399        navigator.mediaDevices.getUserMedia(constraints)
400          .then(getMediaStream)
401          .catch(handleError);
402      }
403
404  }
405
406  /**
407   * 功能：获得远端媒体流
408   *
409   * 返回值：无
410   */
411  function getRemoteStream(e){
412    //存放远端视频流
413    remoteStream = e.streams[0];
414
415    //远端视频标签与远端视频流绑定
416    remoteVideo.srcObject = e.streams[0];
417  }
418
419  /**
420   * 功能：处理Offer错误
421   *
422   * 返回值：无
423   */
```

```
424  function handleOfferError(err){
425    console.error('Failed to create offer:', err);
426  }
427
428  /**
429   * 功能: 处理Answer错误
430   *
431   * 返回值: 无
432   */
433  function handleAnswerError(err){
434    console.error('Failed to create answer:', err);
435  }
436
437  /**
438   * 功能: 获取Answer SDP 描述符的回调函数
439   *
440   * 返回值: 无
441   */
442  function getAnswer(desc){
443
444    //设置Answer
445    pc.setLocalDescription(desc);
446    //将Answer显示出来
447    answer.value = desc.sdp;
448
449    //将 Answer SDP 发送给对端
450    sendMessage(roomid, desc);
451  }
452
453  /**
454   * 功能: 获取Offer SDP 描述符的回调函数
455   *
456   * 返回值: 无
457   */
458  function getOffer(desc){
459
460    //设置Offer
461    pc.setLocalDescription(desc);
```

```
462    //将Offer显示出来
463    offer.value = desc.sdp;
464    offerdesc = desc;
465
466    //将 Offer SDP 发送给对端
467    sendMessage(roomid, offerdesc);
468
469 }
470
471 /**
472  * 功能：创建PeerConnection对象
473  *
474  * 返回值：无
475  */
476 function createPeerConnection(){
477
478    /*
479     * 如果是多人的话，在这里要创建一个新的连接.
480     * 新创建好的要放到一个映射表中
481     */
482    //key=userid, value=peerconnection
483    console.log('create RTCPeerConnection!');
484    if(!pc){
485
486        //创建PeerConnection对象
487        pc = new RTCPeerConnection(pcConfig);
488
489        //当收集到Candidate后
490        pc.onicecandidate = (e)=>{
491
492            if(e.candidate) {
493                console.log("candidate"+JSON.stringify(e.candidate.toJSON()));
494                //将Candidate发送给对端
495                sendMessage(roomid, {
496                    type: 'candidate',
497                    label:event.candidate.sdpMLineIndex,
498                    id:event.candidate.sdpMid,
499                    candidate: event.candidate.candidate
```

```
500            });
501         }else{
502            console.log('this is the end candidate');
503          }
504      }
505
506      /*
507       * 当PeerConnection对象收到远端音视频流时,
508       * 触发ontrack事件,
509       * 并回调getRemoteStream函数
510       */
511      pc.ontrack = getRemoteStream;
512
513   }else {
514      console.log('the pc have be created!');
515   }
516
517   return;
518 }
519
520 /**
521  * 功能: 将音视频track绑定到PeerConnection对象中
522  *
523  * 返回值: 无
524  */
525 function bindTracks(){
526
527   console.log('bind tracks into RTCPeerConnection!');
528
529   if( pc === null && localStream === undefined) {
530     console.error('pc is null or undefined!');
531     return;
532   }
533
534   if(localStream === null && localStream === undefined) {
535     console.error('localstream is null or undefined!');
536     return;
537   }
```

```
538
539      //将本地音视频流中所有的track添加到PeerConnection对象中
540      localStream.getTracks().forEach((track)=>{
541        pc.addTrack(track, localStream);
542      });
543
544  }
545
546  /**
547   * 功能：开启"呼叫"
548   *
549   * 返回值：无
550   */
551  function call(){
552
553    if(state === 'joined_conn'){
554
555      var offerOptions = {
556        offerToReceiveAudio: 1,
557        offerToReceiveVideo: 1
558      }
559
560      /**
561       * 创建Offer,
562       * 如果成功，则回调getOffer()方法
563       * 如果失败，则回调handleOfferError()方法
564       */
565      pc.createOffer(offerOptions)
566        .then(getOffer)
567        .catch(handleOfferError);
568    }
569  }
570
571  /**
572   * 功能：挂断"呼叫"
573   *
574   * 返回值：无
575   */
```

```
576   function hangup(){
577
578     if(!pc) {
579       return;
580     }
581
582     offerdesc = null;
583
584     //将PeerConnection连接关掉
585     pc.close();
586     pc = null;
587
588   }
589
590   /**
591   * 功能：关闭本地媒体
592   *
593   * 返回值：无
594   */
595   function closeLocalMedia(){
596
597     if(!(localStream === null ||
598         localStream === undefined)){
599       //遍历每个track，并将其关闭
600       localStream.getTracks().forEach((track)=>{
601         track.stop();
602       });
603     }
604     localStream = null;
605   }
606
607   /**
608   * 功能：离开房间
609   *
610   * 返回值：无
611   */
612   function leave() {
613
```

```
614    //向信令服务器发送leave消息
615    socket.emit('leave', roomid);
616
617    //挂断"呼叫"
618    hangup();
619    //关闭本地媒体
620    closeLocalMedia();
621
622    offer.value = '';
623    answer.value = '';
624    btnConn.disabled = false;
625    btnLeave.disabled = true;
626  }
627
628  //为Button设置单击事件
629  btnConn.onclick = connSignalServer
630  btnLeave.onclick = leave;
```

5.8　小结

本章完整地介绍了如何通过浏览器实现一个简单的一对一实时通信系统，并讲述了 WebRTC 中的几个重要概念：音视频设备检测、音视频数据采集、本地视频预览、媒体协商、ICE、Candidate 等。这些概念是 WebRTC 最基本、最核心的概念，读者必须将它们全部掌握之后才能进入更深入的学习。

此外，本章还介绍了信令系统在客户端部分的实现。将本章信令的内容与上一章的内容结合到一起，一个完整的信令就展现在你面前了。这是一套最简单的信令系统，了解了它对于学习、理解其他更复杂的信令系统大有裨益。

WebRTC中的ICE实现

自从 2011 年 Google 推出 WebRTC 后，WebRTC 已经成为各大浏览器音视频通信的标准组件，越来越受到全世界开发者的欢迎。WebRTC 受欢迎的原因有很多，其中一个重要原因是它的网络传输模块实现特别优秀。

在 5.7.4 节中已经简要介绍了 ICE 从收集 Candidate 到使用 Candidate 的过程。但对于 ICE 如何选择 Candidate，如何建立 P2P 连接的过程并没有做详细说明，本章重点讨论 WebRTC 网络模块中 ICE 的整个实现过程。

6.1　Candidate 种类与优先级

要了解 ICE 的整个实现过程，我们还是要从 Candidate 的优先级说起。ICE 中使用的 Candidate 具有优先级次序，由高到低分别为 host、srflx、prflx、relay。WebRTC 进行一对一音视频通信时，就是按照这个次序尝试建立连接的，如图 6.1所示。

在图 6.1中，有 A、B、C 三个终端。下面看一下任意两个终端之间是如何建立连接的。假设 A 与 B 要进行通信，按照一对一通信的原则，两个终端都要先与信令服务器建立连接。之后双方通过媒体服务器交换信息进行媒体协商，并在媒体协商时收集各自的 Candidate。根据 Candidate 的收集次序，WebRTC 会先收集 host 类型的 Candidate，并通过信令服务器交换给对端。当收到对端的 Candidate 后，WebRTC 在其内部生成 CandidatePair[⊖]，这样终端就可以利用 CandidatePair 尝试建立 socket 连接了。在本例中，由于 A 和 B 是在同一局域网下，因此它们通过 host 类型的 Candidate 可以在内网建立起连接。当连接

⊖　CandidatePair，候选者对，即一个本地 Candidate，一个远端 Candidate。

成功后，音视频数据就可以源源不断地从一方流向另一方了。

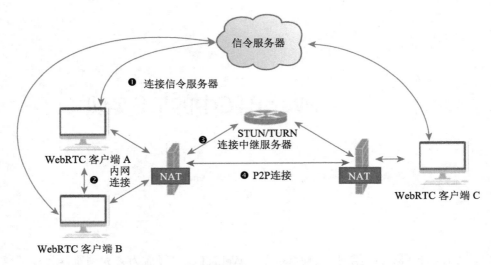

图 6.1 WebRTC ICE Candidate 优先级

如果 A 与 C 通信，因为不在同一局域网内，双方尝试 host 型 Candidate 连接时会失败。不过，在 A 与 C 尝试连接时，各端 Candidate 的收集工作并未停止。Candidate 收集线程还在收集其他类型的 Candidate，如从 STUN/TURN 服务器收集 srflx 和 relay 类型的 Candidate（图 6.1中的步骤❸）；当收集到 srflx 类型的 Candidate 时，ICE 会尝试 NAT 打洞（关于 NAT 打洞的过程将在6.3节中做详细介绍），如果打洞成功，则 A 和 C 会通过 P2P 的方式传输数据；如果打洞失败，A 和 C 则会通过 TURN 服务器中转数据。

B 与 C 通信的逻辑同 A 与 C 通信的逻辑是一样的，这里就不再赘述了。从上面的描述中可以总结出以下两点信息：

• WebRTC 的 ICE 机制会选择最好的链路传输音视频数据，即如果通信的双方在同一网段内，则优先使用内网链路；如果通信的双方不在同一网段，则优先使用 P2P；当以上方式都无法连通时，则使用 relay 服务进行中转。

• ICE 的连通率几乎可以达到 100%。在内网和 P2P 无法连通的情况下，它还可以通用中继的方式让彼此连通，从而大大提高了 WebRTC 的连通率。

通过上面的分析，你现在应该对 WebRTC 在网络处理方面的策略略知一二了。WebRTC 中的 ICE 既考虑了数据传输的效率，又考虑了网络的连通率，同时实现起来还很简单。

6.2　ICE 策略

在 WebRTC 中，ICE 的连接策略是可定制的。在 5.7.1 节中介绍 RTCPeerConnection 对象时，我们曾讲过可以给它传入一个 JSON 格式的参数但当时并没有对传入的参数做详细的介绍。现在我们来介绍该参数。

构造 RTCPeerConnection 对象时，其输入参数的类型为 RTCConfiguration。RTCConfiguration 在 WebRTC 规范中的定义参见代码 6.1。

代码 6.1　RTCConfiguration 结构体

```
dictionary RTCConfiguration {
  sequence<RTCIceServer> iceServers;
  RTCIceTransportPolicy iceTransportPolicy;
  RTCBundlePolicy bundlePolicy;
  RTCRtcpMuxPolicy rtcpMuxPolicy;
  sequence<RTCCertificate> certificates;
  [EnforceRange] octet iceCandidatePoolSize = 0;
};
...
```

下面详细解释一下 RTCConfiguration 结构中各字段的含义，如表 6.1所示。

表 6.1　RTCConfiguration 各字段含义

字段	含义
iceServers	STUN/TURN 服务器数组。其中每个元素为一个 RTCIceServer 类型的对象。该字段决定了 RTCPeerConnection 对象都有哪些中继服务器可用
iceTransportPolicy	ICE 连接策略。该字段有两个值 all 或 relay。如果指定为 all，则 ICE 连接的过程就如6.1节所述；如果为 relay，则收集的 Candidate 只能是 relay 类型的 Candidate
bundlePolicy	该字段指定了收集 Candidate 的策略。它有三个选项，分别是 balanced、max-compat 以及 max-bundle 三种类型： • balanced，表示按媒体类型（音频、视频）收集 Candidate。所有的音频媒体流走同一个音频传输通道，所有的视频媒体流走同一个视频传输通道 • max-compat，收集 Candidate 时，为每个 track 对应一个 Candidate，即每个媒体流都走自己的传输通道 • max-bundle，所有的媒体流走同一个通道
rtcpMuxPolicy	RTCP 的 Candidate。之前有多个选项，但目前只保留了一项 require，其含义是与 RTP 共用同一个 Candidate
certificates	端对端连接的证书。一般不需要设置它，WebRTC 内部会自己创建私有证书
iceCandidatePoolSize	如果该值大于 0，则 WebRTC 会预先生成 Candidate

通过表 6.1，我们已经对 RTCConfiguration 中各字段的含义了解得非常清楚了。不过，其中的 iceServers 字段还需要再解释一下。iceServers 是 RTCIceServer 类型的数组，RTCIce Server 结构定义参见代码 6.2。

代码 6.2   RTCIceServer 结构体

```
dictionary RTCIceServer {
  required (DOMString or sequence<DOMString>) urls;
  DOMString username;
  DOMString credential;
  RTCIceCredentialType credentialType = "password";
};
```

该结构中各字段的含义如下：url，指明了服务的地址；username 和 credential，指明了访问 url 地址时使用的用户名和密码；credentialType，指明授权方式为密码方式，也是目前唯一的授权方式。

了解了上面这些内容后，再来看一下具体的例子，看看在真实场景中是如何使用 RTC-Configuration 的，具体如代码 6.3 所示。

代码 6.3   PeerConnection 配置

```
var pcConfig = {
  'iceServers': [{
    'urls': 'turn:stun.learningrtc.cn:3478',
    'username': "username1",
    'credential': "password1",
  },{
    'urls': 'turn:stun.avdancedu.com:3478',
    'username': "username2",
    'credential': "password2",
  }],
  'iceTransportPolicy': "all",
  'bundlePolicy': "max-bundle",
  'rtcpMuxPolicy': "require"
};

let pc = new RTCPeerConnection(pcConfig);
...
```

在上面的 RTCConfiguration 对象中，包含了两个 TURN 服务器，分别是 stun.learningrtc.cn 和 stun.avdancedu.com，相当于为 WebRTC 增加了两个 relay 类型的 Candidate。当内网和 P2P 无法连通时，RTCPeerConnection 会尝试与这两台中继服务器连接，如果其中一台连接成功，就不再尝试连接另一台。

示例中，除了设置多个 TURN 服务器外，在 RTCConfiguration 中还将 iceTransport-Policy 字段设置为 all，表示按 Candidate 优先级次序尝试连接；bundlePolicy 设置为 max-bundle，表示让所有媒体数据使用同一个 Candidate，这样更有利于端口资源的利用；rtcp-MuxPolicy 设置为 require，表示 RTCP 与 RTP 数据共用同一个 Candidate。

6.3　P2P 连接

前面我们已经知道了 WebRTC 通信时会按照内网、P2P、relay 这样的次序尝试连接，但由于大部分通信的双方都在不同的网段，因此对于 WebRTC 来说，P2P 和 relay 才是它的主要应用场景，接下来重点对这两种场景进行介绍。

首先看一下 P2P 场景。实际上，这里的 P2P 指的就是如何进行 NAT 穿越。NAT[⊖]在真实的网络环境中随处可见，它的出现主要出于两个目的。一是为了解决 IPv4 地址不够用的问题。当时 IPv6 短期内还无法替换 IPv4，而 IPv4 的地址又特别紧缺，所以人们想到让多台主机共用一个公网 IP 地址，大大减缓了 IPv4 地址不够用的问题。二是为了解决安全问题。使用 NAT 后，主机隐藏在内网，这样黑客就很难访问到内网主机，从而达到保护内网主机的目的。图 6.2 中给出了 NAT 网络示意图。

不过凡事有利有弊，NAT 的引入确实带来了好处，但同时也带来了麻烦。如果没有 NAT，两台主机之间的连接会非常简单，实现像微信、QQ 这类产品的技术难度就会大大降低，而现在要想实现这类产品就必须考虑如何穿越 NAT 了。

想要进行 NAT 穿越，首先要清楚 NAT 穿越的原理。其实，NAT 就是一种地址映射技术，它在内网地址与外网地址之间建立了映射关系，如图 6.3所示。当内网主机向外网主机发送信息时，数据在经过 NAT 层时，NAT 会将数据包头中的源 IP 地址和源端口号替换为映射后的外网 IP 地址和外网端口。相反，当接收数据时，NAT 收到数据后会将目标地址映射为内网的 IP 地址和端口再转给内网主机。

随着时间的推移，NAT 的规则越来越复杂，尤其是针对各种安全的需要，这就导致 NAT 越来越难以穿越。不过，难以穿越并不代表不能穿越，人们也在不断总结穿越 NAT 的经

⊖　Network Address Translation，网络地址转换。

验，其中 RFC3489[⊖] 和 RFC5389[⊖] 就是最重要的两份 NAT 穿越的协议文档。在 RFC3489 协议中，将 NAT 分成 4 种类型，即完全锥型、IP 限制锥型、端口限制锥型以及对称型。在这 4 种类型中，越往后的 NAT 类型穿越难度越大。

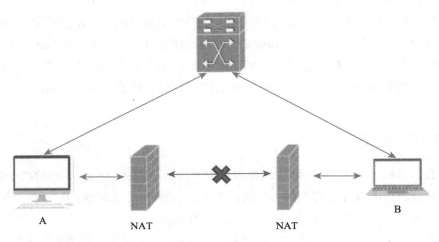

图 6.2   NAT 网络

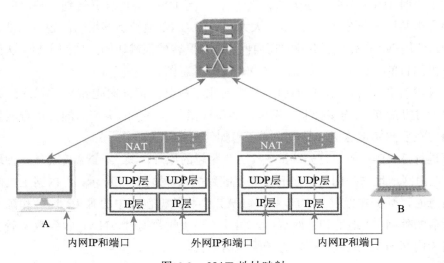

图 6.3   NAT 地址映射

⊖ https://www.rfc-editor.org/rfc/rfc3489.txt

⊖ https://www.rfc-editor.org/rfc/rfc5389.txt

6.3.1　完全锥型 NAT

完全锥型 NAT 的特点：一旦打洞成功，所有知道该洞的主机都可以通过它与内网主机进行通信。

如图 6.4所示，当 host 主机通过 NAT 访问外网主机 B 时，就会在 NAT 上打个洞。如果主机 B 将该洞的信息分享给主机 A 和 C，那么知道这个洞的主机 A 和 C 都可以通过该洞给内网的 host 主机发送信息。

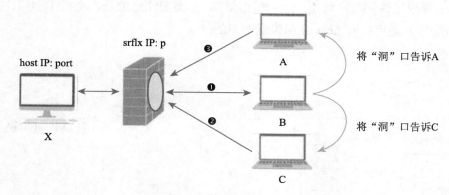

图 6.4　完全锥型 NAT

实际上，这里所谓的"洞"就是在 NAT 上建立了一个内外网的映射表。你可以将这个映射表简单地理解为一个 4 元组，包括内网 IP、内网端口、映射的外网 IP 以及映射的外网端口。其格式如下：

```
{
    内网IP,
    内网端口,
    映射的外网IP,
    映射的外网端口
}
```

在 NAT 上有了这张映射表，所有发向这个洞的数据都会被 NAT 中转到内网的 host 主机。而在 host 主机上，侦听其内网端口的应用程序可以收到所有发向它的数据，是不是很神奇呢？

需要注意的是，大多数情况下 NAT 穿越使用的是 UDP，这是因为 UDP 是无连接协议的，打洞会更加方便。当然，也可以使用 TCP 打洞。对于 TCP 打洞的细节这里就不介绍了，如果读者有感兴趣的话可以自行查阅相关资料。

6.3.2 IP 限制锥型 NAT

　　IP 限制锥型 NAT 要比完全锥型 NAT 严格得多。IP 限制锥型 NAT 的主要特点：NAT 打洞成功后，只有与之打洞成功的外网主机才能通过该洞与内网主机通信，而其他外网主机即使知道洞口也不能与之通信。

　　如图 6.5所示，host 主机访问主机 B 时，在 NAT 上打了一个洞。此时，只有主机 B 才能通过该洞向内网 host 主机发送信息，而其他外网主机（如 A 与 C）不能再像完全锥型 NAT 一样通过该洞与内网 host 主机通信了。但需要注意的是，主机 B 上不同的端口（如 p1、p2 等）是可以向 host 主机发送消息的。

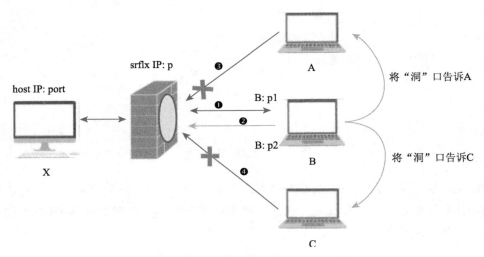

图 6.5　IP 限制锥型 NAT

　　之所以会如此，是因为 NAT 对穿越洞口的 IP 地址做了限制，只有登记过的外网 IP 地址才可以通过 NAT。换句话说，只有 host 主机访问过的外网主机才能穿越这个洞。

　　IP 限制锥型 NAT 是如何检测数据包是否合法的呢？当外网主机通过 IP 限制锥型 NAT 向内网主机发送信息时，NAT 会检测数据包头中的源 IP 地址是否在 NAT 映射表中有记录。如果有记录，说明是合法数据，可以进行数据转发；如果没有记录，说明是非法数据，NAT 会将该数据包直接丢弃。

　　IP 限制锥型 NAT 的打洞映射表是一个 5 元组，包括内网 IP、内网端口、映射的外网 IP、映射的外网端口以及被访问主机的 IP 列表。其格式如下：

```
{
    内网IP,
```

```
        内网端口,
        映射的外网IP,
        映射的外网端口,
        [被访问主机的IP, …]
    }
```

通过上面的描述我们知道，IP 限制锥型 NAT 比完全锥型 NAT 对数据包的控制更严格，只有通过 IP 检测的数据包才能穿越 IP 限制锥型 NAT。此外，由于 IP 限制锥型 NAT 只对 IP 做检测，因此只要 IP 检测通过了，使用哪个端口就无所谓了。

6.3.3　端口限制锥型 NAT

端口限制锥型 NAT 比 IP 限制锥型更加严格。端口限制锥型 NAT 的主要特点：除了像 IP 限制锥型 NAT 一样需要对 IP 地址进行检测外，还需要对端口进行检测。

如图 6.6所示，host 主机访问主机 B 时在 NAT 上打了一个洞，此时外网主机 A 和 C 是访问不了内网 host 主机的，这与 IP 限制锥型 NAT 是一样的。此外，如果 host 主机访问的是主机 B 的 p1 端口，那么只有主机 B 的 p1 端口发送的消息才能穿越 NAT，而主机 B 的 p2 端口已无法再通过 NAT 了。

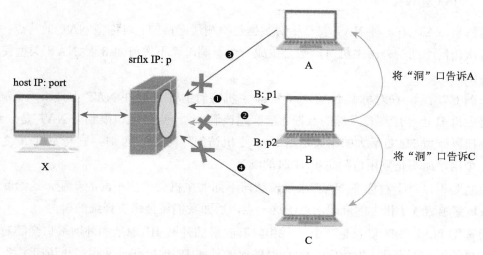

图 6.6　端口限制型 NAT

所以，虽然端口限制型 NAT 的映射表也是一个 5 元组，但它与 IP 限制锥型 NAT 的映射表还是有重要区别的，端口限制锥型 NAT 的映射表包括内网 IP、内网端口、映射的外网 IP、映射的外网端口以及被访问主机的 IP 和被访问主机的端口的组合。其格式如下：

```
{
    内网 IP,
    内网端口,
    映射的外网 IP,
    映射的外网端口,
    [
        {被访问主机的 IP, 被访问主机的端口},
        ...
    ]
}
```

从上面的格式中可以发现，与 IP 限制锥型 NAT 的 5 元组相比，端口限制锥型 NAT 的 5 元组的最后一个元组变成了要访问的主机的 IP 地址和端口的组合。对数据包的检测也从原来的只检测源 IP 地址变成了检测源 IP 地址和源端口。

通过前面的描述，我们知道从完全锥型 NAT 到端口限制型 NAT 一级比一级严格。不过端口限制型 NAT 还不是最严格的，最严格的是接下来要讲的对称型 NAT。

6.3.4 对称型 NAT

对称型 NAT 是 4 种 NAT 类型中对数据包检测最严格的。对称型 NAT 的特点：内网主机每次访问不同的外网主机时，都会生成一个新洞，而不像前面 3 种 NAT 类型使用的是同一个洞。

如图 6.7所示，在对称型 NAT 中，host 主机访问主机 B 时在 NAT 上打了一个洞，此时只有主机 B 上相应端口发送的数据才能穿越该洞，这一点与端口限制型 NAT 是一致的。它与端口限制型 NAT 最大的不同是当 host 主机访问外网主机 A 时，它与主机 A 之间会新建一个洞，而不是复用访问主机 B 时的洞。

也就是说，对于对称型 NAT 来说，访问不同的主机会产生不同的新洞，这给我们进行 NAT 穿越造成了极大的麻烦，对于这一点，后面我们还会做更详细的讨论。

对称型 NAT 的映射表是一个 6 元组，其映射的外网 IP 地址和外网端口会随着访问目的主机的不同而变化。如访问主机 B 时映射的外网 IP 地址和外网端口与访问主机 A 或主机 C 时映射的外网 IP 地址和外网端口是不一样的。

对称型 NAT 每次访问不同外网主机都生成新洞的这种特性，导致对称型 NAT 碰到对称型 NAT 或者对称型 NAT 遇到端口限制型 NAT 时，双方打洞的成功率非常低，即使可以互通，成本也非常高。WebRTC 遇到上面这两种情况时，直接放弃打洞的尝试。

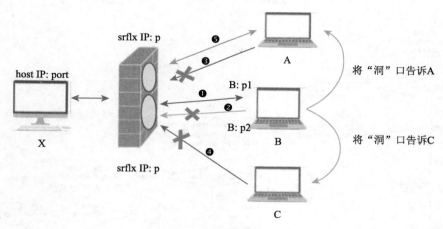

图 6.7　对称型 NAT

```
{
    内网IP,
    内网端口,
    //不仅访问地址变化了，映射IP也要发生变化
    映射的外网IP,
    //不仅访问端口变化了，映射端口也要发生变化
    映射的外网端口,
    被访问主机的IP,
    被访问主机的端口
}
```

6.3.5　NAT 类型检测

通过前面的讲解，我们已经知道如何判断 NAT 的类型了。但对于内网主机来说，它是如何知道自己是哪种 NAT 类型的呢？实际上，RFC3489 协议中已经给出了标准的检测流程，图 6.8就是该标准检测流程的流程图。其中标注为❶的框中是几个重要的检测点，通过这几个检测点，主机就可以很容易地检测出自己属于哪种 NAT 类型。

需要注意的是，内网主机进行 NAT 类型检测时，需要用到两台 STUN 服务器，每台 STUN 服务器又需要两块网卡，每块网卡都需要配置公网 IP 地址，只有这样，环境才能符合图 6.8中流程的需求。下面详细分析一下这个流程图。

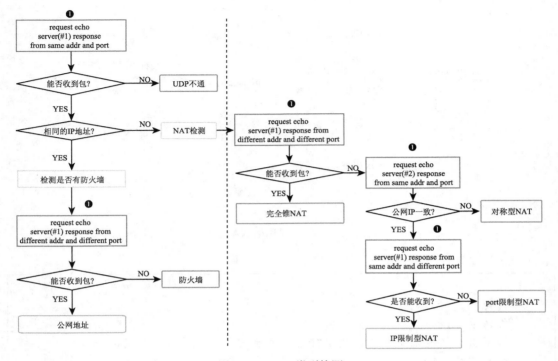

图 6.8　NAT 类型检测

在图 6.8的中间有一条虚线，将整张图分为左右两部分。其中左半部分是用来判断内网主机是否有 NAT 防护的，而右半部分则是用来探测主机在哪种 NAT 类型之后。

首先看一下内网主机是否有 NAT 防护这部分，如图 6.9所示。内网主机首先向 1 号服务器的某个 IP 地址和端口发送一个 STUN⊖请求，服务器收到请求后，使用同样的 IP 地址和端口向主机返回一个 STUN 响应消息。

当内网主机向 1 号服务器发送 STUN 请求后，会启动一个定时器，如果在规定的时间内无法收到服务器的响应消息，那么说明主机与服务器之间的 UDP 不通，检测流程到此结束。相反，如果在规定的时间内收到了服务器的响应包，则需要进一步判断。

实际上，在服务端的返回消息里记录着主机的公网 IP 地址，所以当主机收到服务端响应后，它要判断带回的公网 IP 地址是否与自己本地的 IP 地址一致，以此判断主机是否在 NAT 之后。

如果本地 IP 地址与带回的公网 IP 地址一致，则说明此主机在公网上，没有 NAT 防护；如果不一致，则说明主机在 NAT 保护之下，需要对其进行 NAT 类型检测。对于 NAT

⊖　STUN 在 RFC3489 中的含义为 Simple Traversal of UDP through NAT，在 RFC5489 中的含义为 Session Traversal Utilities for NAT。

类型检测的流程，这里先不讲解，留待后面再做详细介绍。

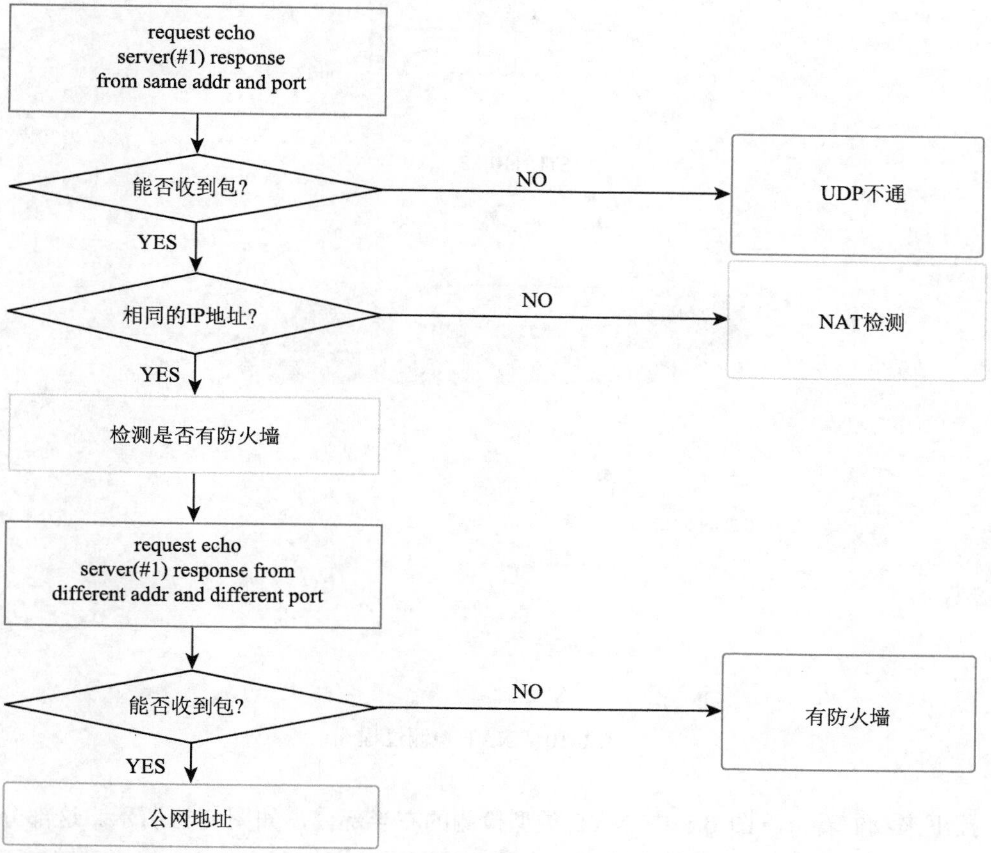

图 6.9 NAT 类型检测左侧部分

当判断出主机在公网没有被 NAT 保护时，接下来要判断主机是否在防火墙之后，因为防火墙也会限制主机的数据发送与接收。此时，主机会再次向 1 号服务器发送请求，1 号服务器收到主机的第二次请求后，使用第二块网卡给主机返回响应消息。

如果主机能收到服务器返回的消息，说明它是一台没有任何防护的公网主机，可以向任何主机发送数据，也可以从任何主机接收数据；否则说明有对称性防火墙保护着它，将其归类为对称型 NAT 即可。

图 6.10是对上述处理流程的一个总结，判断主机是否有 NAT 防护一共需要四步：前两步是为了判定主机是否有 NAT 保护，后两步是为了判断主机是否有防火墙保护。通过这张图可以让你对整个过程有更加清晰的了解。至此，我们就将图 6.8 中 NAT 类型检测的左侧部分介绍完了。

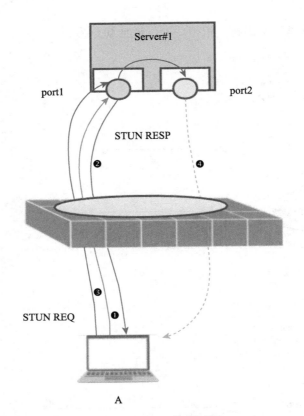

图 6.10　NAT 检测过程

　　接下来我们看一下图 6.8 中 NAT 类型检测的右半部分，如图 6.11所示。这部分才是 NAT 类型检测的主流程。其最多经过三次检测就可以将主机所在的 NAT 类型确定下来。

　　当主机发现它是在 NAT 之后，则开始 NAT 类型检测。它首先向 1 号服务器（server(#1)）发 STUN 请求，1 号服务器收到请求后使用第二块网卡给主机返回响应消息。这样做的目的是判断 NAT 的类型是否为完全锥型，因为完全锥型 NAT 的特点是只要打洞成功就可以接收任何主机、任意端口发来的数据。

　　此外，主机向服务器发送请求后，会启动一个定时器。如果在规定的时间内收到了服务器的响应信息，则说明主机是在完全锥型 NAT 之下；否则，如果在规定的时间内收不到服务端的响应消息，那还需要对主机的 NAT 类型做下面的检测。

　　主机向 2 号服务器（server(#2)）发送 STUN 请求，其目的是通过判断 1 号服务器得到的主机外网 IP 地址与通过 2 号服务器得到的主机的外网 IP 地址是否一致来判定其 NAT 类型。2 号服务器收到消息后，将主机的外网 IP 地址和端口作为响应消息的内容返回给主机。

主机收到消息后，将响应消息中的外网 IP 地址与从 1 号服务器返回的外网 IP 地址做比较，如果不一致，说明这台主机是在对称型 NAT 之下。相反，如果 IP 地址一样，那么主机还需要再次发送请求做进一步的分析。

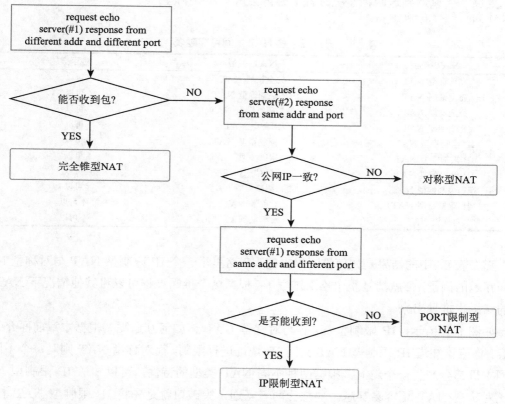

图 6.11　NAT 类型检测右侧部分

此时，主机再次转向 1 号服务器发送请求。1 号服务器收到消息后，使用相同的 IP 地址（即使用接收消息的网卡）和不同的端口向主机返回响应消息。如果主机可以收到响应消息，说明主机是处于 IP 限制型 NAT 之下，否则说明主机是在端口限制型 NAT 之下。

至此，主机所处的 NAT 类型就被准确地判断出来了。有了主机的 NAT 类型，就可以很容易判断出两个主机之间到底能否成功地进行 NAT 穿越。

6.3.6　如何进行 NAT 穿越

主机有了判断自己在哪种 NAT 之下的能力后，就可以判断出与各主机之间是否可以进行 NAT 穿越了。表 6.2指明了各种 NAT 之间是否可以穿越成功的结果，主机进行 NAT

穿越时也是依据这张表来实际操作的。

从这张表中可以看到，完全锥型 NAT 以及 IP 限制型 NAT 可以与任何其他类型的 NAT 互通，而端口限制型 NAT 与对称型 NAT、对称型 NAT 与对称型 NAT 之间互通的成本太高，所以遇到这两种情况时就不必再尝试 NAT 穿越了。

表 6.2　各 NAT 之间可穿越表

NAT 类型	NAT 类型	能否穿越
完全锥型 NAT	完全锥型 NAT	可以
完全锥型 NAT	IP 限制锥型 NAT	可以
完全锥型 NAT	端口限制锥型 NAT	可以
完全锥型 NAT	对称型 NAT	可以
IP 限制锥型 NAT	IP 限制锥型 NAT	可以
IP 限制锥型 NAT	端口限制锥型 NAT	可以
IP 限制锥型 NAT	对称型 NAT	可以
端口限制锥型 NAT	端口限制锥型 NAT	可以
端口限制锥型 NAT	对称型 NAT	不可以
对称型 NAT	对称型 NAT	不可以

那么表 6.2中的结果是如何推断出来的呢？这里举一个 IP 限制型 NAT 与对称型 NAT 之间穿越的例子，你就清楚整个推断过程了。根据这个推断过程可以将其他情况下 NAT 穿越的结果也推导出来。

如图 6.12所示，IP 限制型 NAT 与对称型 NAT 该如何互通呢？根据本章前面介绍的内容，你应该知道 IP 限制型 NAT 只对 IP 地址进行限制，而对称型 NAT 则对每个不同的外网主机都会产生一个新洞。根据两种不同 NAT 类型的特性，可以知道 IP 限制型 NAT 要比对称型 NAT 更容易穿越。要想让两者互通，突破口就是先将 IP 限制型 NAT 打通。因此，双方打洞的顺序非常关键，下面详细描述一下两台主机的打洞过程。

在 X 主机和 A 主机相互通信之前，它们都需要先与服务器通信，以交换必要的信息，如对方的外网 IP、端口等，并且在与服务器通信的过程中，它们同时会在各自的 NAT 上创建 NAT 映射表，如下所示：

```
// X主机NAT映射表
{
  X的内网IP,
  X的内网Port,
  X的外网IP,
  X的外网Port,
  [S的外网IP]
```

```
}

//A主机NAT映射表
{
    A的内网IP,
    A的内网Port,
    A的外网IP,
    A的外网Port,
    S的外网IP,
    S的外网Port
}
```

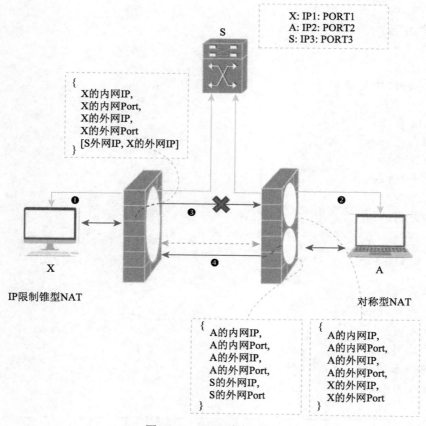

图 6.12　NAT 主机互通

以上就是图 6.12中的第❶步与第❷步完成的工作。紧接着执行第❸步，X 主机向 A 主机发送数据。由于此时 A 主机的 NAT 映射表中没有 X 主机的记录，所以 X 主机送往 A 主机的数据因为无法穿越 A 主机的 NAT 而被 A 主机的 NAT 丢弃。

虽然 X 主机发送的数据无法穿越 A 主机的 NAT，但它却在 X 主机的 NAT 映射表上增加了 A 主机的 IP 地址，因此当执行图中的第❹步，即 A 主机向 X 主机发送数据时，数据就可以穿越 NAT 到达 X 主机了。与此同时，在 A 主机的 NAT 上也创建了与 X 主机相关的映射表。经此操作后，X 主机与 A 主机所在 NAT 上的映射表变为下面的样子：

```
// X 主机NAT映射表
{
    X的内网IP,
    X的内网Port,
    X的外网IP,
    X的外网Port,
    [S的外网IP，A的外网IP]
}

//A主机NAT映射表
{
    A的内网IP,
    A的内网Port,
    A的外网IP,
    A的外网Port,
    S的外网IP,
    S的外网Port
}

{
    A的内网IP,
    A的内网Port,
    A的外网IP,
    A的外网Port,
    X的外网IP,
    X的外网Port
}
```

此时，由于 A 主机的 NAT 上已经打好了洞，X 主机向 A 主机发送的数据就可以正常到达 A 主机了。同时，A 主机也可以向 X 主机发送数据了。到这里，IP 限制锥型 NAT

与对称型 NAT 就算打洞成功了。

6.4　网络中继

当遇到 NAT 之间无法打通的情况时，WebRTC 会使用 TURN⊖协议通过中转的方式实现端与端之间的通信。接下来，我们看一下 WebRTC 是如何通过 TURN 协议进行数据中转的。

6.4.1　TURN 协议中转数据

TURN 协议底层依赖于 STUN 协议。关于 STUN 协议的具体内容这里就不做介绍了，如果读者对它感兴趣的话，可以自行查阅 RFC3489 和 RFC5389 的内容。

TURN 协议采用了典型的客户端/服务器模式，其服务器端称为 TurnServer，客用户端称为 TurnClient。TurnClient 与 TurnServer 之间通过信令控制数据流的发送，整个过程如图 6.13所示。

主机 X（TurnClient）首先向 TurnServer 的 3478 端口发送 Allocate 指令，也就是图 6.13中的第❶步。TurnServer 收到该消息后，在 TURN 服务端分配一个与 TurnClient 相对应的 relay 地址，任何发向 relay 地址的数据都会被转发到 TurnClient 端。

主机 A 和主机 B 并不是 TurnClient，它们被称为 Peer 端。Peer 端可以使用 UDP 向 TurnServer 的 Relay 地址发送数据，TurnServer 根据映射关系，将 relay 地址收到的数据转给对应的 TurnClient，从而实现 TurnClient 与 Peer 之间的互通，这就是图 6.13中的第❷步和第❸步。

这里需要注意的是，TurnClient 与 TurnServer 之间的传输协议既可以是 UDP，也可以是 TCP，而在 TurnServer 上分配的 relay 地址使用的都是 UDP。

在图 6.13 中可以看到，主机 X 可以同时收到主机 A 和主机 B 发送的数据，但主机 X 发送的数据是如何控制哪些是给主机 A 的，哪些又是给主机 B 的呢？这就要说到 TURN 协议中另外一个指令 Send indication 了。该指令包括两个属性：XOR-PEER-ADDRESS 和 DATA。其中 XOR-PEER-ADDRESS 属性用于指定向哪个主机转发数据，DATA 属性指明数据的具体内容。

实际上，TURN 协议对于端对端传输数据提供了两种方法。方法一就是上面说的 Send indication 指令，当 TurnClient 向某个 Peer 发数据时就要使用它。相反，当 Peer 通过 TurnServer 向 TurnClient 转发数据时，使用 Data indication 指令，指明向哪个 TurnClient 转发数据。方法二是使用 tunnel 机制。使用 tunnel 机制的好处是不用再像使用 Send/Data

---

⊖　https://www.rfc-editor.org/rfc/rfc5677.txt

indication 指令一样，每次都要指定数据发往的地址，只需要在开始发送数据之前，发送 ChannelBind 指令将 channel number 与目标地址绑定一次即可，后面统一使用 channel number 就可以找到发往的目的地。以上就是 TUNR 协议的核心内容。

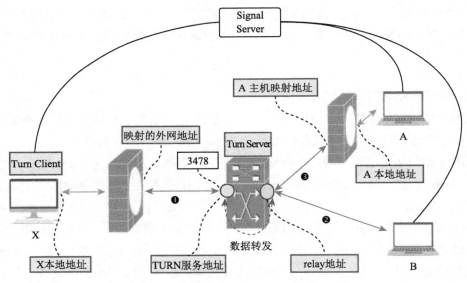

图 6.13　TURN 服务中转（见彩插）

6.4.2　WebRTC 使用 TURN 协议

了解了 TURN 协议的基本工作原理后，接下来看一下 WebRTC 是如何使用 TURN 协议进行数据转发的。WebRTC 收集到的 Relay 类型的 Candidate，指的就是通过 TURN 协议的 Allocation 指令分配的地址。

正如在 6.4.1 节中所介绍的，通信的双方在使用 TURN 服务器转发数据时，一方作为 TurnClient，而另一方作为 Peer 来互通数据。实现上，使用 TURN 服务器时不必非要采用这种模式，也可以让通信的双方都是 TurnClient，这样的实现方式反而更简单。

WebRTC 使用的就是这种方案，如图 6.14所示。主机 A 和主机 B 同时兼有两个角色：角色一，它们都是 TurnClient，因此都可以使用 TURN 协议与 TurnServer 建立联系；角色二，它们是彼此的 Peer 端，所以可以向对端的 Relay 地址发送数据，从而让 TurnServer 将数据中转给对端。

下面详细分析一下图 6.14。主机 A 向 TurnServer 发送 Allocate 指令，要求分配一个 Relay 地址，TurnServer 收到指令后分配地址 RelayA。现在，只要有主机知道 RelayA 的地址，并向该地址发送数据，TurnServer 就会将 RelayA 收到的数据转发给主机 A；同样地，主机 B 也向 TurnServer 发送 Allocate 指令，得到 TurnServer 分配的 RelayB。

图 6.14 中的主机 A 与主机 B 都是 WebRTC 终端，因此在媒体协商时会通过信令交换彼此的 Candidate，Relay 类型的 Candidate 也会在此时被交换。当 WebRTC 被试用 host、srflx 类型的 Candidate 但无法连接成功时，就会尝试使用 Relay 类型的 Candidate。

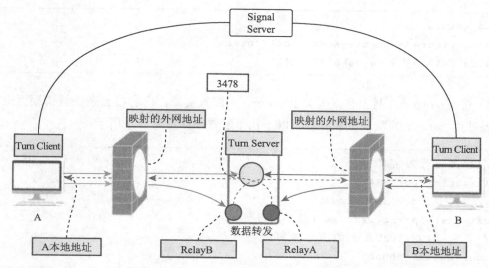

图 6.14　WebRTC 如何使用 TURN 协议

因为主机 A 拿到了主机 B 的 Relay 类型的 Candidate，即 RelayB，所以主机 A 可以直接将音视频数据发向 RelayB。TurnServer 从 RelayB 接收到数据后，会将数据打包成 TURN 消息，经 3478 端口发往主机 B。主机 B 收到数据后，再利用 TurnClient 模块将数据从 TURN 消息中取出，交给其他模块做进一步处理。同理，主机 B 与主机 A 的操作流程是一样的。TurnServer 从 RelayA 收到数据后，将其打包成 TURN 消息，也要经过 3478 端口转发给主机 A。

通过上面的描述可以看到，所有发往 TurnClient 的数据都要经过端口 3478，所以 3478 是一个多路复用的端口，同时它也是 TURN 协议的默认端口。另外，各端的 Relay 端口则是在 TurnServer 收到 Allocation 指令时才随机分配的。

6.4.3　STUN/TURN 服务器的安装与部署

在公网上搭建一套 STUN/TURN 服务并不难。需要有一台云主机。目前比较流行的 STUN/TURN 服务器是 Google 开源的 coturn 服务器，使用它搭建 STUN/TURN 服务非常方便。下面看一下部署它的基本步骤：

1）获取 coturn 源码：

```
git clone https://github.com/coturn/coturn.git
```

2）编译安装：

```
cd coturn
./configure --prefix=/usr/local/coturn
sudo make -j 4 && make install
```

3）配置 coturn。网上有很多关于 coturn 的配置文章，内容很复杂而且错误百出，其实只要使用 coturn 的默认设置并修改以下几个配置项即可，如下所示：

```
//指定侦听的端口
listening-port=3478
//指定云主机的公网IP地址
external-ip=xxx.xxx.xxx.xxx
//访问 STUN/TURN服务的用户名和密码
user=aaaaaa:bbbbbb
```

4）启动 STUN/TURN 服务：

```
cd /usr/local/coturn/bin
turnserver -c ../etc/turnserver.conf
```

5）测试 STURN/TURN 服务。打开 trickle-ice⊖测试工具，按要求输入 STUN/TURN 地址、用户和密码后就可以探测 STUN/TURN 服务运行是否正常了，如下所示：

```
STUN or TURN URI 的值为：turn:stun.xxx.cn
用户名为：aaaaaa
密码为：bbbbbb
```

STUN/TURN 部署好后，就可以使用它转发多媒体数据了，不用担心通信双方因 NAT 或防火墙等原因而无法通信的问题。

⊖ https://webrtc.github.io/samples/src/content/peerconnection/trickle-ice

6.5　小结

本章重点介绍了 WebRTC ICE 的网络连接策略，端与端之间如何进行 P2P 打洞，以及在无法打洞的情况下如何使用网络中继的方式进行媒体数据转发。这些内容是 WebRTC 网络传输的核心内容。掌握这部分知识，既有利于更深入地理解 WebRTC 的运转机制，也能大幅提升读者的网络研发能力。

Chapter 7 第 7 章

WebRTC中的SDP

SDP[⊖]是一个比较老的协议,发布于 2006 年,以 <type>=<value> 的格式描述会话内容。WebRTC 引入 SDP 来描述媒体信息,用于媒体协商时决定双方是否可以进行通信。SDP 作为信令系统的一部分,驱动着整个 WebRTC 的运转,可以说 SDP 是 WebRTC 的灵魂。只有全面掌握 SDP 的内容,才能很好地理解 WebRTC 的运行机制。

7.1 SDP 标准规范

在介绍 WebRTC 中的 SDP 之前,先了解一下 SDP 的标准规范。这里有一段 SDP 的示例,如代码 7.1所示。

代码 7.1 SDP 示例

```
1  v=0
2  o=- 3409821183230872764 2 IN IP4 127.0.0.1
3  …
4  m=audio 9 UDP/TLS/RTP/SAVPF 111 103 104 …
5  …
6  a=rtpmap:111 opus/48000/2
7  a=rtpmap:103 ISAC/16000
8  a=rtpmap:104 ISAC/32000
9  …
```

⊖ Session Description Protocol,会话描述协议,更多信息可参见 https://tools.ietf.org/html/rfc4566。

如果你之前从未接触过 SDP，看这段代码时一定会觉得很茫然。实际上这段代码的含义非常简单，由两部分构成，即会话描述和媒体描述。其中，第 1~3 行代码称为会话描述，第 4 行代码称为媒体描述。

在整个 SDP 中，只能有一个会话描述，而媒体描述可以有多个。通常 SDP 中包含两个媒体描述：一个音频媒体描述，一个视频媒体描述。除会话描述是对整个 SDP 起约束作用外，各媒体描述之间的约束互不影响。图 7.1清晰地描述了 SDP 的结构。

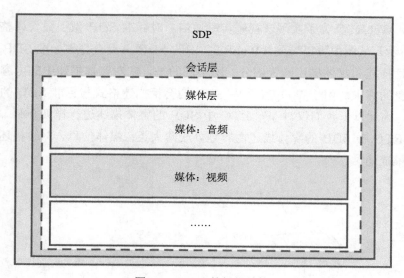

图 7.1　SDP 的组织结构

在 SDP 规范中，除定义了 SDP 的结构外，还对 SDP 的内容做了规定。规范中要求所有的描述都以行为单位，描述格式如下：

```
<type> = <value>
```

其中，<type> 表示描述的目标，它由单个字符构成；<value> 是对 <type> 的解释或约束。

会话与媒体都有各自的 <type>。会话包含的 <type> 有 v（protocol version，协议版本）、o（owner/creator and session identifier，会话的创建者）、s（session name，会话名）、t（time the session is active，会话时长）。媒体包含的 <type> 主要是 m（media，媒体）。

除了上面介绍的 <type> 外，还有一些 <type> 是公共的，这些类型既可以出现在会话中，也可以出现在媒体中，如 c（connection information，网络信息）、a（attribute，属性）等。尤其是 a 类型，其用法非常复杂，后续会对它做进一步介绍。

以上就是标准规范中对 SDP 的约定，包括 SDP 的结构、内容格式以及类型等。WebRTC 使用 SDP 时，还对标准 SDP 做了修改。

7.2 WebRTC 中 SDP 的整体结构

知道了 SDP 标准规范之后，接下来介绍 WebRTC 中的 SDP，看看它与标准 SDP 有什么区别。

实际上，WebRTC 为了实现音视频实时通信，对标准 SDP 做了很大调整，其整体结构如图 7.2所示。从图中可以看到，WebRTC 中的 SDP 并没有打破标准 SDP 的结构，它同样包括会话描述和媒体描述两大部分。所不同的是，它对媒体描述中的内容做了大幅增加以满足自身的需求。由于 WebRTC 中 SDP 的会话描述格式与标准 SDP 的会话描述格式是一致的，因此以下我们仅对 WebRTC 中 SDP 的媒体描述进行详细介绍。我们可以按功能将 WebRTC 中 SDP 的媒体描述内容划分成四大类：媒体信息、网络描述、安全描述以及服务质量描述。

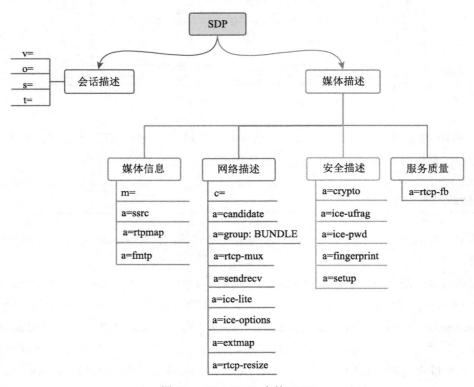

图 7.2　WebRTC 中的 SDP

1. 媒体信息

属于标准 SDP 中媒体描述的内容，同时也是 SDP 中最核心的内容。其最重要的是"m＝"行描述。在"m ＝"行中描述了媒体类型、传输类型、PayloadType 等信息。对于每种媒体数据（音频数据、视频数据），可以选择多种编解码器（Opus、iLBC、H264……）对其进行编解码。每种编解码器的详细参数可以通过"a=rtpmap"属性进一步解释。

2. 网络描述

属于标准 SDP 中媒体描述的内容。它记录了传输媒体数据时使用的网络信息，如 IP 地址、端口号、连接复用等信息。对于 WebRTC 而言，其网络传输是由另外一套复杂的机制实现的，所以标准网络描述中的"c="属性会被 WebRTC 忽略。其他几个属性是 WebRTC 增加的。其中"a=candidate"属性是老版 WebRTC 增加的，但在新版的 WebRTC 中又将其废弃了。不过需要注意的是，在一些流媒体服务器上，为了方便，依然使用"a=candidate"属性，WebRTC 对其是兼容的。"a=group：BUNDLE"属性用于指明哪些媒体数据可以复用同一个传输通道。这里所谓的复用传输通道是指多种类型的媒体数据使用同一条网络连接传输数据，这样做可以节约 ICE 资源。"rtcp-mux"属性用于指明 RTCP 是否与 RTP 复用同一端口，同样它也是出于节约 ICE 资源的目的。"a=sendrecv"属性用于指明媒体数据的传输方向是双向的（WebRTC 终端既可以接收数据，也可以发送数据）。除此之外，在设置数据传输方向时，还可以选择 sendonly（仅发送）、recvonly（仅接收）、inactive（不进行传输）这几个值。"ice-options"属性用于指明 WebRTC 收集 ICE Candidate 的策略。新版 WebRTC 默认使用 Trikle-ICE⊖模式，这样可以加快通信双方连接的速度。除此之外，还可以将其设置为 renominotion⊖模式。"a=extmap"属性用于指明 RTP 使用的扩展头，关于这部分内容将在7.6节做详细介绍。rtcp-resize 属性用于指明缩减 RTCP 包的大小，具体缩减的时机是根据用户带宽大小来决定的。

3. 安全描述

这部分内容是 WebRTC 增加到 SDP 规范中的，也属于标准 SDP 中媒体描述的内容。由于在浏览器上进行一对一通信需要很好的安全性，而标准 SDP 在这方面的约束又比较薄弱，因此 WebRTC 自己定义了一套安全机制。在这套安全机制中，安全描述的内容仅用于通信双方交换一些必要的信息。

4. 服务质量描述

这部分内容也是 WebRTC 为 SDP 新增的，同样也属于标准 SDP 中媒体描述的内容。在 WebRTC 中，服务质量包含的内容非常多，SDP 只控制了其中一小部分服务质量的开

⊖ Trikle-ICE，只要有可用的 Candidate 就进行交换，不需要等所有的 Candidate 收集好了再交换。
⊖ https://datatracker.ietf.org/doc/html/draft-thatcher-ice-renomination-00

关，这些服务质量的开关都是通过 "a=rtcp-fb" 属性设置的。在媒体协商时，发起协商一方的 Offer 中指明 WebRTC 开启哪些 RTCP 反馈，应答一方则在 Answer 中确认是否真的开启对应的 RTCP 反馈。

以上就是 WebRTC 中使用的 SDP 的整体结构，以及其与标准 SDP 的主要区别。从中可以看出，安全描述和服务质量是 WebRTC 根据自身要求添加进来的，这两块内容对于我们理解 WebRTC 是非常关键的。另外，WebRTC 的网络传输是一套单独的体系，SDP 中的网络描述只起到一些辅助作用。接下来对 WebRTC 中 SDP 的几个重要信息做详细介绍。

7.3 媒体信息

如前所述，在 SDP 中最重要的内容就是媒体信息。我们看一下 SDP 中媒体信息的具体格式，如下所示：

```
m=<media> <port>/<numbers> <transport> <fmt> …
```

其中，<media> 表示媒体类型，可以是 audio、video 等。<port>/<numbers> 表示该媒体使用的端口号。对于 WebRTC 而言，由于它不使用 SDP 中描述的网络信息，所以该端口号对它没任何意义。<transport> 表示使用的传输协议，可以是 UDP、TCP 等。<fmt> 表示媒体数据类型，一般为 PayloadType 列表，其具体含义需要使用 "a=rtpmap:" 属性做进一步阐述。

我们来看一个具体的例子，如代码 7.2所示。从代码中可以看到，media 的值为 audio，表示该媒体的类型为音频；port 为 9，可以直接忽略，因为 WebRTC 不使用标准 SDP 中的网络信息，所以这里的端口也就失去了意义；transport 为 UDP/TLS/RTP/SAVFP，表示底层使用了哪些传输协议；fmtlist 的值为一串从 111 到 126 的数字，每个数字代表一个 PayloadType，不同的 PayloadType 表示媒体数据使用了不同的编解码器或编解码器参数。

上面提到的 UDP/TLS/RTP/SAVFP，其含义为：传输时底层使用 UDP；在 UDP 之上使用了 DTLS⊖协议来交换证书；证书交换好后，媒体数据由 RTP⊖进行传输（RTP 运行在 UDP 之上），保证传输的可靠性；媒体数据（音视频数据）的安全性是由 SRTP 负责的，即对 RTP 包中的 Body 部分进行加密。此外，传输时还使用 RTCP 的 feekback 机制对传输信息进行实时反馈（SAVPF⊜），以便进行拥塞控制。

⊖ DTLS（Datagram Transport Layer Security），数据报安全传输层。
⊖ RTP（Realtime Transport Protocol），实时传输协议。
⊜ SAVPF，SRTP Audio Video Profile Feedback，参见 https://tools.ietf.org/html/rfc5124。

代码 7.2　媒体信息

```
1   ...
2   m=audio 9 UDP/TLS/RTP/SAVPF 111 103 104 9 0 8 106 105 13 110 112 113
        126
3   ...
```

通过上面的介绍，我们已经清楚了 SDP 中的媒体信息是用来做什么的。不过媒体信息不只有上面的这些内容，它还有很多"a="的属性用来对前面的信息做进一步解释，如每个 PayloadType 的详细参数就是由它们说明的。

7.3.1　音频媒体信息

音频媒体的描述前面已经介绍过了，但还有很多细节没有介绍。这些细节是无法通过一条"m="行就能够描述清楚的，必须通过"a=rtpmap"对其做进一步解释才行。如代码 7.3所示，在这段代码中，使用大量的"a=rtpmap"属性对"m="行做进一步阐释。

代码 7.3　音频媒体示例

```
1   m = audio 9 UDP/TLS/RTP/SAVPF 111 103 104 9 ...
2   ...
3   a=rtpmap:111 opus/48000/2
4   a=rtcp-fb:111 transport-cc
5   a=fmtp:111 minptime=10;useinbandfec=1
6   a=rtpmap:103 ISAC/16000
7   a=rtpmap:104 ISAC/32000
8   a=rtpmap:9 G722/8000
9   ...
```

这段代码中的第 1 行代码是对音频媒体的描述；第 3、6、7、8 行代码使用"a=rtpmap"解释了 PayloadType 使用的编解码器及其参数是什么；第 5 行代码"a=fmtp"属性指定了 PayloadType 的数据格式，即音频帧最小 10ms 一帧，使用带内 FEC⊖。

在 WebRTC 的 SDP 中，"a=rtpmap""a=fmtp"属性随处可见。无论是音频媒体中，还是视频媒体中，都使用它们对媒体做进一步的解释。

（1）"a=rtpmap"属性

rtpmap（rtp map），通过字面含义可以知道它是一张 PayloadType 与编码器的映射

⊖　Forward Error Correction，前向纠错。

表，每个 PayloadType 都对应一个编码器。其格式定义在 RFC4566 中⊖，如下所示：

```
a=rtpmap:<payload type>
  <encoding name>/<clock rate>[/<encodingparameters>]
```

通过上面 rtpmap 的格式，可以很容易理解代码 7.3中第 3 行代码的含义：Payload-Type 值为 111 的编码器是 Opus，其时钟频率 (采样率) 为 48000，音频通道数为 2。同理，PayloadType 值为 103 的编码器是 ISAC，采样率为 16000；PayloadType 值为 104 的编码器也是 ISAC，只不过其采样率变成了 32000；PayloadType 值为 9 的编码器是 G722，采样率是 8000……

（2）"a=fmtp" 属性

fmtp（format parameters）用于指定媒体数据格式。"a=fmtp" 属性的格式与 rtpmap 一样也是定义在 RFC4566 的第 6 节中，如下所示：

```
a=fmtp:<format> <format specific parameters>
```

现在再来看一下代码 7.3中的第 5 行代码，它描述了 PayloadType 值为 111 的数据（Opus 数据）：以 10ms 长的音频数据为一帧，并且数据是经 FEC 编码的。其中，"useinbandfec=1" 是 WebRTC 针对 Opus 增加的 fmtp 值。如果你想了解这些细节，可以看一下相关的草案⊖。

7.3.2 视频媒体信息

与音频媒体信息相比，视频媒体信息要复杂一些，在 SDP 中视频相关的描述如代码 7.4 所示。

代码 7.4 视频媒体

```
1 m=video 9 UDP/TLS/RTP/SAVPF 96 … 102 121 124 …
2 …
3 a=mid:1
4 …
5 a=rtpmap:96 VP8/90000
6 …
7 a=rtpmap:97 rtx/90000
```

⊖ https://tools.ietf.org/html/rfc4566
⊖ https://tools.ietf.org/html/draft-ietf-payload-rtp-opus-11

```
8   a=fmtp:97 apt=96
9   ...
10  a=rtpmap:102 H264/90000
11  ...
12  a=fmtp:102 level-asymmetry-allowed=1;packetization-mode=1;profile-level
       -id=42001f
13  a=rtpmap:121 rtx/90000
14  a=fmtp:121 apt=102
15  ...
16  a=rtpmap:124 red/90000
17  a=rtpmap:119 rtx/90000
18  a=fmtp:119 apt=124
19  ...
```

　　其中，第 1 行代码为视频的 "m=" 行，其与音频的 "m=" 行类似，区别在于两者的媒体类型不同：一个是 "video"，另一个则是 "audio"。此外，第 1 行中的 PayloadType 列表也发生了变化，这个很好理解，视频媒体使用的编码器本就与音频媒体使用的不同。第 3 行代码表明视频媒体的 ID 编号为 1，而音频媒体的 ID 编号为 0。如果有更多的媒体，编号会一直累加。第 5~18 行代码是对不同 PayloadType 的解释，下面看一下它们是如何解释 PayloadType 的吧。

　　第 5 行代码，PT（PayloadType）值为 96 表示媒体数据使用的编码器是 VP8，其时钟频率为 90 000。又因为其排在 "m=" 行 PT 列表的第一位，所以它还是视频的默认编码器。同理，代码第 10 行，PT 值为 102 表示媒体数据使用的是 H264 编码器，时钟频率也是 90 000。

　　第 7 行代码，PT 值为 97 表示的含义与之前 PT 值为 96 的情况有所不同，rtx 表示的不再是编码器，而是丢包重传。要想弄明白第 7 行代码的含义，必须与第 8 行代码结合着一起看。在第 8 行代码中，apt（associated payload type）⊖的值为 96，说明 96 与 97 是关联在一起的，PT=97 是 PT=96 的补充。因此第 7 行代码的含义是：当 WebRTC 使用的媒体数据类型（PayloadType）为 96 时，如果出现丢包需要重传，重传数据包的 PayloadType 为 97。同理，第 13~14 行代码指明 121 是 PT=102 重传包的 PayloadType。

　　第 16~18 行代码较为特殊，要想了解这三行代码的含义，你还需要了解一些额外知识：一是 red⊖，它是一种在 WebRTC 中使用的 FEC 算法，用于防止丢包；二是 red 编码流

⊖　https://tools.ietf.org/html/rfc4588
⊖　red（REDundant coding），冗余编码。

程，默认情况下 WebRTC 会将 VP8/H264 等编码器编码后的数据再交由 red 模块编码，生成带一些冗余信息的数据包，这样当传输中某个包丢了，就可以通过其他包将其恢复回来，而不用重传丢失的包。了解了上面这些内容后，第 16~18 行代码的含义应该就清楚了，即 PT 值为 124 表示需要使用 red 对之前编码好的数据再进行 red 处理，119 是 PT=124 重传数据包的 PayloadType。如果用 Wireshark 等抓包工具抓取 WebRTC 媒体数据包时会发现它们都是 red 包，而在 red 包里装的是 VP8/H264 编码的数据。

再看一下与 H264 相关的 fmtp 内容。第 12 行代码，level-asymmetry-allowed=1[一]指明通信双方使用的 H264Level[二]是否要保持一致：0，必须一致；1，可以不一致。packetization-mode 指明经 H264 编码后的视频数据如何打包，其打包模式有三种：0，单包；1，非交错包；2，交错包。三种打包模式中，模式 0 和模式 1 用在低延时的实时通信领域。其中模式 0 的含义是每个包就是一帧视频数据；模式 1 的含义是可以将视频帧拆成多个顺序的 RTP 包发送，接收端收到数据包后，再按顺序将其还原。profile-level-id 由三部分组成，即 profile_idc、profile_iop 以及 level_idc，每个组成部分占 8 位，因此可以推测出 profile_idc=42、profile_iop=00、level_idc=1f。关于这几个值的具体含义，如果读者感兴趣，可以自行查看 H264 规范手册。

以上分析将 SDP 中视频媒体信息相关的内容及其含义讲解清楚了。音视频媒体信息是 SDP 中最为重要的内容，读者一定要牢牢掌握。

7.3.3 SSRC 与 CNAME

除了音频媒体信息和视频媒体信息外，媒体描述中还包括一项重要内容，就是 SSRC（Synchronization Source[三]）。SSRC 是媒体源的唯一标识，每一路媒体流都有一个唯一的 SSRC 来标识它。

举一个具体的例子，如代码 7.5所示，是一个视频媒体描述的 SDP 片段。

代码 7.5　SSRC

```
1  ⋯
2  m= video ⋯
3  ⋯
4  a=ssrc-group:FID 1531262201 2412323032
5  // 视频流的 SSRC
6  a=ssrc:1531262201 cname:Hmks0+2NwywExB+s
```

[一]　https://tools.ietf.org/html/rfc6184

[二]　en.wikipedia.wiki/Advanced_Video_Coding

[三]　SSRC（Synchronization Source），同步源标识。

```
7   ...
8   //丢包重传流的SSRC
9   a=ssrc:2412323032 cname:Hmks0+2NwywExB+s
10  ...
```

从代码中可以看到，里边有两个不同的 SSRC，即第 6 行代码的 1531262201 和第 9 行代码的 2412323032。这里你可能会产生疑问，既然每路视频只能有唯一的 SSRC，那为什么这个视频媒体描述中却出现了两个视频源（SSRC）呢？要回答这个问题，就要从第 4 行代码说起了。第 4 行代码的 ssrc-group 指明两个 SSRC 是有关联关系的，后一个 SSRC（2412323032）是前一个 SSRC（1531262201）的重传流。也就是说，1531262201 是真正代表视频流的 SSRC，而 2412323032 是视频流（1531262201）丢包时使用的 SSRC，这就是为什么在同一个媒体描述中会有两个 SSRC。所以，虽然在同一个视频描述中有两个 SSRC，但对于该视频来说，仍然只有唯一的 SSRC 用来标识它。

此外，在代码第 6~9 行，我们还能看到一个关键字 cname，而且 SSRC 为 1531262201 的 cname 名字与 SSRC 为 2412323032 的 cname 名字是一模一样的，它有什么含义呢？

cname（canonical name）通常称为别名，可以用在很多地方，其中广为人知的是用在域名解析中。当你想为某个域名起一个别名的时候，就可以使用它。如在直播推/拉流中，想将某个云厂商的推流地址 push.xxx.yun.xxx.com 换成你自己的地址 push.advancedu.com，就可以使用 cname。

cname 在 SDP 中的作用与域名解析中的作用是一致的，就是为媒体流起了一个别名。在同一个视频媒体描述中的两个 SSRC 后面都跟着同样的 cname，说明这两个 SSRC 属于同一个媒体流。关于 cname 更多的内容，将在 9.3.1 节中进一步介绍。

7.4　PlanB 与 UnifiedPlan

做过 WebRTC 应用开发的读者应该都清楚，目前 WebRTC 中的 SDP 包括两种规格，即 PlanB 和 UnifiedPlan。PlanB 由标准 SDP 演化而来，而 UnifiedPlan 则是代替 PlanB 的 SDP 新规格。它们之间的关系如下：

```
标准SDP → PlanB → UnifiedPlan
```

那么 PlanB 与 UnifiedPlan 的主要区别是什么呢？它们之间最大的区别是，在 PlanB 规格中，只有两个媒体描述，即音频媒体描述（m=audio……）和视频媒体描述（m=video……）。如果要传输多路视频，则它们在视频媒体描述中需要通过 SSRC 来区分。而在 UnifiedPlan

中可以有多个媒体描述，因此，对于上面多路视频的情况，将其拆成多个视频媒体描述（多行 "m=video……"）即可。举例如下。

假如有三路媒体流，即一路音频和两路视频，如果用 PlanB 规格的 SDP 描述，其形式大体如代码 7.6 所示。

代码 7.6　PlanB 规格的 SDP 描述

```
1   ···
2   m=audio ···
3   a=ssrc:11223344
4   ···
5   m=video ···
6   ···
7   a=ssrc:22334455 cname:video1
8   ···
9   a=ssrc:33445566 cname:video2
10  ···
```

从上面的代码中可以看到，在视频媒体描述中出现了两个 SSRC，它们的 cname 各不相同，代表两路不同的视频流。如果换作 UnifiedPlan 规格 SDP 描述的话，其形式则变成代码 7.7 所示效果。

代码 7.7　UnifiedPlan 规格的 SDP 描述

```
1   ···
2   m=audio ···
3   a=ssrc:11223344
4   ···
5   m=video ···
6   ···
7   a=ssrc:22334455 cname:video1
8   ···
9   m=video ···
10  ···
11  a=ssrc:33445566 cname:video2
12  ···
```

从代码 7.7 中可以看到，它将两路视频拆成了两个视频媒体描述，这样的描述更加清晰，一眼就可以看出它包含了两路视频。

7.5　WebRTC 如何保证数据安全

WebRTC 在数据传输过程中对数据安全性的要求是极为严格的。WebRTC 是如何保障数据的安全性的呢？图 7.3 展示的就是 WebRTC 保障数据在网络上安全传输的机制。

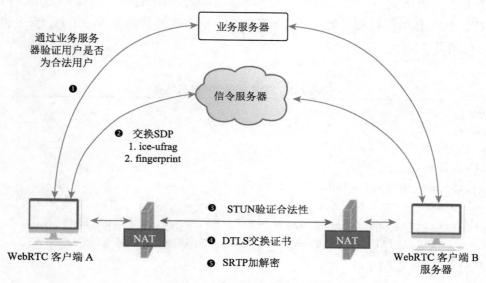

图 7.3　WebRTC 安全机制

使用 WebRTC 实现对音视频通信产品进行防护有三个级别，分别是应用级防护、信令级防护以及数据级防护。

- 应用级防护。如图 7.3 中的步骤❶，用户在使用音视频通信产品时，一般都要先进行注册，然后通过用户名/密码的方式登录到应用系统上。这一级防护称为应用级防护，但这一级防护并不属于 WebRTC 的范畴。

- 信令级防护。当用户通过第一级防护后，就可以获得 WebRTC 信令服务器的地址，并通过信令服务器进行媒体协商。媒体协商成功后，通信双方便可以从彼此的 SDP 中获取对方的用户名/密码，即 ice-ufrag 和 ice-pwd 信息。这两个信息的作用是验证用户的合法性，其完整过程如下：通信的双方彼此发送 STUN Binding 请求（带着 ice-ufrag 和 ice-pwd）给对方，当对方收到请求后，会验证请求中的 ice-ufrag 和 ice-pwd 是否与自己 SDP 中的一致，如果一致，则说明该用户是合法的用户，否则说明它是非法用户。这就是图 7.3 中的步骤❷和步骤❸。

• 媒体数据加密，如图 7.3 中的步骤❹和步骤❺。对于非法用户，即使突破第二级防护得到了媒体数据，也无法将这些数据还原成音视频，因为这些数据都是加密过的。WebRTC是如何进行数据加密的呢？当第二级防护通过之后，通信的双方还会使用 DTLS 协议彼此交换证书，证书中保存的最重要的信息就是公钥。例如 ClientA 向 ClientB 发送媒体数据，ClientA 需要用 ClientB 的公钥对数据加密，加密后的数据再打包成 SRTP[⊖]发送给ClientB，接收端（ClientB）需要使用自己的私钥才能将加密的数据解密。

在上述三级防护中，第二级和第三级防护都属于 WebRTC 的防护范畴。清楚了WebRTC 的整体运行机制之后，来看一下 SDP 中哪些信息是与 WebRTC 安全机制相关的，如代码 7.8所示。

代码 7.8 SDP 中安全相关的信息

```
1   ...
2   m=...
3   ...
4   a=ice-ufrag:kSq+
5   a=ice-pwd:MRW8liIi4S8OCRlM+SftfJWF
6   ...
7   a=fingerprint:sha-256 DB:43:34:45:52:D3:78:A3:92:6E:BB:FB:83:2E:7F
        :22:49:5B:A7:73:D4:E1:52:1C:67:7F:7F:EA:95:F1:05:50
8   a=setup:actpass
9   ...
```

在 WebRTC 的 SDP 中，不同类型的媒体都有对应的安全信息，但这些信息的内容都是一样的，因此在使用时只要保留一份即可。

首先看一下代码 7.8中的第 4~5 行，ice-ufrag 表示 username（用户名），ice-pwd 表示 password（密码）。WebRTC 终端相互通信时，需要使用这两个值进行用户有效性验证。

接下来看一下代码中的第 8 行代码，该行用于决定使用 DTLS 协议时通信双方的"角色"。"a=setup"属性可以设置多种角色，分别为 active、passive 以及 actpass。其中 active表示终端的角色为客户端；passive 表示终端的角色为服务端；actpass（active 与 passive 组合而成）表示终端既可以是客户端又可以是服务端，最终的角色由另一端的角色确定。一般情况下，第一个加入房间的终端默认为 actpass，后来加入的终端为 active。因此，通过"a=setup"的属性值，可以知道使用 DTLS 协议时通信双方哪个是客户端，哪个是服务端。

第 7 行代码中的"a=fingerprint"属性用于验证加密证书的有效性。当通信双方通过

⊖ SRTP（Secure RTP），安全 RTP。

DTLS 协议交换证书时，如何才能保障证书在网络上交换的过程中没有被篡改呢？这就要用到"a=fingerprint"属性了。通过 DTLS 协议交换证书之前，各端会先给各自的证书生成一个指纹（fingerprint），然后将指纹放到 SDP 中通过信令交换给对方。通过 DTLS 协议交换证书后，双方会对拿到的证书重新生成指纹。然后将生成的指纹与 SDP 中的指纹进行比较，如果两者一致，则说明证书在传输中没有被篡改，可以放心使用，否则说明证书被篡改，此时连接创建失败。

　　以上就是 SDP 中与安全相关属性的作用，这些属性应用于 WebRTC 安全的不同阶段。ice-ufrag 和 ice-pwd 用于验证 WebRTC 客户端是否有效，fingerprint 用于验证证书的有效性，而 setup 用于指明 WebRTC 终端使用 DTLS 协议交换证书时的角色。

7.6　RTP 扩展头

　　WebRTC 通常使用 UDP 传输数据，在 UDP 之上传输的是 RTP 报文，由 Header 和 Body 两部分组成。Header 又包括常规 Header 和扩展 Header，了解扩展 Header 对于理解 WebRTC 传输是非常关键的。那么 WebRTC 的 RTP Header 中都包括哪些扩展 Header 呢？这些扩展 Header 的具体格式又是什么呢？

　　实际上这些信息保存在 SDP 中，下面看一个具体的例子，如代码 7.9所示，这段 SDP 代码中描述了不同类型媒体的 RTP 扩展头信息。

代码 7.9　RTP 扩展头

```
1   …
2   m=audio …
3   …
4   a=extmap:2 http://www.webrtc.org/experiments/rtp-hdrext/abs-send-time
5   a=extmap:3 http://www.ietf.org/id/draft-holmer-rmcat-transport-wide-cc-
       extensions-01
6   …
7   m=video …
8   …
9   a=extmap:14 urn:ietf:params:rtp-hdrext:toffset
10  a=extmap:2 http://www.webrtc.org/experiments/rtp-hdrext/abs-send-time
11  a=extmap:13 urn:3gpp:video-orientation
12  a=extmap:3 http://www.ietf.org/id/draft-holmer-rmcat-transport-wide-cc-
       extensions-01
13  …
```

在这段 SDP 代码中，出现了一个新属性"a=extmap"，extmap 是 extension map 的缩写，即 RTP Header 扩展映射表。该属性在 RFC8285[一]中做了详细的说明，如果读者想了解该属性更多的细节，可以查阅该规范。

"a=extmap"属性的具体格式如下：

```
a=extmap:<value>["/"<direction>]
         <URI> <extensionattributes>
```

按其格式再回看代码 7.9，"a=extmap"属性所携带的内容格式为"值：URI"，我们可以将它们整理成一个表格，如表 7.1 所示。

表 7.1　RTP 扩展头

媒体类型	值	URI
音频	2	http://www.webrtc.org/experiments/rtp-hdrext/abs-send-time
	3	http://www.ietf.org/id/draft-holmer-rmcat-transport-wide-cc-extensions-01
视频	2	http://www.webrtc.org/experiments/rtp-hdrext/abs-send-time
	3	http://www.ietf.org/id/draft-holmer-rmcat-transport-wide-cc-extensions-01
	13	urn:3gpp:video-orientation
	14	urn:ietf:params:rtp-hdrext:toffset

表 7.1 中的 URI 是 RTP 扩展头对应值的规范说明，比如说 trasport-cc 扩展头的值为 3,扩展头的格式及含义都记录在 http://www.ietf.org/id/draft-holmer-rmcat-transport-wide-cc-extensions-01 中。

对于 RTP 而言，它的扩展头是以 32 位的整数倍增加的，即每个扩展头最小是 4 个字节。至于 WebRTC 是如何使用这些扩展头的，将会在第 9 章中详细介绍。

7.7　服务质量

最后，我们来看一下媒体描述中的服务质量描述，它们是由"a=rtcp-fb"属性描述的。实际上，在 WebRTC 中，rtcp-fb[二]（rtcp feedback）有两层含义：一是指 RTCP 消息中专

　　[一]　https://tools.ietf.org/html/rfc8285
　　[二]　https://tools.ietf.org/html/rfc4585#section-4

门反馈信息的一类消息，将在第 9 章中做详细介绍；二是指 SDP 中使用的"a=rtcp-fb"
属性，该属性可以用来设置 WebRTC 终端支持哪些 rtcp feedback 消息，也就是本节要介
绍的内容。

为了更好地说明 SDP 是如何使用"a=rtcp-fb"属性支持的 rtcp feedback 消息来影响
服务质量的，我们举一个例子，如代码 7.10所示。

代码 7.10　RTC feedback

```
1   ...
2   m=audio ...
3   ...
4   a=rtcp-fb:111 transport-cc
5   ...
6   m=video ...
7   ...
8   a=rtcp-fb:96 goog-remb
9   a=rtcp-fb:96 transport-cc
10  a=rtcp-fb:96 ccm fir
11  a=rtcp-fb:96 nack
12  a=rtcp-fb:96 nack pli
13  ...
```

在上述代码中，第 4 行代码指明 PT=111 的编解码器（Opus）支持 Transport-CC 这
种类型的 rtcp feedback 消息。这里有必要简要介绍一下 Transport-CC。在 WebRTC 中有
两种拥塞控制算法：一种是 Goog-REMB；另一种是 Transport-CC，它是 WebRTC 用来
代替 Goog-REMB 的。所以第 4 行代码的含义是，在使用 PT 类型为 111 的编解码器时，
支持 Transport-CC 类型的 rtcp feedback 报文，同时也说明 WebRTC 使用 Opus 编解码
器时开启了 Transport-CC 拥塞控制算法。

同理，第 8～9 行代码指明 WebRTC 使用 VP8 编码器时，既支持 Goog-REMB 的
RTCP 报文，也支持 Transport-CC 的 RTCP 报文。第 10 行代码的 ccm（codec con-
trol message）和 fir（full intra refresh）指明 WebRTC 支持 RTCP 的 FIR 指令（即申
请关键帧指令）。第 11 行代码指明 WebRTC 支持 NACK 报文。第 12 行代码指明支
持 NACK 报文的同时，还支持 PLI 报文。以上这些 RTCP 指令将会在第 9 章中详细
介绍。

7.8 SDP 详解

经上面的介绍后，相信你已经对 WebRTC 中的 SDP 有了一定的了解，但 WebRTC 的 SDP 中还有很多小细节，这些小细节对于我们理解 WebRTC 同样重要。代码 7.11 对 WebRTC 的 SDP 进行了完整的注释，以便读者可以随时查阅参考。

代码 7.11 SDP 完整信息

```
1   //==================================================
2   //                   SDP 会 话 描 述
3   //==================================================
4   //版本信息
5   v=0
6   //会话的创建者
7   o=- 8567802084787497323 2 IN IP4 127.0.0.1
8   //会话名
9   s=-
10  //会话时长
11  t=0 0
12  //音视频传输采用多路复用方式，通过同一个通道传输
13  //这样可以减少对ICE资源的消耗
14  a=group:BUNDLE 0 1
15  //WMS(WebRTC Media Stream)
16  //因为上面的BUNDLE使得音视频可以复用传输通道
17  //所以WebRTC定义一个媒体流来对音视频进行统一描述
18  //媒体流中可以包含多路轨（音频轨、视频轨……）
19  //每个轨对应一个SSRC
20  a=msid-semantic: WMS 3eofXQZ24BqbQPRkcL49QddC5s84gauyOuUt
21  //==================================================
22  //                 音 视 频 媒 体 描 述
23  //==================================================
24  //音频媒体描述
25  //端口9忽略，端口设置为0表示不传输音频
26  m=audio 9 UDP/TLS/RTP/SAVPF 111 103 104 9 0 8 106 105 13 110 112
       113 126
27  //网络描述,忽略!WebRTC不使用该属性
28  c=IN IP4 0.0.0.0
29  //忽略!WebRTC不使用该属性
30  a=rtcp:9 IN IP4 0.0.0.0
```

```
31  //用于 ICE 有效用户的验证
32  //ufrag 表示用户名(随机值)
33  a=ice-ufrag:r8+X
34  //密码
35  a=ice-pwd:MdLpm2pegfysJ/VMCCGtZRpF
36  //收信 candidate 方式
37  a=ice-options:trickle
38  //证书指纹,用于验证 DTLS 证书有效性
39  a=fingerprint:sha-256 53:08:1A:66:24:C7:45:31:0A:EA:9E:59:97:A9:15:3A:
        EC:60:1F:85:85:5B:B8:EC:D4:77:78:9A:46:09:03:2A
40  //用于指定 DTLS 用户角色
41  a=setup:actpass
42  //BUNDLE 使用,0 表示音频
43  a=mid:0
44  //音频传输时 RTP 支持的扩展头
45  //发送端是否音频 level 扩展,可参考 RFC6464
46  a=extmap:1 urn:ietf:params:rtp-hdrext:ssrc-audio-level
47  //NTP 时间扩展头
48  a=extmap:2 http://www.webrtc.org/experiments/rtp-hdrext/abs-send-time
49  //transport-CC 的扩展头
50  a=extmap:3 http://www.ietf.org/id/draft-holmer-rmcat-transport-wide-cc-
        extensions-01
51  //与 RTCP 中的 SDES(Source Description)相关的扩展头
52  //通过 RTCP 的 SDES 传输 mid
53  a=extmap:4 urn:ietf:params:rtp-hdrext:sdes:mid
54  //通过 RTCP 的 SDES 传输 rtp-stream-id
55  a=extmap:5 urn:ietf:params:rtp-hdrext:sdes:rtp-stream-id
56  //通过 RTCP 的 SDES 传输重传时的 rtp-stream-id
57  a=extmap:6 urn:ietf:params:rtp-hdrext:sdes:repaired-rtp-stream-id
58  //音频数据传输方向
59  //sendrecv 既可以接收音频,又可以发送音频
60  a=sendrecv
61  //记录音频与媒体流的关系
62  a=msid:3eofXQZ24BqbQPRkcL49QddC5s84gauyOuUt 67eb8a85-f7c0-4cad-bd62-41
        cae9517041
63  //RTCP 与 RTP 复用传输通道
64  a=rtcp-mux
65  //PT=111 代表音频编码器 opus/采样率 48000/双通道
```

```
66  a=rtpmap:111 opus/48000/2
67  //使用Opus时，支持RTCP中的Transport-CC反馈报文
68  a=rtcp-fb:111 Transport-cc
69  //使用Opus时，每个音频帧的最小间隔为10ms，使用带内FEC
70  a=fmtp:111 minptime=10;useinbandfec=1
71  //PT=103 代表音频编码器ISAC/采样率16000
72  a=rtpmap:103 ISAC/16000
73  //PT=104 代表音频编码器ISAC/采样率32000
74  a=rtpmap:104 ISAC/32000
75  //PT=9 代表音频编码器G722/采样率8000
76  a=rtpmap:9 G722/8000
77  //PT=0 未压缩音频数据PCMU/采样率8000
78  a=rtpmap:0 P C M U/8000
79  //PT=8 未压缩音频数据PCMA/采样率8000
80  a=rtpmap:8 P C M A/8000
81  //PT=106 舒适噪声(Comfort Noise, CN)/采样率32000
82  a=rtpmap:106 CN/32000
83  //PT=106 舒适噪声/采样率16000
84  a=rtpmap:105 CN/16000
85  //PT=106 舒适噪声/采样率8000
86  a=rtpmap:13 CN/8000
87  //PT=110 SIP DTMF电话按键/采样率48000
88  a=rtpmap:110 telephone-event/48000
89  //PT=112 SIP DTMF电话按键/采样率32000
90  a=rtpmap:112 telephone-event/32000
91  //PT=113 SIP DTMF电话按键/采样率16000
92  a=rtpmap:113 telephone-event/16000
93  //PT=116 SIP DTMF电话按键/采样率8000
94  a=rtpmap:126 telephone-event/8000
95  //源933825788的别名
96  a=ssrc:933825788 cname:Tf3LnJwwJcOlgnxC
97  //记录源SSRC与音频轨和媒体流的关系
98  a=ssrc:933825788 msid:3eofXQZ24BqbQPRkcL49QddC5s84gauyOuUt 67eb8a85-
        f7c0-4cad-bd62-41cae9517041
99  //记录源SSRC:933825788属于哪个媒体流
100 a=ssrc:933825788 mslabel:3eofXQZ24BqbQPRkcL49QddC5s84gauyOuUt
101 //记录源SSRC:933825788属于哪个音频轨
102 a=ssrc:933825788 label:67eb8a85-f7c0-4cad-bd62-41cae9517041
```

```
103  //=================================================
104  //                视 频 媒 体 描 述
105  //=================================================
106  //视频媒体描述
107  m=video 9 UDP/TLS/RTP/SAVPF 96 97 98 99 100 101 102 121 127 120 125 107
            108 109 124 119 123
108  //网络描述,忽略!WebRTC不使用该属性
109  c=IN IP4 0.0.0.0
110  忽略!WebRTC不使用该属性
111  a=rtcp:9 IN IP4 0.0.0.0
112  //与音频一样,用于验证用户的有效性
113  //如果音视频复用传输通道,只用其中一个即可
114  a=ice-ufrag:r8+X
115  a=ice-pwd:MdLpm2pegfysJ/VMCCGtZRpF
116  //与音频一样,设置收集Candidate的方式
117  a=ice-options:trickle
118  //证书指纹,用于验证DTLS证书有效性
119  a=fingerprint:sha-256 53:08:1A:66:24:C7:45:31:0A:EA:9E:59:97:A9:15:3A:
            EC:60:1F:85:85:5B:B8:EC:D4:77:78:9A:46:09:03:2A
120  //用于指定DTLS用户角色
121  a=setup:actpass
122  //media id 1
123  a=mid:1
124  //视频传输时RTP支持的扩展头
125  //toffset(TransportTime Offset)
126  //RTP包中的timestamp与实际发送时的偏差
127  a=extmap:14 urn:ietf:params:rtp-hdrext:toffset
128  a=extmap:2 http://www.webrtc.org/experiments/rtp-hdrext/abs-send-time
129  //视频旋转角度的扩展头
130  a=extmap:13 urn:3gpp:video-orientation
131  //Transport-CC扩展头
132  a=extmap:3 http://www.ietf.org/id/draft-holmer-rmcat-transport-wide-cc-
            extensions-01
133  //发送端控制接收端渲染视频的延时时间
134  a=extmap:12 http://www.webrtc.org/experiments/rtp-hdrext/playout-delay
135  //指定视频的内容,它有两种值:未指定和屏幕共享
136  a=extmap:11 http://www.webrtc.org/experiments/rtp-hdrext/video-content-
            type
```

```
137   //该扩展仅在每个视频帧最后一个包中出现
138   //其存放6个时间戳，分别为:
139   //1.编码开始时间
140   //2.编码完成时间
141   //3.打包完成时间
142   //4.离开pacer的最后一个包的时间
143   //5.预留时间1
144   //6.预留时间2
145   a=extmap:7 http://www.webrtc.org/experiments/rtp-hdrext/video-timing
146   a=extmap:8 http://www.webrtc.org/experiments/rtp-hdrext/color-space
147   //携带mid的扩展头
148   a=extmap:4 urn:ietf:params:rtp-hdrext:sdes:mid
149   //携带rtp-stream-id的扩展头
150   a=extmap:5 urn:ietf:params:rtp-hdrext:sdes:rtp-stream-id
151   //重传时携带的rtp-stream-id的扩展头
152   a=extmap:6 urn:ietf:params:rtp-hdrext:sdes:repaired-rtp-stream-id
153   //视频数据传输方向
154   //sendrecv，既可以发送，又可以接收视频数据
155   a=sendrecv
156   //media stream id
157   a=msid:3eofXQZ24BqbQPRkcL49QddC5s84gauyOuUt f5d231d9-f0f7-4cd2-b2bc-424
         f37dfd003
158   //RTCP与RTP复用端口
159   a=rtcp-mux
160   //减少RTCP尺寸
161   a=rtcp-rsize
162   //PT=96 代表音频编码器VP8/采样率为90000
163   a=rtpmap:96 VP8/90000
164   //PT=96支持RTCP协议中的Goog-REMB反馈
165   a=rtcp-fb:96 goog-remb
166   //PT=96支持RTCP协议中的Transport-CC反馈
167   a=rtcp-fb:96 transport-cc
168   //PT=96支持RTCP协议中的fir反馈
169   a=rtcp-fb:96 ccm fir
170   //PT=96支持RTCP中的nack反馈
171   a=rtcp-fb:96 nack
172   //PT=96支持RTCP中的pli反馈
173   a=rtcp-fb:96 nack pli
```

```
174   //PT=97 代表重传数据/采样率为90000
175   a=rtpmap:97 rtx/90000
176   //PT=97与96是绑定关系，说明97是96的重传数据
177   a=fmtp:97 apt=96
178   //PT=98 代表音频编码器VP9/采样率为90000
179   a=rtpmap:98 VP9/90000
180   //PT=98支持RTCP中的Goog-REMB反馈
181   a=rtcp-fb:98 goog-remb
182   //PT=98支持RTCP中的Transport-CC反馈
183   a=rtcp-fb:98 transport-cc
184   //PT=98支持RTCP中的fir反馈
185   a=rtcp-fb:98 ccm fir
186   //PT=98支持RTCP中的nack反馈
187   a=rtcp-fb:98 nack
188   //PT=98支持RTCP中的pli反馈
189   a=rtcp-fb:98 nack pli
190   //使用VP9时，视频帧的profile id为0
191   //VP9一共有4种profile 1,2,3,4
192   //0表示支持8bit位深
193   //和YUV4:2:0格式
194   a=fmtp:98 profile-id=0
195   //PT=99 代表重传数据/采样率90000
196   a=rtpmap:99 rtx/90000
197   //PT=99与98是绑定关系，因此99是98的重传数据
198   a=fmtp:99 apt=98
199   //PT=100 代表音频编码器VP9/采样率90000
200   a=rtpmap:100 VP9/90000
201   //PT=100支持RTCP中的Goog-REMB反馈
202   a=rtcp-fb:100 goog-remb
203   //PT=100支持RTCP中的Transport-CC反馈
204   a=rtcp-fb:100 transport-cc
205   //PT=100支持RTCP中的fir反馈
206   a=rtcp-fb:100 ccm fir
207   //PT=100支持RTCP中的nack反馈
208   a=rtcp-fb:100 nack
209   //PT=100支持RTCP中的pli反馈
210   a=rtcp-fb:100 nack pli
211   //使用VP9时，视频帧的profile id为2
```

```
212  //VP9一共有4种profile 1,2,3,4
213  //2表示支持10bit、12bit位深
214  //和YUV4:2:0格式
215  a=fmtp:100 profile-id=2
216  //PT=101 代表重传数据/采样率为90000
217  a=rtpmap:101 rtx/90000
218  //PT=101与100是绑定关系，因此101是100的重传数据
219  a=fmtp:101 apt=100
220  //PT=102 代表音频编码器H264/采样率为90000
221  a=rtpmap:102 H264/90000
222  //PT=102支持RTCP中的Goog-REMB反馈
223  a=rtcp-fb:102 goog-remb
224  //PT=102支持RTCP中的Transport-CC反馈
225  a=rtcp-fb:102 transport-cc
226  //PT=102支持RTCP中的fir反馈
227  a=rtcp-fb:102 ccm fir
228  //PT=102支持RTCP中的nack反馈
229  a=rtcp-fb:102 nack
230  //PT=102支持RTCP中的pli反馈
231  a=rtcp-fb:102 nack pli
232  a=fmtp:102 level-asymmetry-allowed=1;packetization-mode=1;profile-level
       -id=42001f
233  //PT=121 代表重传数据/采样率为90000
234  a=rtpmap:121 rtx/90000
235  //PT=121与102是绑定关系，因此121是102的重传数据
236  a=fmtp:121 apt=102
237  //PT=127 代表音频编码器H264/采样率为90000
238  a=rtpmap:127 H264/90000
239  //PT=127支持RTCP中的Goog-REMB反馈
240  a=rtcp-fb:127 goog-remb
241  //PT=127支持RTCP中的Transport-CC反馈
242  a=rtcp-fb:127 transport-cc
243  //PT=127支持RTCP中的fir反馈
244  a=rtcp-fb:127 ccm fir
245  //PT=127支持RTCP中的nack反馈
246  a=rtcp-fb:127 nack
247  //PT=127支持RTCP中的pli反馈
248  a=rtcp-fb:127 nack pli
```

```
249  a=fmtp:127 level-asymmetry-allowed=1;packetization-mode=0;profile-level
        -id=42001f
250  //PT=120 代表重传数据/采样率为90000
251  a=rtpmap:120 rtx/90000
252  //PT=127与120是绑定关系，因此127是120的重传数据
253  a=fmtp:120 apt=127
254  //PT=125 代表音频编码器H264/采样率为90000
255  a=rtpmap:125 H264/90000
256  //PT=125支持RTCP中的Goog-REMB反馈
257  a=rtcp-fb:125 goog-remb
258  //PT=125支持RTCP中的Transport-CC反馈
259  a=rtcp-fb:125 transport-cc
260  //PT=127支持RTCP中的fir反馈
261  a=rtcp-fb:125 ccm fir
262  //PT=127支持RTCP中的nack反馈
263  a=rtcp-fb:125 nack
264  //PT=127支持RTCP中的pli反馈
265  a=rtcp-fb:125 nack pli
266  a=fmtp:125 level-asymmetry-allowed=1;packetization-mode=1;profile-level
        -id=42e01f
267  //PT=107 代表重传数据/采样率为90000
268  a=rtpmap:107 rtx/90000
269  //PT=107与125是绑定关系，因此177是125的重传数据
270  a=fmtp:107 apt=125
271  //PT=108 代表音频编码器H264/采样率为90000
272  a=rtpmap:108 H264/90000
273  //PT=108支持RTCP中的Goog-REMB反馈
274  a=rtcp-fb:108 goog-remb
275  //PT=108支持RTCP中的Transport-CC反馈
276  a=rtcp-fb:108 transport-cc
277  //PT=108支持RTCP中的fir反馈
278  a=rtcp-fb:108 ccm fir
279  //PT=108支持RTCP中的nack反馈
280  a=rtcp-fb:108 nack
281  //PT=108支持RTCP中的pli反馈
282  a=rtcp-fb:108 nack pli
283  a=fmtp:108 level-asymmetry-allowed=1;packetization-mode=0;profile-level
        -id=42e01f
```

```
284  //PT=109 代表重传数据/采样率为90000
285  a=rtpmap:109 rtx/90000
286  //PT=109与108是绑定关系，因此109是108的重传数据
287  a=fmtp:109 apt=108
288  //PT=124 代表视频使用red fec 技术/采样率为90000
289  a=rtpmap:124 red/90000
290  //PT=119 代表重传数据/采样率为90000
291  a=rtpmap:119 rtx/90000
292  //PT=1119与124是绑定关系，因此119是124的重传数据
293  a=fmtp:119 apt=124
294  //PT=123 代表视频使用ulp fec 技术/采样率为90000
295  a=rtpmap:123 ulpfec/90000
296  //ssrc-group表示几个源之间的关系
297  //其格式为a=ssrc-group:<semantics> <ssrc-id>…参考RFC5576
298  //FID(Flow ID),表示这几个源都是数据流
299  //其中，1101026881是正常的视频流
300  //而后面的ssrc=35931176是前面的ssrc的重传流
301  a=ssrc-group:FID 1101026881 35931176
302  //源1101026881的别名为Tf3LnJwwJcOlgnxC
303  a=ssrc:1101026881 cname:Tf3LnJwwJcOlgnxC
304  //下面的描述行指明了源1101026881与媒体流ID(Media Stream ID)和轨的关系
305  //在一个媒体流中可以有多路轨(track)，每个轨对应一个ssrc
306  a=ssrc:1101026881 msid:3eofXQZ24BqbQPRkcL49QddC5s84gauyOuUt f5d231d9-
       f0f7-4cd2-b2bc-424f37dfd003
307  //下面描述行指明了源1101026881所属的媒体流的label(Media Stream lable)
308  a=ssrc:1101026881 mslabel:3eofXQZ24BqbQPRkcL49QddC5s84gauyOuUt
309  //下面描述行指明了源1101026881对应的媒体轨，同时它也是视频设备的label
310  a=ssrc:1101026881 label:f5d231d9-f0f7-4cd2-b2bc-424f37dfd003
311  //源35931176的别名为Tf3LnJwwJcOlgnxC
312  a=ssrc:35931176 cname:Tf3LnJwwJcOlgnxC
313  //下面的信息与源1101026881的信息相同，不做解释
314  a=ssrc:35931176 msid:3eofXQZ24BqbQPRkcL49QddC5s84gauyOuUt f5d231d9-f0f7
       -4cd2-b2bc-424f37dfd003
315  a=ssrc:35931176 mslabel:3eofXQZ24BqbQPRkcL49QddC5s84gauyOuUt
316  a=ssrc:35931176 label:f5d231d9-f0f7-4cd2-b2bc-424f37dfd003
```

7.9　ORTC

如上面所述，SDP 太"古老"了。本不应该在 WebRTC 这样"新"的项目中引入该协议，很多人对此也提出了同样的质疑，因此以微软为首的 ORTC[⊖] 组织提出了替换 SDP 的解决方案。

ORTC（Object Real-Time Communication）为开发基于 WebRTC 的应用程序提供了非常强大的 API，其底层不再使用 SDP，同时也不再需要 Offer/Answer 机制，而是将原来 SDP 中的内容分别放到 Sender、Receiver、Transport 对象中，通过对象完成之前的工作。

ORTC 的推出对 WebRTC 来说是一场重大变革，很多 WebRTC 的概念都会消失，比如说 WebRTC 中最重要的对象 RTCPeerConnection 在 ORTC 中将不再存在。ORTC 已是大势所趋，因此我们必须提前做好这方面的准备。

7.10　小结

本章详细介绍了 SDP，包括 SDP 的组织结构、SDP 的格式以及 WebRTC 为了自身的需要对标准 SDP 的修改。SDP 本身并不复杂，但它却像一个大口袋似的能装各种东西，里边有很多琐碎的小细节，而这些细节又对理解 WebRTC 起着关键的作用。

WebRTC 中的很多信息/参数都是从 SDP 中获取的，随着学习的深入，当我们需要研究 WebRTC 代码时，就更需要对 SDP 熟练掌握，因为只有这样，才能更轻松地理解 WebRTC 源码的处理逻辑。

⊖　http://draft.ortc.org/

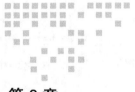

第 8 章

各端的互联互通

本书第 5 章介绍了如何通过浏览器实现一对一通信。实际上 WebRTC 是一个跨平台的开源库，不光可以通过它实现浏览器端的一对一通信，而且还可以利用它在不同的终端之间实现互联互通。

在其他终端上实现一对一通信，大体上与浏览器端实现一对一通信是类似的，不过还是有一些不同。以下先介绍一些基本概念，这样才更有利于学习后面的内容。

8.1　WebRTC Native 的核心

我们做任何事情最首要的是找到事物的核心并牢牢地抓住它。对于使用 WebRTC 开发 Web 端实时通信应用程序而言，其核心就是 RTCPeerConnection 对象。RTCPeer-Connection 是浏览器为便于我们使用 WebRTC 而封装的一个对象，它几乎将 WebRTC 所有的功能都集成了进来，可以帮你做各种事情，如设置分辨率大小，开启回音消除，传输数据，等等。

那么对于 WebRTC Native 开发来说，是否也有这样一个核心对象呢？不错，WebRTC Native 中的核心对象就是 PeerConnectionFactory。可以通过它创建 Track、MediaStream、PeerConnection 等对象，还可以通过它指定音视频使用的编解码器、设置编解码器参数、开启回音消除等功能，甚至为 WebRTC 指定工作线程、信号线程等。不过从功能上说，它还是无法与 Web 端的 RTCPeerConnection 对象相比。它们之间最大的不同是，RTCPeer-Connection 可以传输数据，而 PeerConnectionFactory 却不行。RTCPeerConnection 对象所做的事情需要由 WebRTC Native 端 PeerConnectionFactory 和 PeerConnection 对象加在一起才能完成。

从图 8.1中可以了解到 MediaStream 的组成以及 WebRTC Native 开发的大体过程。通过该图我们可以知道以下几点信息：PeerConnectionFactory Interface 对象是由 WebRTC 的 WorkerThread/SignalThread 线程创建的，而 WorkerThread/SignalThread 线程是在应用程序启动时创建的；WebRTC Native 中的一些核心对象，如 PeerConnectionInterface、LocalMediaStreamInterface、LocalVideoTrackInterface、LocalAudioTrackInterface 等都是通过 PeerConnectionFactoryInterface 对象创建出来的；由于 MediaStream 是由多个不同类型的 Track 组成的，所以可以调用 MediaStream 对象的 AddTrack() 方法将 PeerConnectionFactoryInterface 创建好的 Track 添加到 MediaStream 中，类似地，也可以调用 PeerConnectionInterface 的 AddStream() 方法将 MediaStream 添加到 PeerConnectionInterface 对象中；PeerConnectionInterface 对象可以通过 Callback() 方法将通知回调给 PeerConnectionObserver 对象，这样上层应用就可以根据通知进行界面的改变了。

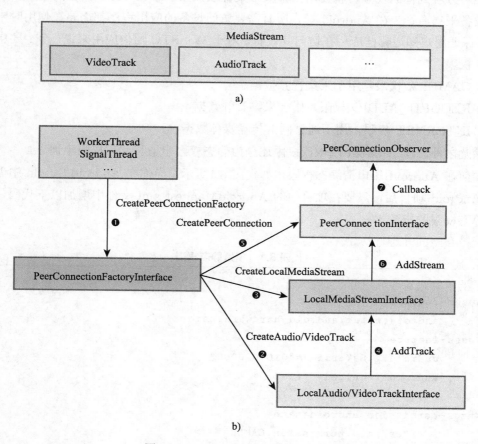

图 8.1 WebRTC Native 处理流程

有了上面这些基础之后，接下来我们看一下如何利用上面的知识进行 WebRTC Native 开发。

8.2 Android 端的实现

在 Android 端，我们将按以下几个步骤实现 WebRTC 一对一通信：1）申请权限；2）引入 WebRTC 库；3）构造 PeerConnectionFactory；4）创建音视频源；5）视频采集；6）视频渲染；7）创建 PeerConnection；8）建立信令系统。

8.2.1 申请权限

我们使用 WebRTC Native 开发音视频互动应用时，需要申请一些访问硬件的权限。比如想让对方看到你的视频，就要用摄像头采集视频数据；想让对方听到你的声音，就要用录音设备采集声音。在 Android 端，所有需要访问设备的应用程序都需要在使用时申请权限，以保证用户知道哪些应用在访问其设备。对于 WebRTC 通信应用来说，至少要申请以下三种权限：

- CAMERA 权限，用于采集视频数据。
- RECORD_AUDIO 权限，用于采集音频数据。
- INTERNET 权限，用于通过网卡传输媒体数据。

除此之外，在 Android 端申请权限还分为静态权限申请和动态权限申请。

如何在 Android 端申请静态权限，如代码 8.1所示。当你在 Android Studio 中创建好一个 Android 项目后，只要在项目中的 AndroidManifest.xml 文件中增加以下代码，就完成了静态权限的申请。

代码 8.1　申请静态权限

```
1    ...
2    <uses-feature
3        android:name="android.hardware.camera" />
4    <uses-feature
5        android:glEsVersion="0x00020000"
6        android:required="true" />
7
8    <uses-permission android:name=
9        "android.permission.CAMERA" />
10   <uses-permission android:name=
```

```
11              "android.permission.RECORD_AUDIO" />
12  <uses-permission android:name=
13              "android.permission.INTERNET" />
14  ...
```

随着 Android 的发展，对安全性要求越来越高。现在开发 Android 应用时，除了申请静态权限外，还需要申请动态权限。也就是在执行 Android 应用程序时，调用如代码 8.2 所示的 API。

代码 8.2　申请动态权限接口

```
void requestPermissions(String[] permissions,
                        int requestCode);
```

申请动态权限看似简单，但写好它并不容易。如果我们自己处理的话，对各种情况都要考虑到，需要写不少代码。作为一名合格的程序员，我们一定要秉承"简单就是美"的原则，能少写就少写，能不写就不写。

Android 官方给我们提供了一个非常好用的用于申请动态权限的库，即 EasyPermissions。有了这个库，我们就不用考虑申请动态权限的众多细节了。

EasyPermissions 库使用起来特别方便，只要在 MainActivity 文件的 onCreate() 方法中调用 EasyPermissions 库的 requestPermissions() 方法即可，当然同时还要实现 onRequestPermissionsResult() 回调方法，这样就完成了动态权限的申请，如代码 8.3 所示。

代码 8.3　通过 EasyPermissions 申请权限

```
1   ...
2   protected void onCreate(Bundle savedInstanceState)
3   {
4     ...
5     String[] perms = {
6       Manifest.permission.CAMERA,
7       Manifest.permission.RECORD_AUDIO
8     };
9
10    if (!EasyPermissions.hasPermissions(this, perms)) {
11      EasyPermissions.requestPermissions(
12          this,
```

```
13                "Need permissions for camera & microphone",
14                0,
15                perms);
16    }
17 }
18
19 @Override
20 public void onRequestPermissionsResult(
21                              int requestCode,
22                              String[] permissions,
23                              int[] grantResults)
24 {
25
26    super.onRequestPermissionsResult(
27                              requestCode,
28                              permissions,
29                              grantResults);
30
31    EasyPermissions.onRequestPermissionsResult(
32                              requestCode,
33                              permissions,
34                              grantResults,
35                              this);
36 }
37 ...
```

通过上面的代码，我们将权限申请好了。接下来开始做第二步，看看在 Android 下如何引入 WebRTC 库。

8.2.2　引入 WebRTC 库

在 Android 端通过 WebRTC Native 方式开发音视频通信程序时，需要引入两个比较重要的库：一个是 WebRTC；另一个是 socket.io 库，用来与信令服务器通信。

要引入 WebRTC 库，需要在 Android Studio 中 Module 级别的 build.gradle 文件中增加以下代码，如代码 8.4 所示。

代码 8.4　引入 WebRTC 库

```
1  ...
2  dependencies {
3    ...
4    implementation 'org.webrtc:google-webrtc:1.0.+'
5    ...
6  }
```

通过上面的代码，我们就在 Android 项目中引入了 WebRTC 库。接下来 socket.io 库的引入也是如此，如代码 8.5 所示。

代码 8.5　引入 socket.io 库

```
1  ...
2  dependencies {
3    ...
4    implementation 'io.socket:socket.io-client:1.0.0'
5    ...
6  }
```

然后再引入前面介绍的 EasyPermissions 库，这样我们在 Android 项目中就引入了三个库，真正的代码应该写成如代码 8.6 所示的样子。

代码 8.6　引入三个库

```
1  ...
2  dependencies {
3    ...
4    implementation 'io.socket:socket.io-client:1.0.0'
5    implementation 'org.webrtc:google-webrtc:1.0.+'
6    implementation 'pub.devrel:easypermissions:1.1.3'
7  }
```

我们需要的库全部引入进来之后，接下来就可以利用 WebRTC 库开发 Android 实时互动应用程序。

8.2.3 构造 PeerConnectionFactory

要在 Android 端使用 Native 方式开发 WebRTC 实时互动应用程序，第一步就是要构造核心对象 PeerConnectionFactory，有了它才能开展后续的工作。在 WebRTC 中大量使用了设计模式，核心对象 PeerConnectionFactory 是由构建者模式构建出来的，而它本身使用的又是工厂模式，所以熟悉设计模式对于理解和使用 WebRTC 会有特别大的帮助。PeerConnectionFactory 对象的构造如代码 8.7 所示。

代码 8.7　构造 PeerConnectionFactory

```
1   ...
2   PeerConnectionFactory.Builder builder =
3           PeerConnectionFactory.builder()
4               .setOptions(options)
5               .setAudioDeviceModule(adm)
6               .setVideoEncoderFactory(encoderFactory)
7               .setVideoDecoderFactory(decoderFactory);
8   ...
9   return builder.createPeerConnectionFactory();
```

通过上面的代码可以看到，在构造 PeerConnectionFactory 对象时，可以为它设置一些选项，如是否开启 DTLS 等；还可以为它指定音视频的编解码器，如 VP8/VP9、H264 等。这也是 WebRTC 要使用构建者模式来构造 PeerConnectionFactory 的原因。读者现在应该知道更换 WebRTC 引擎的编解码器该从哪里设置了。

8.2.4 创建音视频源

有了 PeerConnectionFactory 对象，就可以利用它来创建数据源（音频源/视频源）。实际上，数据源是 WebRTC 抽象出来的一个对象，主要是让上层逻辑与底层的音视频设备之间解耦。数据源可以从不同的音视频设备中获取数据，并将数据输出给上层的 Track。创建音视频源如代码 8.8 所示。

代码 8.8　Android 端创建音视频源

```
1   ...
2   VideoSource videoSource =
3       mPeerConnectionFactory.createVideoSource(false);
4   mVideoTrack = mPeerConnectionFactory
5                           .createVideoTrack(
```

```
6                                         VIDEO_TRACK_ID,
7                                         videoSource);
8   ...
9   AudioSource audioSource = mPeerConnectionFactory
10          .createAudioSource(new MediaConstraints());
11  mAudioTrack = mPeerConnectionFactory
12                              .createAudioTrack(
13                                      AUDIO_TRACK_ID,
14                                      audioSource);
15  ...
```

在上面代码中可以看到，PeerConnectionFactory 对象首先创建了音频数据源 Audio-Source 和视频数据源 VideoSource，然后又创建了 AudioTrack/VideoTrack 对象，并让 AudioTrack/VideoTrack 与对应的 AudioSource/VideoSource 进行了绑定，相当于为 AudioSource/VideoSource 指定了输出。

需要注意的是：对于音频来说，在创建 AudioSource 时就开始从默认的音频设备捕获音频数据了；而对于视频来说，还需要指定采集视频数据的设备，然后使用观察者模式从指定设备中获取数据。

8.2.5　视频采集

在 Android 系统下有两种 Camera：一种称为 Camera1，是一种比较老的采集视频数据的方式；另一种称为 Camera2，是一种新的采集视频方法。它们之间的最大区别是 Camera1 使用同步方式调用 API，而 Camera2 使用异步方式调用 API，所以 Camera2 比 Camera1 更高效。

默认情况下，应该尽量使用 Camera2 来采集视频数据。但如果有些机型不支持 Camera2，就只能选择使用 Camera1 了。我们看一下 WebRTC 是如何选择使用哪种 Camera 采集视频数据的，可参见代码 8.9。

代码 8.9　Android 端视频采集

```
1   ...
2   private VideoCapturer createVideoCapturer()
3   {
4     if(Camera2Enumerator.isSupported(this)){
5       return createCameraCapturer(
6                   new Camera2Enumerator(this));
```

```
7      } else {
8        return createCameraCapturer(
9                    new Camera1Enumerator(true));
10     }
11   }
12   ...
```

上述代码非常简单，它通过 Camera2Enumerator 类判断该机型是否支持 Camera2。如果支持 Camera2，它会将 Camera2Enumerator 对象传给代码 8.10中的 createCameraCapturer() 函数；否则将 Camera1Enumerator 对象传给 createCameraCapturer() 函数。

这里需要注意的是，Camera1 和 Camera2 并不是指具体的设备，而是指控制摄像头的系统。千万不要把 Camera1 和 Camera2 与前置摄像头或后置摄像头混到一起。

一般情况下，移动端都有两个摄像头，即前置摄像头和后置摄像头。所以在做移动端音视频应用开发时，要选择默认使用的摄像头。通常情况下我们把前置摄像头作为默认摄像头。

在 WebRTC 中提供了非常方便的获取视频设备的类，即 CameraEnumerator 类。通过该类对象，可以很容易地获得 Android 系统上所有的摄像头，而且还能通过 CameraEnumerator 的 isFrontFacing() 方法检测出该摄像头是前置摄像头还是后置摄像头，具体参见代码 8.10。

代码 8.10　查找摄像头

```
1    ...
2    private VideoCapturer createCameraCapturer(
3                    CameraEnumerator enumerator) {
4      final String[] deviceNames =
5                    enumerator.getDeviceNames();
6
7      // 首先，试着找到前置摄像头
8      for (String deviceName : deviceNames) {
9        if (enumerator.isFrontFacing(deviceName)) {
10         VideoCapturer videoCapturer =
11           enumerator.createCapturer(deviceName, null);
12         if (videoCapturer != null) {
13           return videoCapturer;
14         }
15       }
```

```
16        }
17
18      // 未找到前置摄像头
19      // 尝试寻找其他摄像头
20      for (String deviceName : deviceNames) {
21        if (!enumerator.isFrontFacing(deviceName)) {
22          VideoCapturer videoCapturer =
23            enumerator.createCapturer(deviceName, null);
24          if (videoCapturer != null) {
25            return videoCapturer;
26          }
27        }
28      }
29
30      return null;
31    }
32    ...
```

上面是 createCameraCapturer() 函数的实现，这个函数代码看上去比较多，但其逻辑却非常简单。首先获得 Android 系统下的所有摄像头设备；然后对设备进行遍历，查找到第一个前置摄像头后将其作为默认摄像头。如果没有找到前置摄像头，则选择第一个后置摄像头作为默认摄像头。

目前 VideoSource 与 VideoTrack 已经关联在一起了，且 VideoCapturer 也创建好了。接下来，我们只要将 VideoCapturer 与 VideoSource 再次关联到一起，VideoTrack 就可以从设备上获取到源源不断的音视频数据了。在 Android 端，VideoCapturer 与 VideoSource 是如何关联到一起的呢？可参见代码 8.11。

代码 8.11　关联 VideoCapturer 与 VideoSource

```
1  ...
2  mSurfaceTextureHelper =
3      SurfaceTextureHelper.create("CaptureThread",
4          mRootEglBase.getEglBaseContext());
5
6  mVideoCapturer.initialize(mSurfaceTextureHelper,
7          getApplicationContext(),
8          videoSource.getCapturerObserver());
```

```
 9  ...
10  mVideoTrack.setEnabled(true);
11  ...
```

如上面代码所示，VideoCapturer 与 VideoSource 是通过 VideoCapturer 的 initialize() 函数关联到一起的。VideoCapturer 的 initialize() 函数需要三个参数：第一个参数是 SurfaceTextureHelper。在 Android 系统中，必须为 Camera 设置一个 Surface，这样它才能开启摄像头，并从摄像头中获取视频数据。VideoCapturer 就是利用 SurfaceTextureHelper 来获取 Surface 的，这也是 VideoCapturer 需要 SurfaceTextureHelper 的原因。第二个参数是 ApplicationContext，用于获取与应用相关的数据。第三个参数是 CapturerObserver，其作用是 Capturer 的观察者，VideoSource 可以通过它从 Capturer 获取视频数据。

当一切准备就绪后，最后还要调用 VideoCapturer 对象的 startCapture() 方法，这样 Camera 才会真正地开始工作，具体代码参见代码 8.12。

代码 8.12　打开摄像头

```
1  ...
2  @Override
3  protected void onResume() {
4    super.onResume();
5    mVideoCapturer.startCapture(VIDEO_RESOLUTION_WIDTH,
6                                VIDEO_RESOLUTION_HEIGHT,
7                                VIDEO_FPS);
8  }
9  ...
```

上面代码中关键的只有一行，即 startCapture() 函数。该函数需要三个参数，采集的视频宽度、高度以及帧率。需要注意的是，采集的分辨率一定要符合 16：9/9：16/4：3/3：4 这样的比例，否则在渲染时很可能会出现问题，如绿边等。另外，对于实时通信场景来说，一般帧率都不会设置得太高，通常 15 帧就可以满足大部分的需求。

现在视频数据流从 Capturer 到 Track 的流转全部打通了，接下来需要考虑的问题是，VideoTrack 将得到的视频数据如何展示出来呢？

8.2.6　视频渲染

在 Android 端，WebRTC Native 使用 OpenGL ES 进行视频渲染。OpenGL ES 渲染视频的基本步骤为：先将视频从主内存中复制到 GPU 上，然后在 GPU 上通过 OpenGL

ES 管道渲染到 GPU 的内存中，之后输出给显卡并最终显示在手机屏幕上。

按照上面的步骤使用 OpenGL ES 渲染视频，实现起来还是很麻烦的，会涉及矩阵变化、OpenGL 编程等知识。不过 WebRTC 已经封装好了相应的控件，我们直接使用它们就可以。

在 Android 端，WebRTC 是基于 SurfaceView 封装的视频控件，称为 SurfaceViewRenderer。我们开发的音视频应用程序至少需要两个 SurfaceViewRenderer：一个用于显示本地视频，另一个用于显示远端视频，具体参见代码 8.13。

代码 8.13 创建 View

```
1    ...
2    <org.webrtc.SurfaceViewRenderer
3                android:id="@+id/LocalSurfaceView"
4                android:layout_width="wrap_content"
5                android:layout_height="wrap_content"
6                android:layout_gravity="center" />
7
8    <org.webrtc.SurfaceViewRenderer
9                android:id="@+id/RemoteSurfaceView"
10               android:layout_width="120dp"
11               android:layout_height="160dp"
12               android:layout_gravity="top|end"
13               android:layout_margin="16dp"/>
14   ...
```

上面代码中定义的两个 SurfaceViewRenderer 中，第一个用于显示本地视频，其宽高与手机屏幕大小一样；第二个用于显示远端视频，其宽高为 120×160。此外，由于第二个 SurfaceViewRenderer 的 layout_gravity 属性被设置为"top"，所以它可以悬浮在本地视频之上显示。

当然，只定义显示视频的 View 还不够，还需要对这两个 View 做一些其他设置，比如视频的填充模式、是否开启硬件拉伸加速等，如代码 8.14 所示。

代码 8.14 初始化 View

```
1    ...
2    mLocalSurfaceView.init(
3                mRootEglBase.getEglBaseContext(), null);
4    mLocalSurfaceView.setScalingType(
```

```
5            RendererCommon.ScalingType.SCALE_ASPECT_FILL);
6    mLocalSurfaceView.setMirror(true);
7    mLocalSurfaceView.setEnableHardwareScaler(false);
8    …
```

在上面的代码中，第 2 行代码的含义是使用 EGL 初始化 SurfaceViewRenderer。EGL 是 OpenGL ES 与 SurfaceViewRenderer 之间的桥梁，它可以调用 OpenGL ES 渲染视频，再将结果显示到 SurfaceViewRenderer 上。第 4 行代码用于设置图像的填充模式。SCALE_ASPECT_FILL 模式表示将视频按比例填充到 View 中。第 6 行代码让视频图像按纵轴反转显示。之所以这样做，是因为采集的视频图像与我们眼睛看到的内容正好相反。第 7 行代码用于设置是否打开硬件视频拉伸功能。代码中设置为不打开硬件视频拉伸功能。由于远端视频的 View 与本地视频 View 设置的参数是一样的，这里就不再赘述了。

View 设置好后，接下来只要将前面准备好的视频与 View 关联到一起，就可以在 View 中看到视频的内容了，如代码 8.15 所示。

代码 8.15　视频与 View 绑定

```
1    …
2    mVideoTrack.addSink(mLocalSurfaceView);
3    …
```

上面代码的含义就是将 mLocalSurfaceView 设置为 VideoTrack 的输出。前面已经介绍过，WebRTC 通过 Capturer 采集到视频数据后，会交给 VideoSource，VideoSource 作为 VideoTrack 的源又会将数据转发给 VideoTrack。而将 View 设置为 VideoTrack 的输出后，最终视频就会在 View 中展示出来。这就是媒体数据流转的整个过程。

通过以上讲解，相信读者应该对 WebRTC 如何采集数据、如何渲染数据有了基本的认识。实际上，对于远端来说，它与本地视频的渲染及显示是类似的，只不过数据源是从网络获取的。下面我们就来看一下如何获取远端媒体数据或将数据发送给远端。

8.2.7　创建 PeerConnection

要想从远端获取数据或将数据发送给远端，首先要创建 PeerConnection 对象。该对象类似于一个超级 Socket，为通信双方提供了网络通道，所有媒体数据的传输都是由它来完成的。下面我们看看在 WebRTC Native 中如何创建 PeerConnection 对象，如代码 8.16 所示。

代码 8.16 创建 PeerConnection

```
1   ...
2   PeerConnection.RTCConfiguration rtcConfig =
3       new PeerConnection.RTCConfiguration(iceServers);
4   ...
5   PeerConnection connection =
6           mPeerConnectionFactory.createPeerConnection(
7               rtcConfig, mPeerConnectionObserver);
8   ...
9   connection.addTrack(mVideoTrack, mediaStreamLabels);
10  connection.addTrack(mAudioTrack, mediaStreamLabels);
11  ...
```

从上面的代码中可以看到，PeerConnection 对象也是由 PeerConnectionFactory 对象创建出来的。仔细观察还会发现 PeerConnection 对象与 JS 中的 RTCPeerConnection 对象很类似：首先，它也需要一个 rtcConfig 参数，用于指明 ICE Server 的地址，这样它才能使用 ICE 机制建立连接；其次，PeerConnection 对象也有 addTrack() 方法，用于将音视频轨添加到 PeerConnection 对象中，这样才能将本地媒体数据发送给远端。

当然它们之间也有很明显的区别，尤其是在事件处理的实现上。对于 JS 中的 RTCPeer-Connection 对象来说，可以直接实现用 onXXX() 方法来处理其事件，如实现用 onicecandidate 处理 Candidate 事件、用 ontrack 处理 Track 事件等。但在 WebRTC Native 中，处理事件是通过观察者模式来实现的，如代码 8.17 所示。

代码 8.17 设置观察者模式

```
1   mPeerConnectionObserver =
2   new PeerConnection.Observer(){
3       ...
4       @Override
5       public void onIceCandidate(
6           IceCandidate iceCandidate){
7           ...
8       }
9       @Override
10      public void onAddTrack(
11          RtpReceiver rtpReceiver,
12          MediaStream[] mediaStreams){
```

```
13          ...
14      }
15          ...
16  };
```

上面代码是 PeerConnection 观察者对象的实现。该对象中的 onIceCandidate 方法与 RTCPeerConnection 中的 onicecandidate 方法对应，onAddTrack 方法与 ontrack 方法对应。观察者对象创建好后，作为 PeerConnectionFactory.createPeerConnection() 方法的第二个参数，最终才能将 PeerConnection 对象创建出来。

创建好 PeerConnection 对象后，就可以参照第 5 章中描述的步骤实现一对一通信了，如进行媒体协商（需要信令服务器的配合）、交换 Candidate 等，最终实现双方媒体数据的互通。

8.2.8　建立信令系统

在整个 WebRTC 双方交互的过程中，其业务逻辑的核心就是信令，所有的模块都是通过信令串联起来的。Android 端通过 WebRTC Native 实现音视频互动也不例外。

为了与 JS 端互通，Android 端必须使用与 JS 端一样的信令系统。这套系统是由信令、信令状态机构成的，具体内容可参见第 5 章 5.6 节中的内容。

在 Android 端，我们仍然使用 socket.io 库与之前搭建的信令服务器互联。由于 socket.io 是跨平台的，所以无论是在 JS 中还是在 Android 中，它都可以让客户端与服务器相连，非常方便。

8.3　iOS 端的实现

iOS 端实现音视频一对一通信与 Android 端基本相同，如果说有区别的话，最大的区别可能就是语言方面的差异。下面按照与 Android 端相同的过程来介绍 iOS 端的实现。其具体步骤包括：1）申请权限；2）引入 WebRTC 库；3）构造 RTCPeerConnectionFactory；4）创建音视频源；5）视频采集；6）本地视频预览；7）建立信令系统；8）创建 RTCPeerConnection；9）远端视频渲染。通过上面的步骤，可以全面了解在 iOS 端如何通过 WebRTC Native 实现音视频一对一实时互动系统。

8.3.1　申请权限

首先我们看一下 iOS 端是如何获取访问音视频设备权限的。相比 Android 端，iOS 端获取相关权限要容易很多。如图 8.2 所示，其步骤如下：

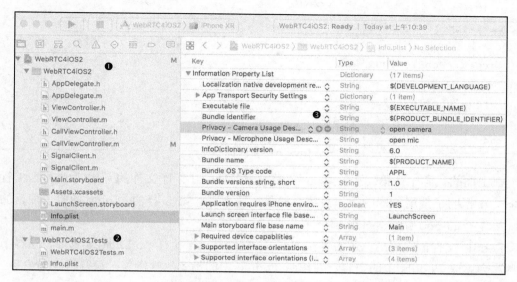

图 8.2　为 iOS 应用增加权限

1）在 XCode 中打开项目，点击左侧目录中的项目。

2）在左侧目录中找到 Info.plist，并将其打开。

3）点击右侧中看到的"+"号。

4）添加 Camera 和 Microphone 访问权限。

通过以上步骤，我们就将 iOS 端访问音视频设备的权限申请好了。申请好权限后，接下来是在 iOS 端引入 WebRTC 库。

8.3.2　引入 WebRTC 库

在 iOS 端引入 WebRTC 库有两种方法：方法一，通过 WebRTC 源码编译出 WebRTC 库，然后在项目中手动引入它——这种方法对于大多数刚入门的读者来说是比较困难的；方法二，官方会定期发布编译好的 WebRTC 库，可以使用 Pod 工具将其安装到项目中。在以下讲解中，我们使用的是第二种方法。

使用第二种方法引入 WebRTC 库非常简单，首先需要创建一个 Podfile 文件，然后在 Podfile 中指定下载 WebRTC 库的地址以及要安装的库的名字。Podfile 文件的具体格式和内容如代码 8.18 所示。

代码 8.18　引入 WebRTC 库

```
1  source 'https://github.com/CocoaPods/Specs.git'
2
```

```
3  platform :ios,'11.0'
4
5  target 'WebRTC4iOS2' do
6
7    pod 'GoogleWebRTC'
8
9  end
```

在上面的代码中，第 1 行的 source 指定了 WebRTC 库文件的下载地址，第 3 行的 platform 指明了使用该库的操作系统及操作系统版本，第 5 行的 target 指明了项目的名字，第 7 行的 pod 指定要安装哪个库。

Podfile 文件创建好后，还需要在 Podfile 文件目录下执行 pod install 命令，这样 pod 工具才会读取 Podfile 中的内容，并按照 Podfile 中的指令执行操作，最终将 WebRTC 库下载下来。

执行 pod install 命令时，pod 工具除了按要求下载 WebRTC 库之外，还会产生一个新的项目文件，即 {project}.xcworkspace。在该文件里，已经将项目文件与刚下载好的依赖库（WebRTC）建立好关联关系。至此，WebRTC 库就算引入成功了。

8.3.3 构造 RTCPeerConnectionFactory

iOS 端与 Android 端一样，也有 PeerConnectionFactory 类。不过它们在命名上有一点区别，在所有 WebRTC 类名的前面都增加了 RTC 前缀，所以 iOS 下 PeerConnection-Factory 类的名字就变成了 RTCPeerConnectionFactory。

RTCPeerConnectionFactory 类的重要性已在本章的开头做过介绍，可以说是 WebRTC Native 开发的"万物的根源"。iOS 端的 RTCVideoSource、RTCVideoTrack、RTCPeer-Connection 等对象，都是通过 RTCPeerConnectionFactory 创建的。接下来了解一下 iOS 端 RTCPeerConnectionFactory 对象是如何创建出来的，如代码 8.19 所示。

代码 8.19　构造 RTCPeerConnectionFactory

```
1
2  ...
3  [RTCPeerConnectionFactory initialize];
4
5  //如果点对点工厂为空
6  if (!factory){
7    RTCDefaultVideoDecoderFactory* decoderFactory =
```

```
8              [[RTCDefaultVideoDecoderFactory alloc] init];
9    RTCDefaultVideoEncoderFactory* encoderFactory =
10             [[RTCDefaultVideoEncoderFactory alloc] init];
11   NSArray* codecs = [encoderFactory supportedCodecs];
12   [encoderFactory setPreferredCodec:codecs[2]];
13
14   factory = [[RTCPeerConnectionFactory alloc]
15              initWithEncoderFactory: encoderFactory
16   decoderFactory: decoderFactory];
17   }
18   ...
```

在上面的代码中，首先要调用 RTCPeerConnectionFactory 类的 initialize() 方法对其进行初始化，然后创建 factory 对象。需要注意的是，在创建 factory 对象时，传入了两个参数：一个是默认的编码器，另一个是默认的解码器。可以通过修改这两个参数来达到使用不同编解码器的目的。有了 factory 对象后，就可以创建其他对象了。

8.3.4　创建音视频源

与 Android 端一样，WebRTC 也为 iOS 端提供了音视频源（RTCVideoSource）。一方面，它作为源为 Track 提供了媒体数据；另一方面，它也是一个终点，我们从设备采集到数据后，都交由它暂存起来以备后用。

音视频源对象（RTCAudioSource/RTCVideoSource）是由上面介绍的 RTCPeerConnectionFactory 对象创建出来的，具体如代码 8.20 所示。

代码 8.20　创建音视频源

```
1    ...
2    RTCAudioSource* audioSource = [factory audioSource];
3    RTCAudioTrack* audioTrack =
4              [factory audioTrackWithSource:
5                  audioSource trackId:@"ADRAMSa0"];
6    RTCVideoSource* videoSource = [factory videoSource];
7    RTCVideoTrack* videoTrack =
8              [factory videoTrackWithSource:
9                  videoSource trackId:@"ADRAMSv0"];
10   ...
```

在上面的代码中，通过 RTCPeerConnectionFactory 对象创建了两个数据源：音频数据源（RTCAudioSource）和视频数据源（RTCVideoSource）。然后又用 RTCPeerConnectionFactory 对象创建了 RTCAudioTrack 和 RTCVideoTrack，并在创建时让它们与 RTCAudioSource 和 RTCVideoSource 进行了关联，使之分别作为 RTCAudioSource 和 RTCVideoSource 的输出。这样上层逻辑就可以通过 RTCAudioTrack 和 RTCVideoTrack 获得音/视频媒体流了。

8.3.5　视频采集

RTCAudioSource 和 RTCVideoSource 的输出设置好后，接下来为它们指定输入设备。与 Android 端一样，iOS 端的 RTCAudioSource 是不需要显式设置音频输入设备的，因为移动端音频设备的切换是在底层自动完成的。比如将手机放在耳边时，WebRTC 会将音频设备变成听筒模式；如果插上耳机，它又会将音频设备变成耳机模式。

那么视频设备该如何指定呢？为了能方便地控制视频设备，WebRTC 提供了一个专门用于操作设备的类，即 RTCCameraVideoCapturer。我们来看看如何通过它控制 iOS 端的视频设备。如代码 8.21 所示。

代码 8.21　视频采集

```
1  ...
2  capture = [[RTCCameraVideoCapturer alloc]
3                  initWithDelegate:videoSource];
4  ...
```

在上面的代码中，首先通过 alloc 方法分配了一个 RTCCameraVideoCapturer 对象；然后在初始化该对象时，将 RTCVideoSource 与 RTCCameraVideoCapturer 进行了绑定。这样就可以通过 RTCCameraVideoCapturer 对象为 RTCVideoSource 指定视频输入设备了。

在 iOS 端的 WebRTC 中，可以通过 RTCCameraVideoCapturer 类获取所有的视频设备，如代码 8.22 所示。

代码 8.22　获取视频采集设备

```
1  ...
2  NSArray<AVCaptureDevice*>* devices =
3                  [RTCCameraVideoCapturer captureDevices];
4  AVCaptureDevice* device = devices[0];
```

```
5    ...
```

在上面代码中可以看到，通过 RTCCameraVideoCapturer 类的 captureDevices() 方法可以获得 iOS 端所有的视频设备。在这些视频设备中，我们使用第一个视频设备作为默认设备。通过上面的操作，WebRTC 就将 RTCVideoSource 与 iOS 中的第一个设备联系到一起。

最后，我们还要像 Android 端一样，执行最后一步：调用 startCaptureWithDevice() 函数开启视频设备，如代码 8.23 所示。

代码 8.23　开启摄像头

```
1    ...
2    [capture startCaptureWithDevice:device
3                        format:format
4                        fps:fps];
5    ...
```

至此，iOS 端视频采集的工作就全部完成了，音视频数据流从设备采集后源源不断地经 RTCAudioSource 和 RTCVideoSource 流到 RTCAudioTrack 和 RTCVideoTrack。

8.3.6　本地视频预览

接下来的问题就是如何将采集到的视频在本地展示出来。在 iOS 端，WebRTC 准备了两种 View：一种是 RTCCameraPreviewView，专门用于预览本地视频；另一种是 RTCEAGLVideoView，用于显示远端视频。

通过上面的介绍可以知道，在渲染本地视频时 iOS 端与 Android 端使用的方式有很大不同。在 Android 端，本地视频和远端视频使用的是同一种 View；而在 iOS 端，本地与远端使用的却是不同的 View。

由于 iOS 端本地视频和远端视频使用的 View 不同，也导致了它们获取视频数据时使用的源不同。本地视频不再从 RTCVideoTrack 获得数据，而是直接从 RTCCameraVideo-Capturer 获取，这样代码的执行效率会更高。之所以有这样的差别，根本原因还是因为操作系统底层的实现方式不一样。通过代码 8.24 可以了解具体的实现。

代码 8.24　本地视频预览

```
1    ...
2    @property (strong, nonatomic) RTCCameraPreviewView *localVideoView;
```

```
 3   ...
 4   - (void)viewDidLoad {
 5
 6     CGRect bounds = self.view.bounds;
 7     ...
 8     self.localVideoView = [[RTCCameraPreviewView alloc]
 9                            initWithFrame:CGRectZero];
10     [self.view addSubview:self.localVideoView];
11     ...
12     CGRect localVideoFrame =
13     CGRectMake(0,
14                0,
15                bounds.size.width,
16                bounds.size.height);
17     [self.localVideoView setFrame: localVideoFrame];
18     ...
19   }
```

在上面的代码中，viewDidLoad() 函数对理解整个代码起着至关重要的作用。viewDid-
Load() 是 iOS 中非常关键的一个函数，在应用程序启动后被调用，属于应用程序生命周期
的开始阶段，大部分变量的初始化工作都是由该函数完成的。对 iOS 开发不熟悉的读者可
以自行学习 iOS 应用生命周期的内容。

在代码 8.24 中，首先定义了一个 RTCCameraPreviewView 类型的 View，即 local-
VideoView；然后在 viewDidLoad() 函数中（也就是应用程序启动后），使用 alloc() 函数对
其分配内存空间并进行初始化；之后将 localVideoView 实例添加到应用程序的 Main View
中（第 10 行代码），这样本地视频 View 才有机会被显示出来；最后对视频 View 的大小
和显示的位置进行设置（第 13~17 行代码）。

当 localVideoView 准备就绪后，就可以将它与 RTCCameraVideoCapturer 关联到一起
了。它们关联到一起的方法非常的简单，只需要在调用 capture 的 startCaptureWithDevice
方法之前执行代码 8.25 即可。

代码 8.25　关联 localVideoView 与 RTCCameraVideoCapturer

```
1   self.localVideoView.captureSession =
2                   capture.captureSession;
```

将 RTCCameraVideoCapturer 的 session 赋值给 localVideoView 的 captureSession

之后，localVideoView 就可以从 RTCCameraVideoCapturer 上获取数据并对其进行渲染。此时，通过 localVideoView 就可以预览本地视频。

8.3.7　建立信令系统

在任何系统中，信令都是系统的灵魂。音视频互动系统也不例外，如通信双方发起呼叫的顺序、媒体协商、Candidate 交换等操作都是由信令系统控制的。

为了实现多种终端的互联互通，各终端必须使用同一套信令系统。因此，iOS 端使用的信令与第 5 章介绍的信令是一模一样的。

除了信令相同外，在 iOS 端我们仍然使用 socket.io 库与信令服务器对接。之所以选择 socket.io 作为信令通信的基础库有两方面的原因：一方面，由于 socket.io 是一个跨平台的通信库，所以使用它可以让代码在各平台上保持相同的实现逻辑，这样的开发成本最低；另一方面，socket.io 使用简单，功能又非常强大，所以使用 socket.io 作为信令的通信库是一个特别好的选择。

不过需要注意的是，iOS 端的 socket.io 是用 Swift 语言实现的，而我们要实现的音视频互动系统则是用 Object-C 实现的。这就带来一个问题，OC（Object-C）可以直接调用 Swift 语言开发的库吗？实际上，苹果的 XCode 开发工具已经提供了解决方案，只需要在 Podfile 中增加 use_frameworks! 指令即可，这样 OC 就可以直接使用 Swift 语言开发的库了。所以现在音视频互动项目中的 Podfile 文件应该如代码 8.26 所示。

代码 8.26　引入 socket.io 库

```
1  source 'https://github.com/CocoaPods/Specs.git'
2  ...
3  use_frameworks!
4  target 'WebRTC4iOS2' do
5    pod 'Socket.IO-Client-Swift', '~> 13.3.0'
6    ...
7  end
```

当 socket.io 库成功引入后，接下来是在 iOS 端使用 socket.io。在 iOS 下使用 socket.io 分为三步：

- 第一步，通过 url 获取 SocketIOClient 对象。有了 SocketIOClient 之后就可以建立与服务器的连接了。
- 第二步，注册侦听的消息，并为每个侦听的消息绑定一个处理函数。当收到服务器的消息后，随之会触发绑定的函数。

- 第三步，通过 SocketIOClient 建立的连接发送消息。

下面看看它们是如何实现的。首先是 socket.io 如何通过 url 获取 SocketIOClient 对象。在 iOS 端使用 socket.io 获取 SocketIOClient 非常简单，如代码 8.27 所示。

代码 8.27　创建 socket.io

```
1   ...
2   SocketIOClient* socket;
3   ...
4   NSURL* url = [[NSURL alloc] initWithString:addr];
5   manager = [[SocketManager alloc]
6                   initWithSocketURL:url
7                             config:@{
8                               @"log": @YES,
9                               @"forcePolling":@YES,
10                              @"forceWebsockets":@YES
11                            }];
12  socket = manager.defaultSocket;
13  ...
```

使用 socket.io 获取 SocketIOClient 对象只需要上面代码中的三个 API 就可以了，这也是 socket.io 获取 SocketIOClient 的固定方法。

接下来是第二步，为 socket.io 注册侦听消息。使用 socket.io 注册侦听消息的格式如代码 8.28 所示。

代码 8.28　侦听 socket.io 中的 joined 事件

```
1   ...
2   [socket on:@"joined"
3     callback:^(NSArray * data, SocketAckEmitter * ack){
4       NSString* room = [data objectAtIndex:0];
5       NSLog(@"joined room(%@)", room);
6       ...
7   }];
8   ...
```

在上面的代码中为 socket.io 注册了一个 joined 消息，并为该消息绑定了一个匿名的回调函数。当 iOS 端收到服务端发来的 joined 消息后，对应的回调函数就会被触发。在回调函数中,可以通过 data 参数获取服务端发送 joined 消息时带的 roomID 参数。

同理,若想侦听一些其他的消息,只要按照上面注册 joined 消息的格式逐一将这些消息注册到 socket.io 里就可以了。

最后是第三步,通过 SocketIOClient 建立连接并发送消息。这个就更简单了,直接调用 SocketIOClient 对象的 connect 方法即可,如代码 8.29 所示。

代码 8.29　连接信令服务器

```
1  ...
2  [socket connect];
3  ...
```

socket.io 的连接创建好后,就可以利用它来发送消息了。代码 8.30 就是使用 socket.io 发送消息的例子。

代码 8.30　发送信令

```
1  ...
2  if(socket.status == SocketIOStatusConnected){
3    [socket emit:@"join" with:@[room]];
4  }
5  ...
```

与 JS 中使用的 socket.io 一样,它也是使用 emit 方法发送消息。在发送消息时,也可以让它带一些参数,这些参数都被放在一个数组里。当然在发送消息前,最好先判断一下 socket 是否已经处于连接状态,只有 socket 处于连接状态时,消息才能被真正地发送出去。

8.3.8　创建 RTCPeerConnection

信令系统建立好后,后面的逻辑都是围绕着信令系统建立起来的。RTCPeerConnection 对象的建立也不例外。

两个客户端之间要进行通话,必须先要加入同一个房间,即每个客户端都要向服务器发送 join 消息。服务器收到消息后,如果判定用户是合法的,则会给客户端返回 joined 消息。客户端收到 joined 消息后,就要创建 RTCPeerConnection 了,也就是要建立一条与远端通话的音视频数据传输通道。那么 RTCPeerConnection 对象是如何建立起来的呢?如代码 8.31 所示。

代码 8.31　创建 RTCPeerConnection

```
1  ...
2  if (!ICEServers) {
3    ICEServers = [NSMutableArray array];
4    [ICEServers addObject:[self defaultSTUNServer]];
5  }
6
7  RTCConfiguration* configuration =
8                   [[RTCConfiguration alloc] init];
9  [configuration setIceServers:ICEServers];
10 RTCPeerConnection* conn = [factory
11     peerConnectionWithConfiguration:configuration
12     constraints:[self defaultPeerConnContraints]
13     delegate:self];
14 ...
```

上面的代码就是 RTCPeerConnection 对象创建的过程。首先 RTCPeerConnection 对象是由 factory 创建的，这与 Android 端一样；其次 RTCPeerConnection 对象有三个参数。

- 第一个参数，是 RTCConfiguration 类型的对象。该对象中最重要的字段是 iceServers，里边存放了 stun/turn 服务器地址，用于 NAT 穿越。
- 第二个参数，是 RTCMediaConstraints 类型对象。其作用是限制 RTCPeerConnection 对象的行为，如是否接收视频数据？是否接收音频数据？如果要与浏览器互通还要开启 DtlsSrtpKeyAgreement 选项，等等。
- 第三个参数，是委托类型。可以认为它是 RTCPeerConnection 对象的观察者，RTCPeerConnection 对象可以将一些状态或任务交给它处理。

通过上面的步骤，我们就将 RTCPeerConnection 对象创建好了。但此时通信的双方仍然不能进行音视频数据的互传，因为 RTCPeerConnection 对象之间还没有进行媒体协商，当然也就没有建立物理连接。

在 iOS 端如何让通信的双方建立起物理连接？这部分内容已经在第 5 章中介绍过了，只有通信双方在完成媒体协商并交换 Candidate 之后，RTCPeerConnection 才会真正将物理连接建立起来。在 iOS 端，媒体协商过程与 JS 端是一模一样的，代码 8.32 是具体的实现过程。

代码 8.32　创建 Offer

```
1  ...
```

```
2   [pc offerForConstraints:
3                   [self defaultPeerConnContraints]
4   completionHandler:
5       ^(RTCSessionDescription* sdp, NSError* error) {
6   if(error){
7       ...
8   } else {
9       ...
10      }
11  }];
12  ...
```

在上面的代码中，RTCPeerConnection 对象调用其 offerForConstraints 方法创建 Offer SDP。该方法有两个参数：一个是 RTCMediaConstraints 类型的参数，已在前面介绍创建 RTCPeerConnection 对象时讲过；另一个是匿名回调函数，当 WebRTC 底层创建 SDP 有结果后，会回调该函数。

可以通过判断回调函数中的 error 是否为空来判定 offerForConstraints 方法有没有执行成功。如果 error 为空，说明 SDP 创建成功了，回调函数的 sdp 参数里就保存着创建好的 SDP 内容。此时，可以调用 RTCPeerConnection 对象的 setLocalOffer 方法将生成的 SDP 在本地保存起来，具体参见代码 8.33。

代码 8.33　设置本地 SDP 描述符

```
1   ...
2   [pc setLocalDescription:sdp
3       completionHandler:^(NSError * _Nullable error){
4           if (!error) {
5               ...
6           }else{
7               ...
8           }
9   }];
10  ...
```

当调用 setLocalDescription 函数将 SDP 保存到本地后，就可以通过 socket.io 将 SDP 发送给服务器并由服务器中转给对端了。

当协商完成之后，紧接着会交换 Candidate，此时 WebRTC 底层开始建立物理连接。

物理连接完成后，双方就开始音视频数据传输。

8.3.9　远端视频渲染

在 iOS 端，远端视频渲染与本地视频预览的逻辑是完全不同的。对于 iOS 端而言，渲染远端视频其实是比较容易的，只要将 RTCEAGLVideoView 对象与远端视频的 Track 关联到一起即可，具体参见代码 8.34。

代码 8.34　远端视频渲染

```
1    …
2    RTCEAGLVideoView* remoteVideoView;
3    …
4    //该方法在侦听到远端track时会触发
5    (void)peerConnection:…
6        didAddReceiver:…rtpReceiver
7                streams:…{
8    RTCMediaStreamTrack* track = rtpReceiver.track;
9    if([track.kind isEqualToString:
10                kRTCMediaStreamTrackKindVideo]){
11    if(!self.remoteVideoView){
12        …
13    }
14    remoteVideoTrack = (RTCVideoTrack*)track;
15    [remoteVideoTrack addRenderer:
16                self.remoteVideoView];
17    }
18  }
19  …
```

在上面的代码中，peerConnection:didAddReceiver:streams 函数与 JS 中的 ontrack 类似，当有远端的流过来时，WebRTC 底层会调用该函数。peerConnection:didAddReceiver:streams 的第二个参数 rtpReceiver 非常重要，可以通过它获得远端的 track（代码第 7 行）。获得 track 后，将它添加到 remoteVideoTrack 中即可，这样 remoteVideoView 就可以从 track 中获取视频数据了。

实际上，WebRTC 为 remoteVideoView 实现了渲染方法，一旦它收到视频数据后，视频就会被渲染出来。最终，我们就可以看到远端的视频了。

8.4　PC 端与 Mac 端的实现

随着技术的进步，现在开发 Windows PC 端和 Mac 端客户端，可选的方案要比以前多得多，既可以使用最原始的 Native 方案通过底层 API 实现，也可以选择 Electron 这种基于 Chrome 浏览器内核的方案，当然还可以采用最新的 Flutter 方案。

以下简单对比一下不同实现方案的优劣，从而可以让你根据自身的情况选出最适合的方案。

先来看 Native 方案。Native 方案的好处是，开发出的应用程序执行效率高，占用空间小，且可以针对 WebRTC 做深度定制化开发。但其劣势也明显，开发成本高（包括人员成本、时间成本等），工作量大（要针对 Windows 和 Mac 系统编写两套代码）。

Electron 方案要比 Native 方案廉价得多。由于 Electron 是基于 Chrome 浏览器的，所以只需要编写一套代码就可以在各终端上运行，且效果一致。更难得的是，Electron 方案使用的开发语言是 JavaScript，所以其开发效率是非常高的。当然它也有劣势，最大的劣势是不像 Native 那样灵活、可定制化。

Flutter 是最近才刚开始流行的技术方案，由 Google 推出。其目标是开发一套代码让所有类型的终端都可执行，并且执行效率与 Native 类似。如果这个目标真能实现的话，研发人员的工作量将大幅下降。

对于通过 WebRTC 实现 PC 端和 Mac 端实时通信应用而言，上述三种方案中 Electron 更好一些。一方面 Electron 方案目前已经是一套成熟的解决方案，被广泛应用；另一方面，其开发成本低廉，只需利用本书第 5 章中介绍的内容就可以很快实现它。

当然，具体选择哪种方案还要根据自身的条件以及业务的需求。换句话说，业务的需求才是我们选择技术路线的根本。

8.5　小结

至此，我们已将各终端实现一对一实时通信的整体逻辑讲解完了。无论是 iOS 端、Android 端还是 Web 端，它们通过 WebRTC 实现一对一实时通信的逻辑基本上是一样的。其大体过程如下：申请访问音视频设备权限；引入 WebRTC 库（Web 端不需要）；采集音频数据，并创建音视频数据通道；采集视频并展示本地预览；与服务器建立信令通道，并通过信令驱动程序的运转；进行媒体协商；渲染远端视频。

对于熟悉某个终端的开发者来说，只要按照上面介绍的开发步骤，很快就可以写出一个一对一的实时通信应用来。

网络传输协议RTP与RTCP

在前面的章节中由浅入深地介绍了如何使用 WebRTC 实现一对一实时通信。从本章开始，将深入 WebRTC 的底层实现，一窥 WebRTC 从采集、编码、传输、拥塞控制、到解码、渲染的诸多奥秘。

在这诸多奥秘中，尤以网络传输最为引人注目，本章将重点分析 WebRTC 中使用的网络传输协议 RTP⊖与 RTCP。

9.1 如何选择 UDP 与 TCP

在如图 9.1 所示的 TCP/IP 四层结构中，网络传输层是最为重要的一层协议。该层中包含了两种协议：TCP⊖和 UDP⊖，它们都是我们经常使用的网络协议。

其中，TCP 是可靠传输协议，它可以保证数据在传输过程中不丢失、不乱序（不抖动）。对于大部分网络应用程序而言，TCP 为传输数据提供了非常好的网络质量，满足了日常需求，这也就是 90% 以上的网络应用程序选择 TCP 的原因。

但 TCP 有个很大的缺点，即其可靠性是以牺牲实时性为代价的。按照 TCP 原理，当出现极端网络情况时，理论上每个包的时延可达到秒级以上，而且这种时延是不断叠加的。这对于音视频实时通信来说是不可接受的。

TCP 为什么会产生这么大的时延呢？这就要了解一下 TCP 的工作原理了。我们都知

⊖ https://www.rfc-editor.org/rfc/rfc3550.txt

⊜ https://www.rfc-editor.org/rfc/rfc793.txt

⊜ https://www.rfc-editor.org/rfc/rfc768.txt

道，TCP 为了实现数据传输的可靠性，采用的是"发送 → 确认 → 丢包 → 重传"这样一套机制。而且为了增加网络的吞吐量，还采用了延迟确认和 Nagle 算法⊖。这套机制就是 TCP 产生延迟的根本原因。下面通过延迟确认示意图（如图 9.2所示）介绍一下 TCP 时延是如何产生的。

从图 9.2中可以看到，为了增加网络的吞吐量，接收端不必每收到一个包就确认一次，而是对一段时间内收到的所有数据集体确认一次即可。为了实现该功能，TCP 通常会在接收端启动一个定时器。定时器的时间间隔一般设置为 200ms，即每隔 200ms 确认一次接收到的数据。这就是延迟确认机制。除此之外，TCP 在发送端也启动了一个定时器，不过该定时器的功能不是发送确认消息，而是用来判别是否有丢包的情况。发送端定时器的时长为一个 RTO⊖。如果在定时器超时后仍然没有收到包的确认消息，则认为包丢失了，需要发送端重发丢失的包。这就是 TCP 的丢包重传机制。

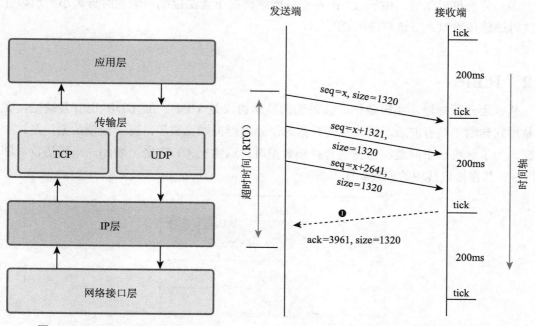

图 9.1　TCP/IP 四层结构　　　　图 9.2　TCP 延迟确认与丢包重传

了解了 TCP 的延迟确认和丢包重传机制后，我们假设一种场景：在图 9.2 中，假如接收端发送的确认消息❶丢失了，按 TCP 的协议规则，通信双方会怎么做呢？首先，发送端

⊖ Nagle 算法，将多个小包组成一个大包发送，组合包的大小不超过网络最大传输单元。

⊖ RTO（Retransmission Timeout），重传超时时长。其值约等于 RTT 的平均值，每次超时后以指数级增长。RTT 表示一个数据包从发送端到接收端，然后再回到发送端所用的时长。

只有等到定时器超时后，才能发现该包丢失了。确认丢包后，发送端会将前面所有未确认的包重发一遍。如果在收到数据后，接收端发送的确认消息又丢失了，那么发送端还要等到定时器超时后才能知道包丢失了。因此，在遇到这种极端网络的情况下，TCP 传输的时延要累加很多，这种时延是不可控的。

既然 TCP 无法满足音视频实时性的要求，那么 UDP 是否可以呢？与 TCP 相反，UDP 属于不可靠传输协议。在传输数据时，它不保证数据能可靠到达，也不保证数据有序，但它最大的优点就是传输速度"快"。由于 UDP 没有 TCP 那一套保证数据可靠、有序的控制逻辑，所以它不会被"人为"地变慢，因此它的实时性是最高的。但 UDP 如何解决丢包和抖动问题呢？如果为 UDP 增加解决丢包和抖动的机制，会不会又成了另一个 TCP 呢？

对于上述问题，WebRTC 给出了一套比较完美的解决方案，通过 NACK、FEC、Jitter-Buffer 以及 NetEQ 技术既可以解决丢包和抖动问题，又不会产生影响服务质量的时延。通过上面的分析可以知道，由于 TCP 在极端网络情况下无法控制传输的时延大小，所以在做实时通信传输时，应该首选 UDP。

9.2 RTP

从以上分析知道，实时通信产品首选的传输协议是 UDP。但 UDP 也有其缺陷，尤其是用它传输一些有前后逻辑关系的数据时，就显得捉襟见肘了，而音视频数据正是这种数据。为了解决这个问题，在传输音视频数据时，通常在 UDP 之上增加一个新协议，即 RTP⊖。其在协议栈中的位置如图 9.3所示。

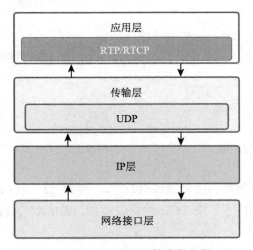

图 9.3　RTP 在协议栈中的位置

⊖　RTP，实时传输协议。

从图中可以看到，RTP 属于应用层传输协议的一种，它与 HTTP/HTTPS 处于同一级别。下面看一下 RTP 是如何传输有前后关系的音视频数据的。

9.2.1 RTP 协议头

要想了解 RTP 是如何传输音视频数据的，需要知道 RTP 的结构是什么样子以及它都包括哪些字段。以下通过两个例子了解 RTP 头中包含哪些字段以及每个字段的含义。

第一个例子，我们希望在使用 RTP 传输音视频数据时，一旦有数据丢失，可以快速定位是哪个数据包丢失了。对于这个问题，RTP 采用如图 9.4所示的方案予以解决。

从图 9.4 中可以看到，如果给每个发送的数据包都打上一个编号，并且编号是连续的，那么，接收端就可以很容易地判断出哪些包丢失了。在 RTP 头中，有一个专门记录该编号的字段，称作 Sequence Number。在发送端，每产生一个 RTP 包，其 Sequence Number 字段中的值就被自动加 1，以保证每个包的编号唯一且连续。当接收端收到 RTP 包时，会对 Sequence Number 字段进行检查，如果发现 Sequence Number 不连续了，就说明有包丢失或乱序了。

第二个例子，我们在做网络应用开发时，通常会使用同一个端口传输不同类型的数据，如音视频数据。但接收端是如何区分出不同类型的数据的？RTP 很好地解决了这个问题。为了让接收端可以区分出从同一端口获取的不同类型的数据，RTP 在其协议头中设置了 PT（PayloadType）字段，通过该字段就可以将不同类型的数据区分出来。比如 VP8 的 PT 一般为 96，而 Opus 的 PT 一般为 111。其过程如图 9.5所示。

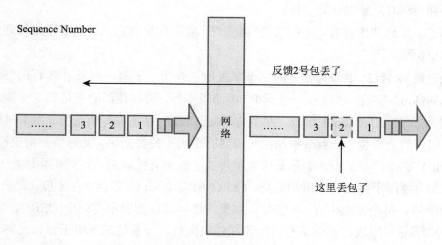

图 9.4 RTP 中 Sequence Number 的作用

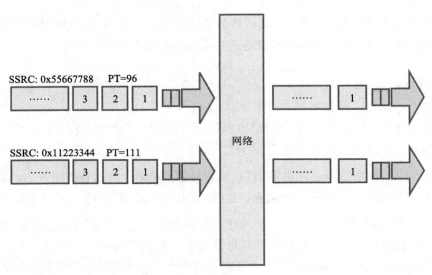

图 9.5　RTP 中 PT 与 SSRC 的作用

同理，同一个端口不仅可以同时传输不同类型的数据包，还可以传输同一类型但不同源的数据包。比如流媒体服务就可以将多个不同源（参与人）的视频通过同一个端口发送给客户端。那么客户端（接收端）又是如何将不同源的数据区分出来的呢？这就要说到 RTP 中另一个字段 SSRC 了。

RTP 要求所有不同的源的数据流之间可以通过 SSRC 字段进行区分，且每个源的 SSRC 必须唯一。前面介绍的 Sequence Number 也是与 SSRC 关联在一起的。也就是说，每个 SSRC 所代表的数据流的 Sequence Number 都是单独计数的，正如图 9.5中展示的两路流（不同 SSRC）分别计数一样。

了解了上面这些内容后，再看 RTP 格式时，就不会觉得它里边的字段难以理解了。其格式如图 9.6所示。

前面已经将 RTP 中最为重要的三个字段做了介绍，下面再来看看其他几个字段的含义。V（Version）字段，占 2 位，表示 RTP 的版本号，现在使用的都是第 2 个版本，所以该域固定为 2。P（Padding）字段，占 1 位，表示 RTP 包是否有填充值。为 1 时表示有填充，填充以字节为单位。一般数据加密时需要固定大小的数据块，此时需要将该位置 1。X（eXtension）字段，占 1 位，表示是否有扩展头。如果有扩展头，扩展头会放在 CSRC 之后。扩展头主要用于携带一些附加信息。CC（CSRC Count）字段，占 4 位，记录了 CSRS 标识符的个数。每个 CSRC 占 4 字节，如果 CC ＝ 2，则表示有两个 CSRC，共占 8 字节。M（Marker）字段，其含义是由配置文件决定的，一般情况下用于标识边界。比如一帧 H264 被分成多个包发送，那么最后一个包的 M 位就会被置位，表示这一帧数据结束了。timestamp 字段，占 4 字节，用于记录该包产生的时间，主要用于组包和音视频同步。CSRC 字段，指该 RTP 包中的数据是由哪些源贡献的。比如混音数据是由三个音频混成的，那么这三个音频源都会被记录在 CSRS 列表中。

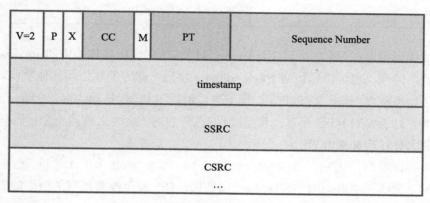

图 9.6　RTP 协议头

以上就是 RTP 协议头的内容。如果读者想更深入地分析 RTP 协议头，可以通过 Wire-Shark 工具从网卡上抓取 RTP 包进行分析，这样可以让你对 RTP 包有更直观的感觉。

9.2.2　RTP 的使用

关于 RTP 的使用主要包括以下两个方面：一是创建/解析 RTP 包；二是根据 RTP 包进行逻辑处理。

首先看一下如何创建/解析 RTP 包。从上一节的讲解中你应该知道，RTP 协议头并不是特别复杂，如果你对 C/C++ 非常熟悉的话，完全可以自己实现 RTP 协议头的解析程序。不过还有更简便的办法：在 WebRTC 的源码中，已经实现了一个高效的 RTP 处理类，称作 RtpPacket。该类定义在 WebRTC 源码的 module/rtp_rtcp/source 目录下的 rtp_packet.cc|h 文件中。通过 RtpPacket 类，可以生成或解析 RTP 包。

使用 RtpPacket 时，只需定义一个 RtpPacket 对象，即可完成对 RTP 协议头中各字段的设置或提取。比如想设置/获得 PayloadType 字段，就可以通过代码 9.1 实现。

代码 9.1　使用 RTP

```
1   ...
2   RtpPacket rtp;
3   ...
4   //设置 PayloadType
```

```
5   rtp.SetPayloadType(111);
6   …
7   //获得 PayloadType
8   uint8_t pt = rtp.PayloadType();
9   …
```

从上述代码中可以看到，通过 RtpPacket 对象访问 RTP 协议头中的 PayloadType 字段非常方便，同理，也可以像访问 PayloadType 字段一样方便地访问其他字段。

知道了如何创建/分析 RTP 包后，接下来以消除 RTP 包抖动为例，介绍一下 RTP 包的逻辑处理。对于 WebRTC 而言，其在接收 RTP 包时，会为之创建一个接收队列来消除包抖动，其大体过程如图 9.7所示。

从图中可以看到，一开始，队列中只收到了 100、101、102 和 104 号包。由于 103 号包还没到，所以无法将 100~104 号包组成一帧数据。103 号包没有到有两种可能的原因：一种原因是 103 号包丢失了；另一种原因是网络抖动导致包乱序了。

如何才能判断出 103 号包属于哪种情况呢？最简单的办法就是判断缓冲队列有没有满。如果缓冲队列满了，就说明包真的丢失了。对于 103 号包来说，由于现在缓冲队列还不满，因此该包处于待定状态。同理，当 107 号包到达时，105 号包和 106 号包也处于待定状态。

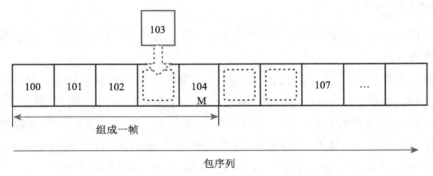

图 9.7　RTP 的逻辑处理

很快 103 号包来了，通过对其 RTP 头中 Sequence Number 字段的计算，它会被插到队列中对应的空缺位置，此时 100~104 号包连成了一串。又由于 104 号包上有 M 标记，因此可以将这几个 RTP 包组成一个完整的帧。接下来，100~104 号包将从缓冲队列中弹出，交由组帧模块处理，空出的位置可以继续接收新包。WebRTC 也是通过类似的方法从网络上将一个个 RTP 包接收下来。

上面就是使用 RTP 消除包抖动的一个简要过程，我们从中学习到了 WebRTC 是如

何使用 RTP 的。此外，WebRTC 中解决 RTP 包抖动的缓冲队列就是我们通常所说的
JitterBuffer，通过这个例子读者应该清楚 JitterBuffer 的基本原理是什么。

9.2.3　RTP 扩展头

在上节中介绍过，RTP 头中的 X 位用于标识 RTP 包中是否有扩展头。即如果 X 位
为 1，则说明 RTP 包中含有扩展头。图 9.8所示的是含有 RTP 扩展头的 RTP 协议头格
式。

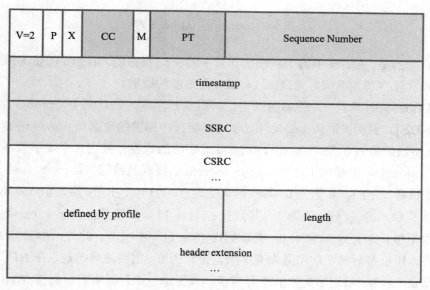

图 9.8　RTP 扩展头

从图中可以看到，RTP 扩展头由三部分组成，分别为 profile、length 以及 header ex-
tension。其中，profile 字段用于区分不同的配置。在 RFC5285[一]中定义了两种 profile，分
别是 {0xBE, 0xDE} 和 {0x10, 0x0X}。接收端解析 RTP 扩展头时，通过 profile 来区分
header extension 中的内容该如何解析。length 字段表示扩展头所携带的 header extension
的个数。如果 length 为 4，表示有 4 个 header extension；header extension 字段是扩展头
信息，以 4 字节为单位，其具体含义由 profile 决定。

扩展头中的两个 profile 值 {0xBE, 0xDE} 和 {0x10，0x0X} 分别代表存放在 header
extension 中的两种不同的数据格式，即 one-byte-header 和 two-byte-header。

其中，one-byte-header 的含义为存放在扩展头 header extension 字段中的数据，由一

㊀　https://tools.ietf.org/html/rfc5285

个字节的 Header 和 N 字节的 Body 组成，而 Header 又由 4 位的 ID 和 4 位的 len 组成。其格式如图 9.9所示。

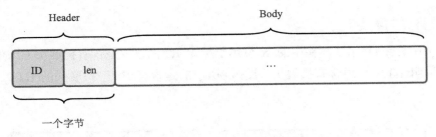

图 9.9 one-byte-header 格式

需要说明的是，图 9.9 中的 ID 是由7.6节中的表7.1指定的，length 的值为跟在 Header 后面的数据（以字节为单位）长度减 1，最后是跟随的数据。

在 RFC5285 中举了一个经典的例子，如图 9.10所示。在该例中，profile 字段的值为 {0xBE，0xDE}，说明扩展头 header extension 字段中携带的数据是 one-byte-header 格式的。length 字段的值为 3，说明 header extension 字段的长度一共占 3 个 4 字节，即 12 字节。在 header extension 中存放了 3 个 one-byte-header 格式的数据，第一个 one-byte-header（图 9.10 中框❶）的 length 值为 0，其数据长度为 (0+1) = 1 字节；第二个 one-byte-header（图 9.10 中框❷）的 length 值为 1，其数据占 (1 + 1) = 2 字节；第三个 one-byte-header（图 9.10 中框❸）的 length 值为 3，其数据占 (3 + 1) = 4 字节。此外，由于扩展头要保持 4 字节对齐，所以最后两个字节是填充字节，设置为 0。需要注意的是，在 RFC5285 文档中，one-byte-header 示例填充位的位置有误，关于这一点，读者可以阅读 WebRTC 中的 RtpPacket.c 或 RtpPacket.h 代码。

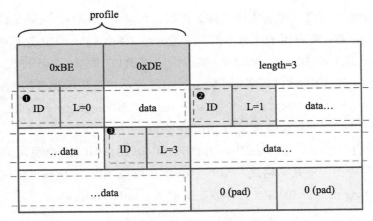

图 9.10 one-byte-header 示例

与 one-byte-header 不同的是，two-byte-header 的 Header 部分由两个字节组成，第一个字节表示 ID，第二个字节表示长度。此外，two-byte-header 中 length 字段的含义也与 one-byte-header 中的不同，它存放的是实际长度。two-byte-header 的格式如图 9.11 所示。

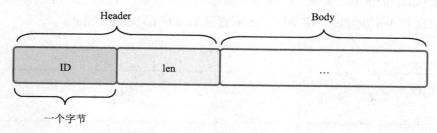

图 9.11　two-byte-header 格式

从图中可以看到，two-byte-header 的格式与 one-byte-header 的格式类似，只不过 one-byte-header 是将 ID 和 len 放在一个字节里，而 two-byte-header 则是将 ID 和 len 放在两个不同的字节里。

当扩展头中的 profile 为 {0x10，0x0X} 时，解析 RTP 扩展头时就会按照 two-byte-header 的格式进行。其中 profile 中的 X 占 4 位，代表任意值，其含义由应用层自己定义。在 RFC5285 中，two-byte-header 的 profile 格式如图 9.12所示。

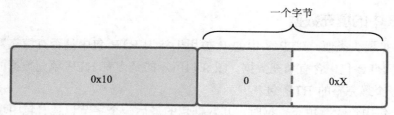

图 9.12　two-byte-header 的 profile

我们来看一个 two-byte-header 的例子，如图 9.13 所示。在该例中，profile 字段的值为 {0x10，0x00}，说明扩展头 header extension 字段中携带的数据是 two-byte-header 格式的。length 字段的值为 3，说明 header extension 字段的长度一共占 3 个 4 字节。在 header extension 中存放了 3 个 two-byte-header 格式的数据：第一个 two-byte-header 的 length 值为 0，没有数据部分；第二个 two-byte-header 的 length 值为 1，其数据占 1 字节；第三个 two-byte-header 的 length 值为 4，其数据占 4 字节。同 one-byte-header 一样，由于扩展头要保持 4 字节对齐，所以最后要补一个填充字节，并将其设置为 0。

通过上面的介绍我们知道 RTP 扩展头有三个要点。一是 RTP 标准头中的 X 位，该位置 1 时，RTP 中才会有扩展头。二是扩展头中的 profile 字段指明了扩展头中数据的格式。如果 profile 为 0xBEDE，则说明使用的扩展头格式为 one-byte-header；如果 profile 为 0x100X（X 表示任意值），则说明使用的扩展头格式为 two-byte-header。三是 one-byte-header 与 two-byte-header 的区别。如果 ID 和 len 放在一个字节中，说明它是 one-byte-header 格式；如果 ID 和 len 放在两个字节中，说明它是 two-byte-header 格式。

0x10	0x00	length=3	
ID	L=0	ID	L=1
data	ID	L=4	data···
···data			0 (pad)

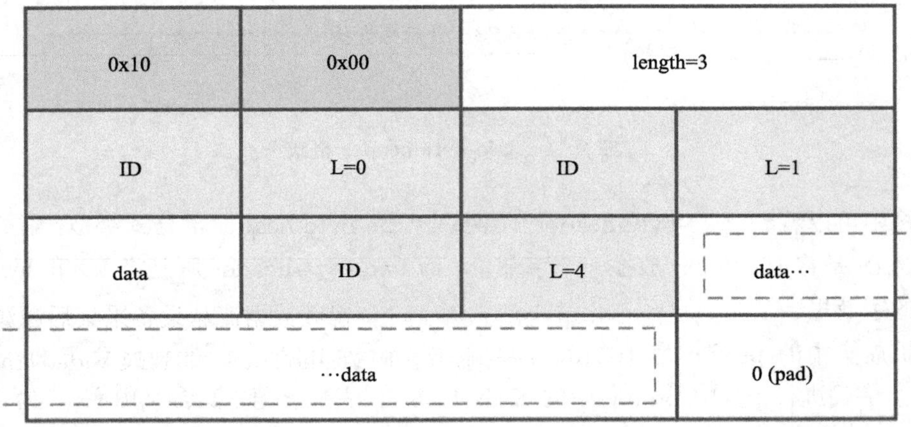

图 9.13   two-byte-header 示例

9.2.4 RTP 中的填充数据

与 RTP 扩展头类似，RTP 头中的 P 位用于标识 RTP 包中是否有填充数据。如果 P 位为 1，说明 RTP 包中含有填充数据。图 9.14所示的是含有 RTP 填充数据的 RTP 格式，同时它也是一个最完整的 RTP 包。

当 RTP 包中包含有填充数据时，其数据包的最后一个字节记录着包中填充字节的个数，即图中的 Padding Size 部分。如果 Padding Size 为 5，说明 RTP 包中共有 5 个填充字节，其中包括它自己。这些填充数据不属于 RTP Payload 的部分，因此在解析 RTP Payload 部分之前，应将填充部分去掉。

去掉填充字节的算法也非常简单，首先读取 RTP 包的最后一个字节，取出填充字节数，然后从最后一个字节算起，将其前面的 Padding Size 个字节丢掉即可。

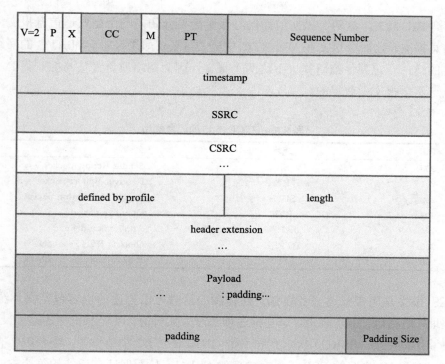

图 9.14　包含填充数据的 RTP 包

9.3　RTCP

除了 RTP 外，在 RTP 协议簇中还包括 RTCP⊖，其与 RTP 处于同一层级。RTCP 是 RTP 的控制协议，那么 RTCP 能对 RTP 做哪些控制呢？其中最为大家熟知的就是丢包控制。发送端发送数据后，接收端如果发现有 RTP 包丢失了，可以使用 RTCP 的 NACK 报文通知发送方，告诉对方具体是哪些包丢失了，然后让发送方重发前面丢失的包。此外，接收端还可以使用 RTCP 的 RR 报文向发送端发送接收报告，报告中记录着从上一次报告到本次报告之间丢失了多少包、丢包率是多少、延时是多少等一系列信息。同理，发送端也可以向接收端发送 SR 报文，报告一段时间内一共发送了多少包等。

9.3.1　RTCP 报文分类

RTCP 支持的消息非常多，在此我们将一些最常见的 RTCP 报文消息整理了出来，同时它们也是 WebRTC 中正在使用的报文。如表 9.1所示。

下面按表 9.1中的顺序来看一下每个报文的作用。

⊖　RTCP，RTP 控制协议。

SR 和 RR 报文。这两个报文前面已经做了简要介绍，一个是发送信息报文，另一个是接收信息报文。这两个报文在 WebRTC 中至关重要，如果要对 WebRTC 的网络质量做深入研究的话，一定要仔细研究一下这两个报文，因为网络质量评估与控制需要的大量参数都是从这两个报文中获得的。

表 9.1　RTCP 支持的消息类型

PT	缩写	全称
200	SR	Sender Report packet
201	RR	Receiver Report packet
202	SDES	Source Description packet
203	BYE	Goodbye packet
204	APP	Application-defined
205	RTPFB	Generic RTP Feedback
206	PSFB	Payload-specific Feedback

SDES 报文是用来描述（音视频）媒体源的。它可以描述的内容包括媒体源的名称、Email 地址，电话等。但实际上，这些描述项都没太大价值。唯一有价值的是 CNAME 项，其作用是将不同的源（SSRC）绑定到同一个 CNAME⊖上。举个例子，当 SSRC 有冲突时，可以通过 CNAME 将旧的 SSRC 更换成新的 SSRC，从而保证在通信的每个 SSRC 都是唯一的。这里介绍的 CNAME 与 7.3.3 节中介绍的 CNAME 是同一个。

BYE 报文用于说明哪些（音视频）媒体源现在不可用了。当 WebRTC 收到该报文后，应该将 SSRC 所对应的通道删除。

APP 报文是给应用预留的 RTCP 报文，应用可以根据自己的需要自定义一些应用层可以解析的报文。

RTPFB 报文，即 RTP 的反馈报文，是指 RTP 传输层面的报文。该报文可以装入不同类型的子报文。

与 RTPFB 对应的是 PSFB，即 RTP 中与负载相关的反馈报文。同样，该报文也可以装入不同类型的子报文。

9.3.2　RTCP 协议头

RTCP 协议头的格式与 RTP 协议头格式相比要简单不少，而且有些字段还很类似，如图 9.15所示。

其中，Version 字段、P（Padding）字段以及 Type 字段的含义与 RTP 中对应字段的含义是一样的。Version 即协议版本，固定值为 2。P 字段为填充位标识。PT 字段即 Payload

---
⊖　CNAME（Canonical Name），规范名或称为别名。

Type，与 RTP 中的 PT 字段类似，但两者中存放的内容有很大不同。RTP 中的 PT 值是在 SDP 中定义的，而 RTCP 的 PT 值来自表 9.1。

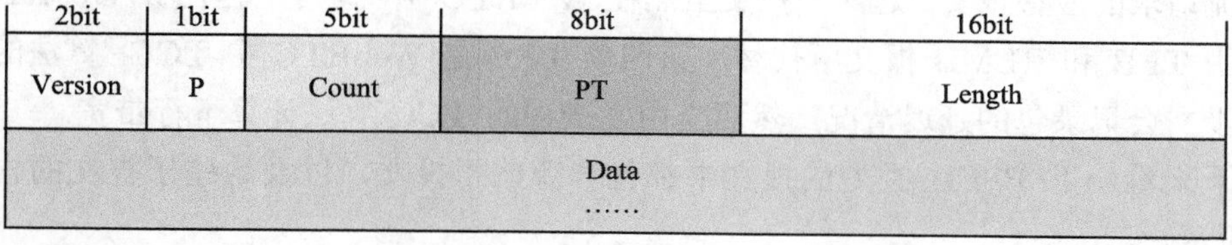

图 9.15　RTCP 协议头

此外，RTCP 中的 Count 字段是 RTP 中所没有的，该值针对 RTCP 中不同的报文有不同的含义。对于 RR/SR 报文而言，Count 表示它们所携带的接收报告的个数；对 SDES 报文而言，Count 表示 SDES 报文中 item 的个数；对于 BYE 报文而言，Count 表示 BYE 报文中 SSRC/CSRC 的个数；而对于 APP 报文来说变化就比较大了，Count 用于标识应用自定义的子消息类型。

Length 字段表示整个 RTCP 包的大小，包括 RTCP 头、RTCP 负载以及填充字节。需要注意的是，Length 字段是以 4 字节为单位的，即（$N-1$）个 4 字节。

Data 里存放的内容与 PT 息息相关，不同类型的 RTCP 报文其 Data 内容千差万别，对于这些内容本书就不做详细讲解了，有兴趣的读者可以自行查阅 RFC3550。

9.3.3　WebRTC 的反馈报文

在 9.3.1 节中介绍了多种 RTCP 报文类型，其中 PT 为 205 和 206 的报文类型属于反馈报文。PT = 205 表示 RTPFB 报文，用于反馈 RTP 相关的信息；PT = 206 表示 PSFB 报文，用于反馈 RTP 负载相关的信息。

首先看一下 RTPFB 报文，如表 9.2 所示。该报文中可以包含多个子报文，其中 WebRTC 使用到的报文只有表中列出的 4 项。第一项 NACK，用于通知发送方在上次包发送周期内有哪些包丢失了。它是如何通知发送端有哪些包丢失了呢？在 NACK 报文中包含两个字段：PID 和 BLP。PID（Package ID）字段用于标识从哪个包开始统计丢包；而 BLP（16

表 9.2　RTPFB 支持的报文类型

PT	RTPFB Type	FMT	全称
205	NACK	1	Generic NACK
205	TMMBR	3	Temp. Max Media Stream Bitrate Request
205	TMMBN	4	Temp. Max Media Stream Bitrate Notification
205	TFB	15	Transport-wide Feedback Message

位）⊖字段表示从 PID 包开始，接下来的 16 个 RTP 包的丢失情况。第二项 TMMBR 和第三项 TMMBN 是一对报文，TMMBR 表示临时最大码流请求报文，TMMBN 是对临时最大码流请求的应答报文。这两个报文虽然在 WebRTC 中实现了，但已被 WebRTC 废弃，其功能由 TFB 和 REMB 报文所代替。第四项 TFB 是 WebRTC 中 TCC⊖算法的反馈报文，该报文会记录包的延迟情况，然后交由发送端的 TCC 算法计算下行带宽。

接下来看一下 PSFB 类型的报文中都包含哪些子报文，以及这些子报文的含义。如表 9.3所示。

表 9.3 RTPFB 支持的报文类型

PT	PSFB Type	FMT	全称
206	PLI	1	Picture Loss Indication
206	FIR	4	Full Intra Request Command
206	REMB	15	Receiver Estimated Maximum Bitrate

在 WebRTC 中用到的 PSFB 报文包括 PLI 报文、FIR 报文以及 REMB 报文。其中 PLI 报文与 FIR 报文很类似，当发送端收到这两个报文时，都会触发生成关键帧（IDR 帧），但两者还是有一些区别的。PLI 报文是在接收端解码器无法解码时发送的报文。FIR 报文主要应用于多方通信时后加入房间的参与者向已加入房间的共享者申请关键帧。通过这种方式，可以保障后加入房间的参与者不会因收到的第一帧不是关键帧而引起花屏或黑屏的问题。REMB 报文是 WebRTC 增加的反馈报文，用于将接收端评估出的带宽值发给发送端。不过，由于最新的 WebRTC 已全面启用基于发送端的带宽估算方法，即 TCC，因此目前 REMB 仅用于向后兼容，不再做进一步更新。

9.4 小结

本章首先介绍了实时音视频通信中为什么要选择 UDP 作为默认传输协议。需要注意的是，实时通信中虽然大多数场景都使用 UDP，但并不是说一定不能使用 TCP。尤其对于一些对 UDP 的使用管理得非常严格的企业来说，使用 TCP 反而会比使用 UDP 有更好的效果。之后详细讲解了 RTP 及其使用，从中可以发现 RTP 是一个非常轻量的传输协议，特别适合传输音视频数据，或者说它就是专门为传输音视频数据而开发的。在本章的最后介绍了 RTP 控制协议 RTCP。RTCP 的内容非常多，而且它对于传输服务质量起着关键的作用，WebRTC 的服务质量系统中的大量控制参数都是通过 RTCP 获取的。

⊖ BLP（Bitmask of Following Lost Packet），从丢失包开始的位掩码。
⊖ TCC（Transport-wide Congestion Control），基于发送端的带宽评估算法。

第 10 章 *Chapter 10*

WebRTC拥塞控制

现在 WebRTC 在音视频实时通信领域越来越受到大家的欢迎, 原因就是其提供的音视频服务质量是目前最优秀的。国内很多号称自研的音视频实时互动系统实际上也是以 WebRTC 为蓝本, 在其基础上修改而来的, 或者是将 WebRTC 中的一些重要模块移植到自己的系统中组装而成的。

WebRTC 是通过增加带宽、减少数据量、提高音视频质量、适当增加时延以及更准确的带宽评估等方法来提升音视频服务质量的。在这些方法中, 减少数据量、适当增加时延和更准确的带宽评估被统称为拥塞控制。

10.1 WebRTC 的拥塞控制算法

在 WebRTC 中包含多种拥塞控制算法, 有 GCC[⊖]、BBR[⊜] 和 PCC[⊜]。GCC 根据其实现又可细分为基于发送端的拥塞控制算法 Transport-CC^⑭和基于接收端的拥塞控制算法 Goog-REMB^⑤。

在上述拥塞控制算法中, Transport-CC 是 WebRTC 默认使用的拥塞控制算法, 无论是在带宽评估的准确度还是公平性上都要比旧的拥塞控制算法 Goog-REMB 高一个等

⊖ GCC (Google Congestion Control), Google 拥塞控制。

⊜ BBR (Bottleneck Bandwidth and Round-trip propagation time), 瓶颈带宽和往返传播时间。

⊜ PCC (Performance-oriented Congestion Control), 基于性能的拥塞控制。

⑭ TCC (Transport-wide Congestion Control), 传输带宽拥塞控制。

⑤ Goog-REMB (Google Receiver Estimated Maximum Bitrate), Google 接收端评估的最大码流。更多信息可参见 https://tools.ietf.org/html/draft-alvestrand-rtcweb-congestion-03。

级。Goog-REMB 是老版本 WebRTC 中使用的拥塞控制算法，目前已被淘汰，但它还保留在 WebRTC 中用以兼容老版本 WebRTC。除 GCC 外，其他两种拥塞控制算法 BBR 和 PCC 还处于实验状态，它们的存在并不是用于替换 GCC，而是另有他用。其中 BBR 用在 QUIC⊖ 协议中。WebRTC 引入 QUIC 协议的目的是想用它来代替现有的 SCTP⊖。PCC 的作用还有待确认。

了解了 WebRTC 中的众多拥塞控制算法后，我们重点介绍一下 GCC 的两种拥塞控制算法是如何工作的。本章中引入了大量的数学公式，对这些数学公式难以理解的读者可以先跳过本章，待补充一些数学基础后再来阅读。

10.1.1　Goog-REMB

如前所述，WebRTC 中的 GCC 有两种基于延时的拥塞控制算法：一种是接收端的延时拥塞控制算法，称为 Goog-REMB；另一种是发送端的延时拥塞控制算法，称为 Transport-CC。Transport-CC 是在 Goog-REMB 的基础上改进而来的，因此读者在了解 Transport-CC 的实现原理之前，最好先掌握 Goog-REMB 的原理，这样可以大大降低学习难度。

接收端的延时拥塞控制算法 Goog-REMB 的工作原理如图 10.1所示。

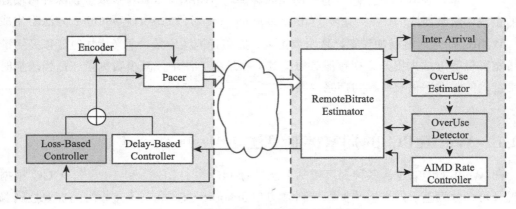

图 10.1　接收端的延时拥塞控制算法原理

从图中可以看到，接收端的延时拥塞控制算法由两大部分组成：左侧为发送端，用于控制码流的发送；右侧为接收端，用于拥塞评估和码流计算，这是本节要重点介绍的内容。右侧的拥塞评估是由多个模块组成的，包括 RemoteBitrate Estimator、Inter Arrival、OverUse Estimator、OverUse Detector 以及 AIMD Rate Controller。

⊖　QUIC（Quick UDP Internet Connection），使用 UDP 的快速网络连接协议，即 HTTP/3。
⊖　SCTP（Stream Control Transmission Protocol），流控传输协议。其使用 UDP 实现类似于 TCP 的功能。

- RemoteBitrate Estimator 模块。它是接收端延时拥塞控制算法的管理模块，即"总负责人"。一方面，它要与外面的模块打交道，从网络收/发模块获取 RTP 包的传输信息用于拥塞评估，或将内部评估出的下一时刻的发送码流（大小）输出给网络收/发模块，让其通知发送端进行流控；另一方面，它还要组织内部的 Inter Arrival、OverUser Estimator 等模块，根据当前观测到的延时差和之前的评估值推测出下一时刻的网络拥塞情况。
- Inter Arrival 模块。它的作用比较简单，首先将数据包按帧进行分组，然后对相邻的两组数据包进行单向梯度计算。计算的内容包括三项：每组数据包的发送时长，每组数据包的接收时长，两组数据包大小之差。其过程如图 10.2所示。

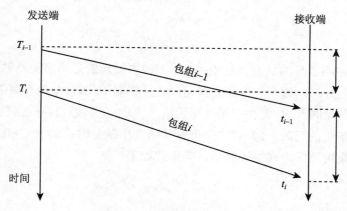

图 10.2 网络包传输时延

每组数据包发送时长的计算公式为：用第二组第一个包的发送时间戳减去第一组第一个包的发送时间戳，即式 (10.1)。每组数据包接收时长的计算公式为：用第二组最后一个包的接收时间戳减去第一组最后一个包的接收时间戳，即式 (10.2)。两组数据包大小之差的计算公式为：用第二组数据包的数据总和减去第一组数据包的数据总和，即式 (10.3)。

$$\Delta T = T_i - T_{i-1} \tag{10.1}$$

$$\Delta t = t_i - t_{t-i} \tag{10.2}$$

$$\Delta L = G_i - G_{i-1} \tag{10.3}$$

- OverUse Estimator 模块。它利用 Inter Arrival 模块的计算结果，通过卡尔曼滤波器估算出下一时刻发送队列的增长趋势。

卡尔曼滤波器应用的范围非常广，主要用于解决那些无法通过直接观测或测量取得结果，而需要根据间接测量值估算出真实结果的场景。当然，估算的结果是带有一定误差的，但只要误差是收敛的，随着测量数据的增多，误差会越来越小。比如在航天领域，要测量火箭发动机喷口的温度，不可能把测量仪直接放到喷口处进行测量，因为温度太高了，任何测量仪都无法承受。解决的办法是将测量仪放到喷口外壁，根据外壁的温度估算出真实的温度，这就是卡尔曼滤波器的作用。

由于网络带宽是不断变化的，我们无法直接对其进行测量（我们不能通过向网络发送探测包的方式进行测量，这样做不但得不到结果，反而会增加网络的负担），所以只能通过数据包传输的时延这个间接值对带宽进行估算，这也是 WebRTC 使用卡尔曼滤波器估算带宽的原因。

以图 10.2 为例，从图中可以看到，两组数据包的发送间隔非常小，但到达时间的间隔却非常大，因此它们之间产生了一个延时差，记作 d_i，计算公式如下：

$$
\begin{aligned}
d_i &= \Delta t - \Delta T \\
&= (t_i - t_{t-i}) - (T_i - T_{i-1})
\end{aligned}
\tag{10.4}
$$

d_i 的大小与网络当时的状况息息相关。图 10.2 中展现的是网络变差的情况，此时 d_i 值为正值。当网络变好时，数据包可能会瞬间到达接收端，此时 d_i 值有可能变成负值。

直接测量出的延时差 d_i 是由以下几个因素产生的：1）第二组数据包传输的数据比第一组数据多时所产生的延时；2）发送队列变长所产生的延时；3）一些传输的微小噪声所产生的延时。如果用数学方式描述的话，其形式如下：

$$
d_i = \frac{\Delta L_i}{C_i} + m_i + z_i
\tag{10.5}
$$

其中，ΔL_i 在前面已经介绍过了，表示两组数据包（大小）之差；C_i 表示网络链路的传输能力或称为带宽大小；m_i 表示发送队列的时延（长短）变化量；z_i 表示模型未捕获的网络抖动和其他延迟噪声。

在式 (10.5) 中，$1/C_i$ 和 m_i 是我们想求得的目标。为了方便后面的计算，可以按照矩阵乘法原则将 $\Delta L_i/C_i + m_i$ 拆解为两个矩阵的乘积 $H_i \cdot \theta_i$，即

$$
H_i = (\Delta L_i \quad 1)
\tag{10.6}
$$

$$
\theta_i = \begin{pmatrix} \frac{1}{C_i} \\ m_i \end{pmatrix}
\tag{10.7}
$$

为什么要将它们变成矩阵乘积的形式呢？因为变换后的 θ_i 就是我们每次要求的目标，并且后面的 θ_{i+1} 要依据前面的 θ_i 才能计算出来。

对于 WebRTC 而言，初始时令 $1/C = 8.0/512.0$，$m = 0$，d_i 和 ΔL_i 可以通过直接测量获得，因此我们可以计算出初始时噪声 z_i 的值。公式如下：

$$
z_i = d_i - \left(\frac{\Delta L_i}{C_i} + m_i \right)
\tag{10.8}
$$

求出初始的 z_i 值后，再根据式 (10.9) 就可以求得下一时刻 θ_{i+1} 的值。有了 θ_{i+1} 值，又可以根据式 (10.8) 计算出 z_{i+i} 值；有了 z_{i+i} 值又可以求出 θ_{i+2} 的值……这样通过对式 (10.8) 和式 (10.9) 的循环调用就可以将不同时刻的 θ_i 值估算出来了。

$$\theta_{i+1} = \theta_i + z_i \cdot K_i \tag{10.9}$$

式 (10.9) 表达的是下一个时刻的 θ_{i+1} 值是由当前 θ_i 值加上噪声乘以系数 K_i 获得的。其中系数 K_i 称为卡尔曼增益，其值越小说明越相信估算值，其值越大越相信测量值。系数 K_i 是通过下面的公式计算出来的：

$$K_i = \frac{(E_i + Q_i) \cdot H_i^{\mathrm{T}}}{H_i \cdot (E_i + Q_i) \cdot H_i^{T} + \mathrm{var\_noise}} \tag{10.10}$$

$$E_0 = \begin{bmatrix} 100 & 0 \\ 0 & 10^{-1} \end{bmatrix} \tag{10.11}$$

$$Q_0 = \begin{bmatrix} 10^{-13} & 0 \\ 0 & 10^{-3} \end{bmatrix} \tag{10.12}$$

在式 (10.10) 中，E_i 的初始值是经测量的经验值，即式 (10.11)；同 E_i 一样，Q_i 的初始值也是经测量的经验值，即式 (10.12)；H_i 是由式 (10.6) 获得的。var_noise 是计算出来的，在 WebRTC 代码中可以找到其计算公式，有兴趣的读者可以自行查阅。

K_i 值不仅影响 θ_i 的计算，同时也影响着下一个 E_{i+1} 值。也就是说，E_i 除了初始时设置为一个经验值外，后面则要对其不断进行纠正。其更新公式如下：

$$E_{i+1} = ((I - K_i) \cdot H_i) \cdot (E_i + Q_i) \tag{10.13}$$

$$I = \begin{bmatrix} 1 & 0 \\ 0 & 1 \end{bmatrix} \tag{10.14}$$

在上述公式中，I 代表单元矩阵。以上就是 OverUse Estimator 模块所做的工作。OverUse Estimator 模块以 Inter Arrival 模块的输出作为输入，再利用卡尔曼滤波器根据前面的状态值以及当前的观测值推算出 θ_i 值，即 C_i 和 m_i。

- OverUse Detector 模块。用于检测当前网络的拥塞状态。它利用 OverUser Estimator 模块计算出的队列延时梯度 m_i 值与自适应阈值 γ_i 进行比较：如果 m_i 大于 γ_i，表示网络即将发生拥塞，其状态为 kBwOverusing，此时应减少发包量；如果 m_i 小于 $-\gamma_i$，表示用户发包量不大，目前网络资源充足，其状态为 kBwUnderusing，否则表明发包量与带宽是匹配的，其状态为 kBwNormal，此时可以尝试增大发包量，抢占更多的带宽。

对于 OverUse Detector 模块而言，除了更新当前状态外，它还需要不断地更新 γ_i 值，计算公式如下：

$$\gamma_i = \gamma_{i-1} + \Delta t_i \cdot k_i \cdot (|m_i| - \gamma_{i-1}) \tag{10.15}$$

上述公式中，Δt_i 表示接收数据包组时延，它是由式 (10.2) 计算出来的；m_i 是用 OverUser Estimator 模块计算出的队列延时梯度；k_i 是一个增长系数，在不同的情况下取值是不一样的，公式如下：

$$k_i = \begin{cases} k_d = 0.039, & |m_i| < \gamma_{i-1} \\ k_u = 0.0087, & \text{其他} \end{cases} \tag{10.16}$$

从上面的公式中可以了解到，当队列单向延时梯度小于 γ_i 阈值时，k_i 系数增长较快；当队列单向延时梯度大于 γ_i 阈值时，k_i 系数增长较慢。

- AIMD Rate Controller⊖模块。该模块用于计算发送码流大小。它通过 OverUse Detector 模块检测出的当前网络状态来变更自己的状态，并计算出发送码流的大小。AIMD Rate Controller 模块的状态变化如图 10.3所示。

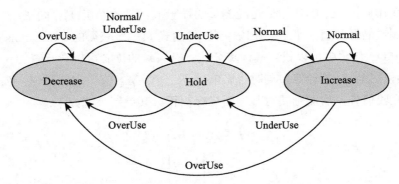

图 10.3　AIMD Rate Controller 模块状态图

假设当前状态机处于 Hold 状态，通过 OverUse Detector 模块检测出当前网络状态为 OverUse 时，说明网络质量呈下降趋势，此时应该减少网络发包，因此状态机由 Hold 状态变为 Decrease 状态。如果通过 OverUse Detector 模块检测出当前网络状态为 Normal 时，说明目前网络状态和发包量是匹配的，可以尝试增加发包量，抢占更多的带宽，因此状态由 Hold 变为 Increase。如果通过 OverUse Detector 模块检测出当前网络状态为 UnderUse，说明没有太多的包需要发送，保持当前状态就可以了。AIMD Rate Controller 模块处理其他状态时，也要按照上面的逻辑进行处理。

⊖　AIMD（Additive-Increase/Multiplication-Decrease），慢加快减机制。

当 AIMD Rate Controller 模块确定好码流控制器的状态后，就可以根据下列公式计算出下一时刻发送端应该发送码流的大小，公式如下：

$$
A_r(t_i) = \begin{cases} \alpha A_r(t_{i-1}), & \alpha = 1.08, \sigma = \text{Increase} \\ \beta R_r(t_i), & \beta = 0.85, \sigma = \text{Decrease} \\ A_r(ti-1), & \sigma = \text{Hold} \end{cases} \tag{10.17}
$$

当码流计算好后，RemoteBitrate Estimator 模块会生成 RTCP 消息包，最终将计算好的码流反馈给发送端。发送端收到消息后再进行码流控制，这样发送端延时拥塞控制算法就运行起来了。

10.1.2　Transport-CC

有了 Goog-REMB 的基础后，再来分析 WebRTC 中第二种延时拥塞控制算法 Transport-CC 就容易多了。该算法与 Goog-REMB 有两个重要区别：一是将拥塞评估算法从接收端移动到了发送端，使得评估与控制合为一体，代码的处理更简洁方便；二是拥塞评估算法由卡尔曼滤波器换成了 TrendLine 滤波器（又称为最小二乘法滤波器，通过斜率的增大或减小来判断当前网络的拥塞情况）。

图 10.4所示是 Transport-CC 的工作原理图。该图同样由左右两部分组成，左侧发送端用于网络拥塞的评估与控制，也是本节重点要介绍的部分；右侧接收端需要处理的逻辑非常少，仅需将收到的数据包的基础信息，如丢包数、延时时间……通过 RTCP 反馈给发送端即可。

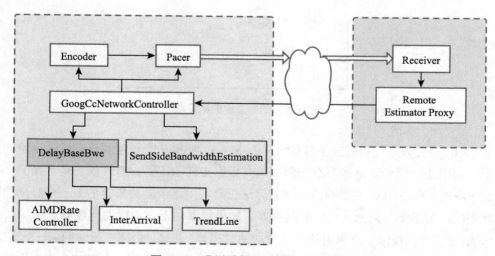

图 10.4　发送端的延时拥塞控制原理

发送端的拥塞评估模块由 GoogCcNetworkController、SendSideBandwidthEstimation、DelayBaseBwe 等模块构成。

- GoogCcNetworkController 模块，类似于接收端的 RemoteBitRateEstimator 模块，是发送端延时拥塞控制算法的管理模块。当收到接收端返回的 RTCP 包后，它会调用子模块（根据 RTCP 的内容）评估出下一时刻网络的拥塞状态和码流大小，并将评估出的码流交由 Pacer 和编码器模块进行码流控制。
- SendSideBandwidthEstimation 模块，其作用是比较基于接收端延时评估出的码流值、基于发送端延时评估出的码流值以及基于丢包评估出的码流值的大小，从中选择最小的码流值作为最终评估出的码流值。
- DelayBaseBwe 模块，是发送端的延时拥塞评估模块。其由 InterArrival、TrendLine、AIMDRateController 等模块组成。其中 InterArrival 和 AIMDRateController 模块与接收端延时拥塞评估模块中的逻辑是一样的。以下重点介绍 Trendline 模块。
- Trendline 模块，即 Trendline 滤波器，又称最小二乘法滤波器。其基本思想是通过已有的观测数据，总能找到一条线，使得所有观测数据到这条线的误差（距离）的平方和最小，而这条线就是 Trendline 要求得的值。这句话不太好理解，举一个例子，假设在坐标系中有一些已知的测量值，如图 10.5所示。

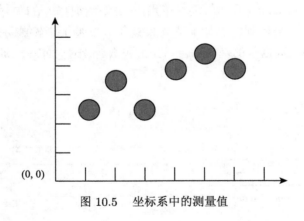

图 10.5   坐标系中的测量值

从 $(0,0)$ 点出发，一定有一条直线 $y = k \cdot x + b$，使得从测量值到该直线的误差的平方和最小，如图 10.6所示。这条直线的斜率就是数据走向的趋势，有时候它是上扬的，有时候它是下降的。WebRTC 发送端拥塞评估算法正是利用这个趋势来评估下一个时刻的网络拥塞状态的，如果斜率向上，说明线路拥塞，如果斜率向下，说明拥塞缓解。

WebRTC 可以获得每个包组接收与发送的时延差，即 d_i。每隔一段时间（一个窗口期）就计算一下这段时间内所有的 d_i 值，然后通过最小二乘法求出直线的斜率，再根据这条直线的斜率评估出下一时刻的网络状态和码流大小。

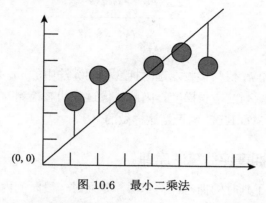

图 10.6　最小二乘法

有了上面的原理后，下面我们就来看一下 WebRTC 是如何做的。首先来看一下坐标系中的 y 值是如何计算的。其计算公式如下：

$$\mathrm{acc}_i = \sum d_0 + d_1 + \cdots + d_i \tag{10.18}$$

$$y_i = \alpha \cdot y_{i-1} + (1-\alpha) \cdot \mathrm{acc}_i \tag{10.19}$$

在上述公式中，d_i 表示当前包组到达时长与包组发送时长之差，参见公式(10.4)。正常情况下该值有正有负，即当网络状况不好时该值不断增长，而网络状况变好时该值不断下降，所以长时间看 d_i 的累加值应该趋于 0。WebRTC 将累计的 d_i 作为 y_i 值，同时考虑到某个时刻包组可能出现较大的抖动，为了使 y_i 更平滑，真正的 y_i 由公式 (10.19) 得出。其中，$\alpha = 0.9$。

x_i 的计算非常简单，如式 (10.20) 所示。它是当前包组最后一个包的接收时间与传输开始时第一个包的接收时间之差。你可能会觉得这个值非常大，不过没关系，因为后面的计算用的都是相对值。

$$x_i = t_i - \mathrm{first\_arrival} \tag{10.20}$$

有了 x_i 和 y_i 之后，就可以求它们的平均值了。这里需要注意的是，WebRTC 中是按窗口求平均值的，默认窗口大小 $n = 20$（窗口大小是可以动态变化的）。求 x、y 平均值的公式如下：

$$\bar{x} = \frac{\sum x_i + x_{i+1} + \cdots + x_{i+n}}{n} \tag{10.21}$$

$$\bar{y} = \frac{\sum y_i + y_{i+1} + \cdots + y_{i+n}}{n} \tag{10.22}$$

有了 x，y 以及它们在窗口内的平均值 $\bar{x}$ 和 $\bar{y}$ 后，就可以通过它们找到一条误差平方和最小的直线，并求出它的斜率，公式如下：

$$k_i = \frac{\sum\limits_{i=0}^{n=20} (x_i - \bar{x}_i) \cdot (y_i - \bar{y}_i)}{\sum\limits_{i=0}^{n=20} (x_i - \bar{x}_i)^2} \tag{10.23}$$

实际上，这里求出的 k_i 值与接收端延时拥塞控制算法中的 m_i 值表达的是同一个含义，即在这个窗口期内发送队列的增长梯度。因此，像过载状态检测、目标码流的控制等都可以延用之前的算法，而 WebRTC 也正是这样做的。

10.1.3 基于丢包的拥塞评估算法原理

上面介绍的两种基于延时的拥塞评估算法，是通过一段时间内网络延时的趋势来判断下一时刻网络是否会发生拥塞的算法，这种预判的方法可以有效地防止网络拥塞的真正发生。而基于丢包的拥塞评估算法则是当网络真的出现状况（大量丢包）后采用的一种应急手段，所以基于丢包的拥塞评估算法在控制码流方面要比基于延时的拥塞评估算法严格得多。

不过，基于丢包的拥塞评估算法的实现相对于基于延时的拥塞评估算法的实现要简单得多，是在 WebRTC 的 SendSideBandwidthEstimation 类的 UpdateEstimate() 方法中实现的。其规则如下：当丢包率低于 2% 时，说明目前网络质量很好，可以增大码率，码率在当前基础上增加 8%；如果丢包率在 2%~10% 之间，说明当前网络与发送码率是匹配的，因此当前码率不变；如果丢包率超过 10%，说明网络质量很差，需要降低码率，当前码率下降至 (1-0.5× 丢包率)× 当前码率。具体公式如下（loss 表示丢包率）：

$$A_s(t_i) = \begin{cases} 1.08 \cdot A_s(t_{i-1}) & loss < 0.02 \\ A_s(t_i) & loss < 0.1 \\ A_s(t_{i-1}) \cdot (1 - 0.5 \cdot loss) & loss > 0.1 \end{cases} \tag{10.24}$$

通过上述公式可以看到，WebRTC 基于丢包的拥塞控制逻辑是非常简单的，而且 WebRTC 对于丢包的控制是非常严格的。在实际的物理链路中，如果出现大量丢包的情况是非常严重的事情，一般只有在物理链路上的路由器缓冲区被填满时才会出现这种大面积丢包的情况，所以此时必须减少发包量，让网络链路尽快恢复。

10.1.4 WebRTC 拥塞控制流程

了解了 GCC 的拥塞评估方法后，接下来我们看一下 WebRTC 是如何进行防拥塞控制的。其过程如图 10.7所示。

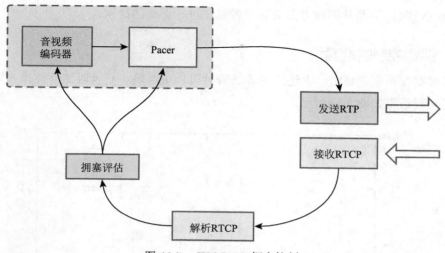

图 10.7　WebRTC 拥塞控制

从图中可以看到，WebRTC 拥塞控制系统是由多个模块组合而成的，包括拥塞评估模块，该模块又包括 Goog-REMB、Transport-CC、基于丢包的拥塞评估等；流控模块，由音视频编码器和 Pacer 组成；网络收/发模块；RTCP 解析模块。

下面我们了解一下 WebRTC 拥塞控制系统是如何工作的。首先，发送端刚启动时会设置一个初始带宽，如 500kbps，之后通过其发送模块将音视频数据发送给远端。远端收到数据后，定期向发送端反馈 RTCP 报文，以报告数据的丢失、延迟等情况。当发送端的接收模块收到 RTC 反馈报文后，将数据交由 RTCP 解析模块进行解析。解析后的数据再交由拥塞评估模块（如 Transport-CC）进行计算，评估出最新的带宽。带宽被评估出来后，拥塞评估模块一方面会通知编码器，让编码器控制其输出码流的大小，另一方面告之 Pacer模块，控制码流发送的速度。这两方面的限制保障了最终的发送码流不会超过带宽的估算值。经控流后的数据最终再交由发送模块发送给远端。自通信开始，WebRTC 的拥塞控制系统就如此往复地工作，直到通信结束。

10.2　拥塞控制算法比较

本节将介绍几种基于 RTP 的低延时拥塞控制算法，看看 GCC 与它们相比到底孰优孰劣。在 RMCAT⊖工作组中收录了三种低延时实时拥塞控制算法，分别是 NADA⊖、GCC

⊖　RMCAT（RTP Media Congestion Avoidance Techniques），制定低延时实时传输拥塞控制算法标准的组织。

⊖　NADA（Network Assisted Dynamic Adaptation），由思科提交的网络辅助动态适应算法。

以及 SCReAM[⊖]，下面从不同方面对这三种算法进行详细的比较。

10.2.1 拥塞控制的准确性

物理带宽在不断调整时，上述三种算法哪种可以更准确、更及时地评估出物理带宽的大小。其比较结果如图 10.8所示。

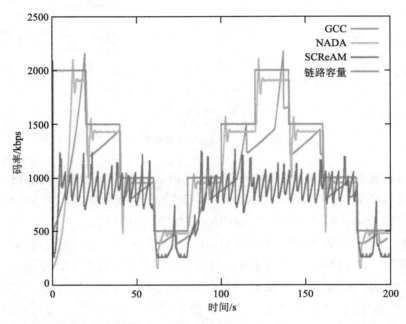

图 10.8　不同拥塞算法之间的比较（见彩插）（来源：https://arxiv.org/pdf/1809.00304.pdf）

在图 10.8中，粉色线为物理带宽，一开始设置为 2Mbps 大小，到 60s 时降至 500kbps，之后带宽又逐渐爬升，到 120s 时又上升为 2Mbps。一个好的拥塞控制算法可以控制输出码流与物理带宽的实际大小保持一致，即与图中的粉线重合到一起。当粉色线下降时输出码流随之下降，当粉色线上升时输出码流随之上升。但从图 10.8 中看到，这三种算法都无法做到与物理带宽一模一样的程度。其中表现最差的是 SCReAM 算法，它只允许最大 1Mbps 带宽，当物理带宽超过 1Mbps 时，它在 1Mbps 带宽处上下波动。表现最好的是 NADA 算法，对于它的表现可以分三个阶段进行描述：当带宽平稳时，它与实际带宽之间的误差最小，波动也比较小；在初始阶段，其识别出实际带宽大小的时间要比 GCC 快一些；在物理带宽下降和上升的过程中，其反应也最灵敏，可以很快识别物理带宽的变化。GCC 的表现处于中等，它对物理带宽变化的反应相对 NADA 算法来说要迟钝不少，而且波动空间也

⊖　SCReAM（Self Clocked Rate Adaptation for Multimedia），由爱立信提交的多媒体自适应时钟速率算法。

比 NADA 算法大，但比 SCReAM 算法好很多。

对于单连接的拥塞控制算法来说，NADA 具有更大的优势，其次是 GCC，表现最差的是 SCReAM。但对于拥塞控制来说，只比较单连接的拥塞控制效果是不够的，还需要考虑多连接并存时，是否可以保证网络带宽使用的公平性。也就是说，对于一个合格的拥塞控制算法，一方面要能与其他连接竞争，防止带宽都被其他连接"抢走"而把自己"饿死"，另一方面又不能把所有的带宽都据为己有，让其他连接无资源可用。

10.2.2　与 TCP 连接并存时的公平性

我们知道 TCP 是有拥塞控制的，而 UDP 则没有任何限制。如果使用 UDP 狂发数据包的话，它会抢占 TCP 连接的带宽，从而使 TCP 连接无法工作。因此在设计基于 UDP/RTP 的低延时拥塞控制算法时，一定要考虑如何让它与 TCP 连接分享网络的问题。

NADA、GCC、SCReAM 这三种基于 UDP 的低延时拥塞控制算法在与 TCP 连接并存时，是否可以保证网络带宽能被公平的使用呢？其测试结果如图 10.9所示。需要说明的是，图 10.9 中的 TCP 连接在第 20s 时建立，到 100s 时 TCP 连接断开。此外，测试中还将 GCC 的两种拥塞算法 Transport-CC 和 Goog-REMB 分别做了测试，以判断哪种算法更具优势。

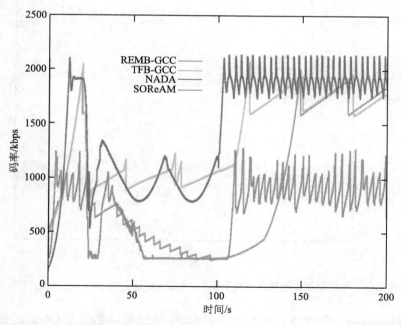

图 10.9　与 TCP 共存时带宽使用情况（见彩插）（来源：https://arxiv.org/pdf/1809.00304.pdf）

从图 10.9 中可以看到，SCReAM 算法和 Goog-REMB 算法与 TCP 连接共存时，在抢占带宽方面的表现都差强人意。尤其是 Goog-REMB，由于其抢占带宽的策略过于保守，始终处于被动地位，导致带宽都被 TCP 连接抢占了，这个缺点是致命的。而 NADA 和 Transport-CC 则有不错的表现。在第 20s TCP 连接建立之后，NADA 和 Transport-CC 都可以让出一半的带宽。相对来说，Transport-CC 在带宽的公平性方面要比 NADA 更平滑。不足之处是，当第 100s TCP 连接断开后，NADA 可以更快地识别出来，恢复到 2Mbps 带宽，而 Transport-CC 要比其晚一些。

从上面的结果中可以得出一个结论，即 SCReMA 拥塞控制算法无论是在带宽控制方面，还是在带宽的公平使用方面的表现都不够理想，因此可以将其从比较中剔除掉。

10.2.3 同种类型连接的公平性

除了与 TCP 连接之间的公平性之外，同种类型的拥塞控制算法之间的公平性同样是评估算法好坏的重要指标。下面分别看一下 GCC 和 NADA 在多连接时，其公平性方面的表现如何。

首先看一下 GCC 多连接时的情况，其结果如图 10.10 所示。

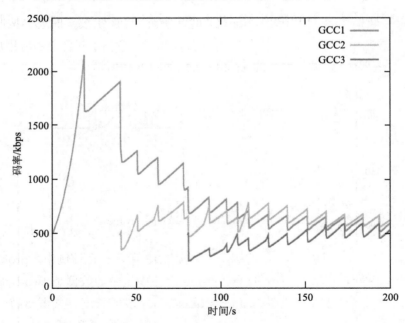

图 10.10　多 GCC 连接带宽占用情况（见彩插）（来源：https://arxiv.org/pdf/1809.00304.pdf）

从图中可以看到，在第 40s 加入第二个 GCC 连接时，第一个 GCC 连接有明显的下降趋势，直到第 80s 时，两个 GCC 连接才基本拉近，平均分配 2M 的带宽。带宽被平均分配的过程前后用了 40s，这个时长还是比较长的。当第三个 GCC 连接加入时，前两个连接所占带宽进一步下降，而第三个连接所占带宽逐渐上升，到 160s 时三个连接所占带宽基本趋同。从图 10.10 中还可以得出一个结论，即 GCC 的拥塞控制算法具有慢增长、快下降的特点。当带宽下降到一定程度后，下降趋势开始放缓。

接下来看一下有多个 NADA 连接时，其算法是否可以保证每个连接都可以公平占用相同的带宽，如图 10.11所示。

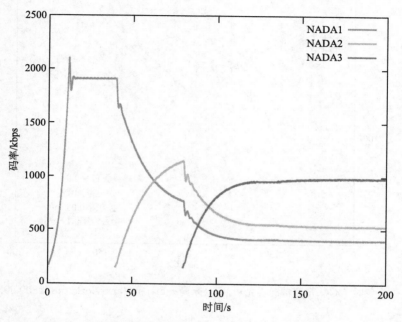

图 10.11 多 NADA 连接带宽占用情况（见彩插）（来源：https://arxiv.org/pdf/1809.00304.pdf）

与 GCC 相比，NADA 算法在多 NADA 连接情况下的公平性表现得就比较差了。从图 10.11中可以看到，在第 40s 创建第二个 NADA 连接后，第一个连接所占带宽确实有明显下降，到第 60s 时，第二个连接所占带宽已超过第一个连接。当第 80s 创建第三个连接时，第一个连接和第二个连接所占带宽持续下降，甚至第一个连接带宽降到了 500kbps 以下，而第三个连接所占的带宽达到了 1Mbps。由此可见，在多 NADA 连接时，没有任何公平性可言，而且越是新创建的连接越有优势，抢占的带宽越多，越早创建的连接越容易处于"饿死"状态。因此，NADA 算法要比 GCC 算法逊色不少。

10.2.4 拥塞控制算法在丢包情况下的表现

前面分析的是在网络质量非常好的情况下各拥塞控制算法的表现，如果使用的网络质量不是很理想，经常会产生丢包情况时，这些拥塞控制算法又会有怎样的表现呢？接下来我们就了解一下 GCC 和 NADA 拥塞控制算法在不同丢包情况下的表现。

首先是 GCC 在不同丢包情况下会有怎样的表现。需要注意的是，测试时丢包都是随机产生的。测试结果如图 10.12所示。

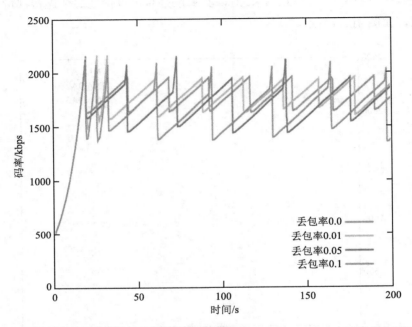

图 10.12　丢包时 GCC 带宽情况（见彩插）（来源：https://arxiv.org/pdf/1809.00304.pdf）

本次测试设置了四种丢包情况，即不丢包，丢包率分别是 1%、5%和 10%。从测试中可以看到，当丢包率为 0 和 1%时（红色线条和绿色线条），GCC 拥塞控制算法对带宽的评估还是比较准确的，波动幅度较小，带宽基本在 1.7Mbps ～ 2Mbps 之间波动。当丢包率上升到 5%～10%时，波动幅度增大，带宽在 1.4Mbps ～ 2.1Mbps 之间波动，但整体上对带宽的评估还是比较准确的。由此可见，GCC 在丢包率较高、网络质量不是特别理想的情况下，仍然能保持较好的拥塞控制效果。此外，如 10.1.3 节中所述，WebRTC 支持的最大丢包率为 10%，如果超过这个值，评估出的带宽就会向下调整，网络质量就会很差。

下面再了解一下 NADA 在不同丢包率情况下又会有怎样的表现。本次测试也是设置了四种丢包情况，即不丢包，丢包率分别是 1%、5%和 10%。测试结果如图 10.13所示。

从图中可以看到，不丢包时 NADA 算法表现得最好，带宽一直在 1.9Mbps 左右，波动几乎看不出来。但稍有丢包时，其评估带宽的波动幅度立即就增加了。从图中可以看到，丢包率还处于 1%时，其带宽波动范围就由原来的 1.9Mbps 上下变成了 1.6Mbps ～ 2.1Mbps。当丢包率增长到 5%时，NADA 算法基本上无法使用了，其评估出的带宽值竟然在 500kbps

以下。

　　通过上面测试的对比可以发现，NADA 算法根本无法对有丢包情况的网络进行拥塞控制，它与 GCC 的差距是很明显的，如图 10.13 所示。

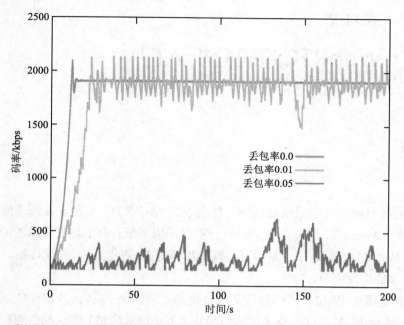

图 10.13　丢包时 NADA 带宽情况（见彩插）（来源：https://arxiv.org/pdf/1809.00304.pdf）

10.3　小结

　　本章重点介绍了 GCC 中两种延时拥塞控制算法：Goog-REMB 和 Transport-CC。这两种算法的区别有两点：一是拥塞评估的时机不同，Goog-REMB 在接收端进行评估，而 Transport-CC 是在发送端进行评估；二是使用的滤波器不同，Goog-REMB 使用的是卡尔曼滤波器，而 Transport-CC 使用的是 Trendline（最小二乘法）滤波器。

　　在本章的最后，通过对比 NADA、GCC 和 SCReMA 三种拥塞控制算法在准确性、公平性方面的不同表现，了解了 NADA 在准确性和及时性方面要好于 GCC。而 GCC 在网络使用的公平性方面比 NADA 更具优势。除此之外，在有丢包情况的网络下，NADA 的表现极差，根本无法与 GCC 相比。SCReMA 算法在各方面的表现都有失水准。此外，在 GCC 内部的两个基于延时的拥塞控制算法中，Transport-CC 显然要比 Goog-REMB 强很多，尤其是与 TCP 连接分享带宽时更是如此。

Chapter 11 第 11 章

WebRTC源码分析入门

在前面的章节中，我们系统地介绍了如何使用 WebRTC 实现音视频通信系统，如多终端（浏览器、Android、iOS 端）的一对一实时通信系统。对于这类简单的应用，直接利用编译好的 WebRTC 库进行开发即可，既不用考虑对 WebRTC 进行订制，也不用关心 WebRTC 内部的实现细节。

但当需要处理从 WebRTC 中抽取某些音视频处理模块，或为 WebRTC 增加新的音视频编解码器，或替换 WebRTC 原来的网络模块（不建议这样做）等这类需要订制开发的任务时，就必须了解 WebRTC 的内部实现。

要想剖析 WebRTC 的内部实现，我们首先要做好以下两件事：

- 获得 WebRTC 源码⊖。对于国内大多数想要研究 WebRTC 源码的读者来说，目前学习 WebRTC 的最大门槛就是不知道该如何获得 WebRTC 源码。只有解决了这一步，才能真正开始 WebRTC 源码的学习之旅。
- 搭建好 WebRTC 的开发环境。正所谓"欲先善其事，必先利其器"，想要研究 WebRTC 源码，必须先将 WebRTC 的开发环境和调试工具安装好，这样才能为后面学习 WebRTC 代码打下坚实的基础。

本章重点介绍以下三个方面的内容：

- 如何获得 WebRTC 源码。
- 如何搭建 WebRTC 开发环境，并将 WebRTC 的 Demo 运行起来。
- 介绍 WebRTC 的目录结构，以及各目录主要分成哪些任务，以使读者对 WebRTC 源码有一个大体的认知。

⊖ https://webrtc.googlesource.com/src

11.1　WebRTC 源码的选择

在研究 WebRTC 源码之前，我们要做的第一件事就是选择合适的 WebRTC 源码版本。读者在选择 WebRTC 源码版本时，应根据自身的需求而定。如果只是为了研究学习 WebRTC，那么就选择最新版的 WebRTC 源码阅读；如果工作中已使用了某个特定的版本（如 M84），那么阅读相应版本的 WebRTC 源码即可。此外，由于 WebRTC 是跨平台的，因此选择哪个平台的 WebRTC 源码阅读也是非常关键的。因为在不同的操作系统下，WebRTC 的底层实现会有非常大的差别。

在 WebRTC 的五大系统版本 (Android/iOS/Windows/Mac/Linux) 中，可以任意选一个版本源码来分析，但建议最好还是以 Windows 版本进行分析，因为有以下几点好处：

- Windows 的开发环境比较好搭建。在 Windows 环境下，WebRTC 已构造了完整的开发、调试和测试环境，甚至不用再单独部署服务器，大大减少了研究 WebRTC 的成本。
- Windows 环境下可以进行单步调试，更有利于跟踪代码。
- Windows 下使用的语言是标准的 C++，这比选择 Mac 下的 C++、iOS 或 Android 下的 C++、JNI、Java 的混合体代码要容易得多。

需要注意的是，刚入门学习 WebRTC 源码时，切记不要将所有系统下的代码都学一遍。一方面，将所有系统下的 WebRTC 代码都学一遍要花费大量的时间；另一方面，不同系统上 WebRTC 代码的实现并不相同，这会给读者造成很大的混乱。只有对一个系统下的 WebRTC 代码完全熟悉之后，再去看其他系统的 WebRTC 代码时，才能更容易理解它的实现逻辑。

11.2　WebRTC 开发环境的搭建

对于很多 WebRTC 学习者来说，下载并编译 WebRTC 代码简直就是一场"灾难"。造成这个问题的原因有以下几个方面：一是在国内不能直接下载 WebRTC 代码；二是 WebRTC 代码的下载方式与一般的开源库下载方式不同；三是 WebRTC 代码的编译对软硬件环境都有一定的要求。其中最关键的原因是国内不能直接下载 WebRTC 源码。如果国内没有限制的话，按照 WebRTC 官网上的步骤很容易将 WebRTC 的开发环境搭建起来，其步骤写得非常详细，总结起来可以分成以下几步：

- 配置开发必备的软硬件环境。
- 安装依赖工具包。
- 下载源码并编译。

11.2.1 配置软硬件环境

WebRTC 的开发环境对硬件有一定的要求。其中内存是一个非常重要的指标，官网要求开发主机至少要有 8GB 内存，能达到 16GB 最好。不过，根据我们的测试结果，开发环境中配置 4GB 内存也是没问题的，只不过编译的速度会慢很多；至于 CPU，WebRTC 官网上并没有对 CPU 提出特别的要求，在此建议使用 4 核以上的 CPU。除了内存和 CPU 外，WebRTC 对磁盘的大小有明确的要求，至少需要 100GB 的空间，主要是因为 WebRTC 在编译时会产生大量临时文件，如果磁盘空间过小的话会导致编译失败。另外，WebRTC 对文件系统格式也有要求，对于 Windows 而言，使用的文件系统必须是 NTFS 格式的。这是因为 WebRTC 编译时，会产生一些尺寸特别大的文件（超过了 4GB），旧的 FAT32 文件系统根本存放不了这么大的文件，因此必须使用 NTFS 格式的文件系统。

除了硬件外，WebRTC 对软件也非常挑剔。首先操作系统必须是 Windows 7 及以上版本，在此建议使用 Windows 10 以上的版本。因为微软已经不再支持 Windows 7 的更新，所以现在安装 Windows 7 可能带来很多问题，会影响以后 WebRTC 的升级。另外，操作系统必须是 64 位的，这点特别重要。其次，WebRTC 对 Visual Studio 的版本也有要求，最低的版本要求是 Visual Studio 2017（版本号不低于 15.7.2），在此建议使用 Visual Studio 2019(16.0.0) 以上的版本。随着 WebRTC 以及 Visual Studio 版本的不断升级，WebRTC 对 Visual Studio 版本的要求会越来越高，只要始终使用最新的 Visual Studio 版本就不会有问题。

这里需要特别强调一下 Visual Studio 的安装。进入微软 Visual Studio 的下载页面⊖，可以看到有三种版本，分别是企业版、专业版和社区版。对于个人开发者来说，建议使用 Visual Studio 2019 专业版，该版本中包括了 WebRTC 需要的所有依赖库。当然也可以使用社区版，在安装社区版时，一定要记得将 "Desktop development with C++" 和 "MFC/ATL support" 组件勾选并安装上。此外，编译 WebRTC 还需要 Windows 10 SDK，且其版本必须在 10.0.1.19041 以上，所以在安装 Visual Studio 时一定要检查 SDK 的版本是否正确。再者，当使用 Visual Studio installer 安装 Windows 10 SDK 时，还要将 "Debugging Tools For Windows" 勾选上，这样 Visual Studio installer 才会在开发环境中安装调试工具 windbg 和 cdb，这些工具会在后面测试和调试时使用。

通过上面的步骤，我们就将开发 WebRTC 的软硬件环境搭建好了，接下来就可以下载 WebRTC 源码了。不过在开始下载源码之前，还需要下载一个依赖工具包。这个依赖工具包中包含了各种工具，下载和编译 WebRTC 时要用到。

⊖ https://visualstudio.microsoft.com/downloads

11.2.2　安装依赖工具包

很多刚开始学习 WebRTC 的读者认为,WebRTC 源码的下载、编译与其他开源库(如 ijkplayer、NodeJS 等)一样,可以直接从 GitHub 上下载源码,并成功编译。实则不然!

WebRTC 源码的下载与编译必须使用特定的工具。depot_tools 是 Google 为用户提供的下载、编译 WebRTC 源码的工具集。当要下载和编译 WebRTC 源码时,必须先将它下载到本地并配置好。

我们可以从 depot_tools 工具的下载页⊖将其下载到本地并解压。之后还要为其配置一些环境变量,这样它才能工作。设置的第一步是将 depot_tools 目录地址添加到研发主机的系统环境变量 PATH 中。一定要注意,修改的变量一定是系统环境变量,而不是用户级的环境变量。具体操作如下:

```
Control Panel -> System and Security -> System -> Advanced system
    settings
```

需要注意的是,在设置环境变量时,必须将 depot_tools 目录的路径放在 PATH 环境变量的开头,以保证执行的是正确的命令。

除了 PATH 外,还有一个环境变量 DEPOT_TOOLS_WIN_TOOLCHAIN 需要设置。该变量同样需要设置在系统环境变量里,并将其值设置为 0。该变量的作用是告诉 depot_tools 使用的 Visual Studio 是本地安装的版本。如果不设置该环境变量,那么默认情况下,depot_tools 会使用 Google 内部 Visual Studio 版本。

最后,打开 Windows 命令行工具 cmd.exe,在命令行窗口中运行 gclient(不用带任何参数)命令。gclient 将安装 Windows 下 WebRTC 需要的工具,包括 msysgit 和 python。gclient 执行完后,在命令行提示符下输入 python,将会显示 python.bat,这时说明 depot_tools 安装且配置好了。

11.2.3　获取并编译 WebRTC 代码

当 depot_tools 工具下载并设置好后,在命令行窗口中执行下面的命令即可以获得 WebRTC 源码。只有通过下面的方式获取的代码才能编译通过。

```
1    $ mkdir webrtc-checkout
2    $ cd webrtc-checkout
3    $ fetch --nohooks webrtc
4    $ gclient sync
```

⊖　https://storage.googleapis.com/chrome-infra/depot_tools.zip

在上面的代码中，fetch 和 gclient 都是 depot_tools 工具集中的命令，是由 Python 语言开发的脚本程序。如果查看 fetch.py 代码，会发现它实际上只是对 gclient.py 做了一层封装而已。而在 gclient.py 的内部，则会根据需要调用不同的命令（svn/git）获取代码。

需要注意的是，由于 WebRTC 的代码量非常大，所以下载的时间可能会非常长（通常要几个小时）。当 WebRTC 源码下载完成后，可以执行下面的命令来编译 WebRTC，最终编译好的 WebRTC 库会放在 webrtc-checkout/src/out/Default 目录下。

```
1    $ cd src
2    $ gn gen out/Default
3    $ ninja -C out/Default
```

在上面的命令中，gn 与 ninja 是两个非常重要的工具。

gn 是用来生成工程文件和编译控制文件的工具。在早期的 WebRTC 中，一直使用 GYP（Generate Your Project）生成跨平台的项目文件和编译控制文件，如在 Mac 下生成 Xcode 的工程文件，在 Windows 下生成 Visual Studio 工程文件、ninja 文件等。随着 WebRTC 代码量越来越大，通过 GYP 生成工程文件的速度越来越慢，严重影响了 WebRTC 的开发效率。为了解决这个问题，Google 开始寻找替代方案，最终 GN（Generate Ninja）应运而生。由于 GN 是用 C++ 编写的，比用 python 编写 GYP 要快很多。

ninja 是一种编译控制工具，用于控制源码编译顺序，与 Linux 系统下的 make 属于同一类工具。所不同的是，make 是根据 Makefile 文件中的规则编译程序，而 ninja 则是根据.ninja 文件中的规则编译程序。

通过上面的描述，我们可以总结出 WebRTC 源码的编译过程：gn 根据 BUILD.gn 中的描述生成 build.ninja 文件，然后 ninja 将 build.ninja 作为输入，最终编译出 WebRTC 库。

11.3　国内 WebRTC 镜像

上面介绍的搭建 WebRTC 开发环境的方法和步骤都是基于可以访问外网的情况。对于国内大多数学习 WebRTC 的读者来说，通过外网下载 WebRTC 源码是很困难的。有没有其他的解决办法呢？

比较好的办法是使用国内 WebRTC 镜像下载 WebRTC 源码。目前国内的 WebRTC 镜像中，声网镜像⊖是最可靠的。

声网作为国内顶级的实时通信服务商，对 WebRTC 的推广做出了不少贡献。在其镜

⊖　https://webrtc.org.cn/mirror/

像主页中详细描述了如何通过其镜像获取各平台的 WebRTC 源码的过程。此外,声网还为 WebRTC 开发者建立了一个中文社区[⊖],开发者遇到任何关于 WebRTC 的问题时都可以在社区里讨论,包括通过其镜像获取 WebRTC 源码时遇到的问题。

11.4 WebRTC 目录结构

随着开源社区的蓬勃发展,在项目中引入越来越多的开源库已成为一种趋势。读开源项目的源码可以说是开发人员的一门必修课。对于源码的阅读,先从整体上对开源库有一个大体了解,然后根据自己的需求逐步细化的阅读方法是最优的。对于 WebRTC 源码的阅读也是如此,应先了解其整体设计结构(在 2.2 节中已做过介绍),然后了解源码中各目录的作用,最后根据自己的兴趣进行细读,从而达到对 WebRTC 的深度理解。

以下详细介绍 WebRTC 源码中的目录、目录结构以及每个目录中的源码主要起什么作用。

11.4.1 WebRTC 主目录

表 11.1所示是 WebRTC 源码的一级目录,每个目录都有其特定的功能。我们可以简单地将 WebRTC 目录归纳为几大类,即接口层、业务处理层、音视频处理层以及基础支持层。

- 接口层。接口层指的就是 api 目录,WebRTC 对外提供的所有接口都放在该目录下。无论是浏览器还是你自己开发的应用程序,它们所访问的 WebRTC 接口都定义在该目录下。此外,如果想为 WebRTC 增加新的接口,也需要将编写的接口文件放在该目录下。

- 业务处理层。业务处理层包括的目录比较多。首先是 pc(PeerConnection)目录,该目录里存放的都是与 PeerConnection 相关的代码。PeerConnection 可以做很多事情,如媒体协商、收集 Candidate、传输音视频数据等,这些内容在第 4 章和第 8 章中已经做过介绍。call 目录里存放的是与"呼叫"相关的文件。"呼叫"的概念比较抽象,是从程控电话交换系统衍生而来的。call 在这里表示用户之间建立的会话,实际上与互联网中的 Session 是同一概念。一个 WebRTC 终端可以同时发起多个"呼叫",即创建多个 Call 实例。而在每个 Call 实例中,又可以包含多个发送/接收流。media 目录用于存放与媒体引擎相关的代码。媒体引擎包括音频引擎和视频引擎,主要用于音视频的控制。

⊖ https://rtcdeveloper.com/t/topic/21124

- 音视频处理层。它包括 audio、video、common_audio、common_videosdk 目录。audio 目录，用于存放与音频流相关的代码。video 目录，用于存放与视频流相关的代码，它与 audio 目录是类似的。common_audio 目录，存放一些音频的基本算法，包括环形队列、博利叶算法、滤波器等。common_videosdk 目录，存放的是与视频相关的算法及工具，如 libyuv、sps/pps 分析器、I420 缓冲器等。
- 基础支撑层。这一层都是一些基础模块：sdk 目录，存放移动端特定的代码，如 Android 端的视频采集，iOS 端的视频采集等；p2p 目录，存放端到端网络连接相关的代码，如 DTLS、STUN 协议的实现都放在该目录下；stats 目录，存放各种数据统计相关的类，如发送了多少包/丢失了多少包、带宽大小等；rtc_base 目录，存放一些基础代码，如线程、事件、Socket 等；rtc_tools 目录，存放一些与服务质量相关的工具；tools_webrtc 目录，存放一些与 WebRTC 性能相关的工具；system_wrapper 目录，存放的是与操作系统相关的代码，如 CPU 特性、原子操作、读写锁、时钟等。

表 11.1 WebRTC 目录

目录	说明
api	WebRTC 接口层，为浏览器提供的接口
audio	音频引擎层
base_override	编译时使用
call	呼叫逻辑接口层
common_audio	音频算法
common_videosdk	视频算法
data	存放一些音视频数据
examples	WebRTC Demo
logging	日志相关代码
media	媒体引擎层，会调用音视频引擎
modules	存放一些比较独立的模块
p2p	端到端网络连接相关
pc	PeerConnection 相关的内容
rtc_base	存放了一些基础代码
rtc_tools	存放一些服务质量相关的工具
sdk	存放移动端相关的代码，如 iOS/Android
stats	存放各种统计信息
system_wrapper	与操作系统相关的代码
tools_webrtc	存放一些 WebRTC 性能相关的工具
video	视频引擎

11.4.2 modules 目录

在 WebRTC 中有一个特别重要的目录，即 modules 目录。该目录里存放的内容也特别多，像音视频的采集、处理、各种编解码器等模块都放在 modules 目录中。该目录中的模块都是比较独立的，比如回音消除、降噪等模块都可以从中单独抽取出来。其目录结构如表 11.2 所示。

表 11.2　WebRTC modules 目录

目录	说明
audio_coding	音频编码
audio_device	音频设备
audio_mixer	混音相关
audio_processing	音频 3A 处理
congestion_controller	拥塞控制，如 TCC、BBR
desktop_capture	桌面采集
pacing	发包平滑处理
remote_bitrate_estimator	远端带宽评估
rtp_rtcp	RTP/RTCP
third_party	第三方库
utility	线程相关工具
video_capture	视频采集
video_coding	视频编码
video_processing	视频特效处理
bitrate_controller	本地带宽评估方法，Transport-CC

modules 目录下的子目录也分为几个大类，包括音频处理类、视频处理类以及网络及流控类。

- 音频处理类。它包括以下几个目录：audio_coding 目录，存放音频编解码相关的代码；audio_device 目录，存放 PC 端音频采集与音频播放相关的代码。需要注意的是，WebRTC 移动端的音频设备采集与播放的代码并不在其中，而是放到了一级目录的 SDK 目录下；audio_mixer 目录，存放混音相关的代码；audio_processing 目录，存放音频前后处理的相关代码，像回音消除、降噪的代码都在该目录下。

- 视频处理类。视频处理类中也包括几个目录：video_capture 目录，存放的是视频采集相关的代码；video_coding 目录，存放的是视频编解码相关的代码；video_processing 目录，存放的是视频前后处理的相关代码；desktop_capture 目录，存放的是 PC 端桌面采集的相关代码。在上面的描述中并没有与视频渲染相关的目录，原因是 WebRTC 没有实现 PC 端的视频渲染功能，该功能只能由使用者自己来实现。

- 网络及流控类。其中 rtp_rtcp 目录存放的是 RTP/RTCP 代码；bitrate_controller 目录存放的是 Transport-CC 算法中码率控制的相关代码；congestion_controller 目录存放的是用于判定是否有拥塞发生的相关代码；remote_bitrate_estimator 目录里存放的是 Goog-REMB 评估算法的相关代码，不过该算法已被淘汰，只是因为兼容的问题所以还一直保留着它；pacing 目录里存放的是用于平滑发送数据，防止发往网络的数据出现堆积的相关代码。

11.5 小结

本章介绍了在 Windows 环境下搭建 WebRTC 开发环境的步骤，主要分为三大步，即配置软硬件环境、下载依赖工具以及下载源码。如果网络允许，通过上面三步就可以顺利地将 WebRTC 开发环境搭建起来。如果不能访问外网，那么可以使用国内声网的 WebRTC 镜像进行环境的搭建。

在本章的最后，简要介绍了 WebRTC 源码各目录的主要作用以及其完成的主要任务。通过对本章内容的学习，读者应该对 WebRTC 源码有了一个大体上的认知，为后续学习/研究 WebRTC 源码打下良好的基础。

分析 WebRTC 源码的必经之路

WebRTC 源码非常庞杂，分析它是一件十分困难的事情。那么我们应该从何处入手进行分析呢？在此建议可以从 WebRTC examples 中的几个例子入手，尤其是 PeerConnection，其代码短小精悍，逻辑简单清晰，还支持单步调试，可以说是刚入门学习 WebRTC 源码的最佳起点。

当然，PeerConnection 的简单是相对的。若想顺利地分析它，还会遇到不少的挑战，如对 C++ 不熟练、不了解 Windows 底层消息处理机制，对本书前面章节介绍的内容掌握得不扎实等，都将影响你对 PeerConnection 的理解⊖。

在 PeerConnection 的例子中，包含了信令服务端和客户端两个项目。前者用于信息的交换，后者借助前者实现一对一通信，两者需要一起相互配合才能最终完成通信。下面详细介绍这两个项目，了解它们是如何工作的，由此打开分析 WebRTC 源码的必经之路。

在阅读本章内容时请先将 WebRTC 环境搭建好，然后一边阅读本章内容一边读代码，这样才能更好地理解本章所讲的内容。

12.1 信令服务器实现分析

在 PeerConnection 的例子中，服务器项目的名称是 peerconnection_server，是用 C++ 实现的一个最简单的 HTTP 服务。其作用也很简单，就是从客户端接收信令，然后根据情况将信令转发给对端，从而完成一对一音视频通信。其功能与第 4 章中介绍的信令服务器

⊖ 若想了解 C++、Windows 底层处理机制等相关内容，可参考 Scott Meymers 的 *Effective Modern C++* 及 Charles Petzold 的《Windows 程序设计（第 5 版珍藏版）》。

类似。

12.1.1 信令服务器的组成

打开 peerconnection_server 项目，会发现它包含的文件并不多，只有 7 个文件，包括 main.cc、data_socket.cc、data_socket.h、peer_channel.cc、peer_channel.h 和 utils.cc、utils.h，而且每个文件里的代码都不长。其中 main 文件主要用于主流程的控制以及网络事件的分发，data_socket 文件用于 socket 的创建与数据的读取和发送，peer_channel 文件用于信令的处理以及 socket 的管理，utils 文件里存放了两个常用的字符串处理函数。

从类的角度看，peerconnection_server 是由 SocketBase、ListeningSocket、DataSocket、ChannelMember 和 PeerChannel 五个类构成的。其中，SocketBase、ListeningSocket 和 DataSocket 类定义在 data_socket 文件中，ChannelMember 和 PeerChannel 类定义在 peer_channel 文件中。这五个类的关系如图 12.1所示。

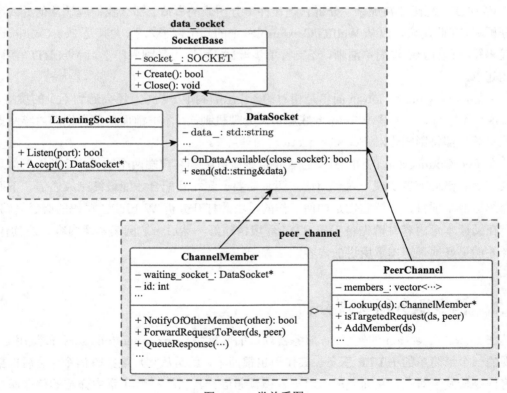

图 12.1　类关系图

从图 12.1中可以知道，SocketBase 类是对 socket API 的封装，它定义了两个接口

Create() 和 Close()，分别用于创建和关闭 socket。ListeningSocket 类继承自 SocketBase 类，用于侦听端口。当有客户端向它发起连接请求时，它会接收请求并为客户端创建一个新的 socket 用于接收/发送数据，因此该类中包含了 Listen() 和 Accept() 方法，分别用于侦听端口和接收客户端请求。DataSocket 类也继承自 SocketBase 类，用于从 socket 接收/发送数据，因此它拥有 OnDataAvailable() 和 send() 方法。ChannelMember 类用于处理从 DataSocket 接收到的信令，并根据信令的类型做不同的处理。而且 ChannelMember 与 DataSocket 是一一对应的，有一个 DataSocket 就会有一个与之对应的 ChannelMember。PeerChannel 类是 ChannelMember 对象的管理类，可以通过 Lookup() 方法查找 ChannelMember 对象，还可以通过 AddMember() 函数将 ChannelMember 对象保存起来。

12.1.2　信令服务器的工作流程

了解了信令服务器的组成后，我们再来看一下信令服务器的工作流程。当信令服务器启动时，它首先侦听用户指定的网络端口，等待客户端的网络请求。如果用户未指定端口，则服务器默认使用 8888 端口。为了更高效地利用 CPU，信令服务器采用了事件驱动⊖的工作模式，即当没有网络事件（网络请求）时，空闲出来的 CPU 可以处理其他任务；当有网络事件时，又可以及时响应网络事件。

事件驱动模型是设计/开发网络服务器最经典、最流行的模型。当然这种模式的开发难度和成本也要相对大一些。事件驱动模式可以由不同的 API 来实现，如 select、poll 或 epoll 等，这些 API 各有各的优势，对于 peerconnection_server 而言，它是通过 select API 来实现的。

图 12.2 是信令服务器的工作流程图，一开始信令服务器仅有一个侦听 socket，然后执行图 12.2 中的第❶步，将侦听到的 socket 放到 select 中等待客户端请求。当有客户端向信令服务器发送连接请求时，执行图 12.2 中的第❷步，判断 select 事件是由哪个 socket 产生的，因为此时 select 只监控着一个 socket，所以一定是侦听 socket 触发的事件，信令服务器执行第❸步，判断出此次请求是连接请求（客户端第一次连接），所以走向左侧分支，创建新的 DataSocket 以备后续接收/发送信令数据。至此，本轮 select 事件全部处理完成，流程再次回到循环的开始，为执行下一轮事件处理做好准备。

在第二轮事件处理中，需要监控的 socket 变成了两个：一个是之前侦听的 socket，用于处理新的客户端连接请求；另一个是 DataSocket，用于接收已连接上来的客户端发送的信令。在本轮事件处理中，前两步的处理流程与第一轮是一致的。执行到第❸步时，如果判断出 socket 的类型为 DataSocket，则向下执行，开始接收信令数据。如果客户端是第一次发送信令，则说明它是一个新用户，此时信令服务器会创建一个 ChannelMember 对象来代表该用户，并将该对象添加到 PeerChannel 对象（PeerChannel 对象是唯一的）的管

⊖　更多信息可参考《UNIX 网络编程（第三版）》。

理列表中。之后服务器还需要向客户端发送 OK 响应消息，表明客户端的信令已处理完成。
如果客户端不是第一次发送信令，则可以通过 PeerChannel 对象的 Lookup() 方法，从其
管理列表中找到对应的 ChannelMember 对象，并通过 ChannelMember 对象对信令进行
处理。处理完成后，信令服务器也需要向客户端发送 OK 响应消息。当第二轮事件处理结
束后，流程再次回到循环的开始，信令服务器又开始新一轮的事件处理。信令服务器如此

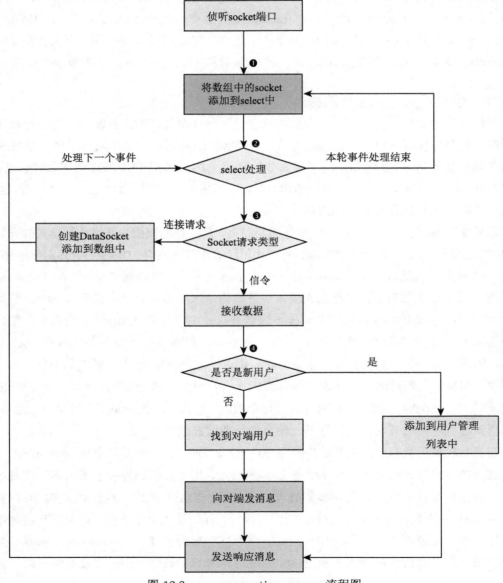

图 12.2　peerconnection_server 流程图

周而复始，一轮一轮地处理网络事件，直到进程结束或服务器关机为止。

了解了信令服务器整体的工作流程之后，我们再了解一下在信令服务器内部各类对象之间是如何按照时序协调工作的。图 12.3 中给出了 pc server 的时序图。

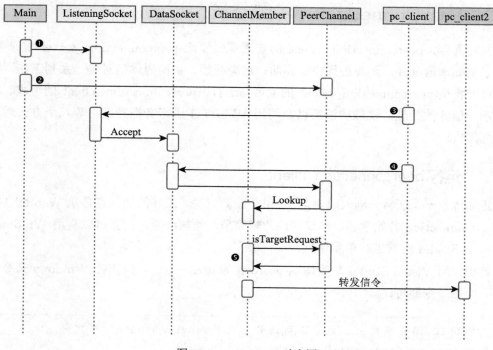

图 12.3 pc server 时序图

从图 12.3 中可以看到，信令服务器首先在 main 函数中创建了 ListeningSocket 对象和 PeerChannel 对象，也就是图中的步骤❶和步骤❷。之后它利用 ListeningSocket 对象侦听 8888 端口，当 8888 端口打开后，客户端 pc_client 向该端口发送连接请求，也就是图中的第❸步。此时，ListeningSocket 调用 Accept() 方法接收 pc_client 发出的请求，同时创建 DataSocket 对象用以接收后续 pc_client 发来的信令消息。当 pc_client 向信令服务器发送信令时，即第❹步，前面创建的 DataSocket 对象会接收到该信令。DataSocket 收到消息后，会到 PeerChannel 的管理列表中查找与该 DataSocket 对应的 ChannelMember 对象，并将接收到的信令交由 ChannelMember 对象进行解析；如果在 PeerChannel 中没有查到对应项，则会创建一个新的 ChannelMember 对象，并将其添加到 PeerChannel 列表中。第❺步，如果 ChannelMember 发现收到的信令是要求转发给 pc_client2 的，则调用 isTargetRequest() 方法从 PeerChannel 对象中获取目标用户的 ChannelMember，并最终通过它找到对应的 DataSocket，然后将消息转发过去。

通过以上分析，我们对 PeerConnection 信令服务器的整体结构、内部运转机制以及要实现的功能都非常清楚了。

12.2 PeerConnection 客户端分析

相对而言，peerconnection_client 的实现逻辑要比 peerconnection_server 复杂得多，它除了要处理信令外，还要进行控制界面、渲染视频、协商媒体信息等一系列工作。接下来，我们将从 peerconnection_client 的编译与运行、peerconnection_client 的组成、界面的展示、信令的处理、视频的渲染以及利用 WebRTC 进行音视频通信等几个方面对其进行详细剖析。

12.2.1 运行 peerconnection_client

正如本章开头所言，刚入门学习 WebRTC 源码时，最好的切入点是从 WebRTC 的例子 PeerConnection 开始学起，不仅代码逻辑简单，结构清晰，而且可以利用 Windows 下的 Visual Studio 对其进行单步调试。

若想使用 Visual Studio 单步调试 peerconnection_client，只需在 Windows 命令行下执行下面的命令即可：

```
1  //WebRTC 编译成功后, 执行下面的命令生成Visual Studio工程文件
2  $ gn gen --ide=vs out\Default
```

当执行完上述命令后，在 WebRTC 的 src/out/Default/目录下便可找到 all.sln 文件，该文件就是 Windows 下 WebRTC 的 Visual Studio 工程文件，通过它就可以对 peerconnection_client 进行单步调试了。用 Visual Studio 打开 all.sln 后，可以看到图 12.4所示的界面。

实际上，all.sln 是整个 WebRTC 的 Visual Studio 工程文件，它包含很多子项目，如图 12.4所示。如果此时点击 Visual Studio 中的运行键编译该工程的话，Visual Studio 会按照工程文件中项目列表的顺序从上到下地编译每个子项目。但按这种顺序是无法将 peerconnection_client 成功编译出来的，原因在于子项目之间有着严格的依赖关系，而这种依赖关系并不是 Visual Studio 工程文件中显示的那种自上而下的关系。要想让 Visual Studio 正确地编译 peerconnection_client，需要先将它设置为"启动项目"，这样 Visual Studio 就找到了编译项目的起点，之后编译 connection_client 时，发现有哪个依赖项目，就去编译哪个依赖项目，按照深度优先树算法，最终将 peerconnection_client 编译出来。

在 Visual Studio 中将 peerconnection_client 设置为"启动项目"非常简单,只要按照图 12.4中的顺序,在 peerconnection_client 项目上点击鼠标右键,在弹出的菜单中点击"Set as StartUp Porject"即可。

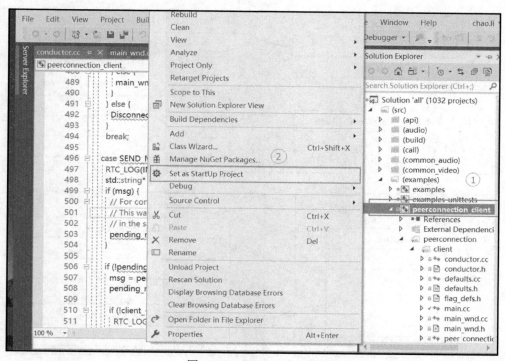

图 12.4　WebRTC 工程

12.2.2　peerconnection_client 的组成

在 Visual Studio 中打开 peerconnection_client 项目,可以看到里边包含多个文件,每个文件都完成一项具体功能。

- main.cc,是整个程序的入口,完成一些初始化及主流程的控制工作。
- main_wnd.cc、main_wnd.h,Windows 操作界面的控制及视频的渲染工作都是在该文件中实现的。
- peer_connection_client.cc、peer_connection_client.h,用于信令的收发工作。
- conductor.cc、conductor.h,利用 WebRTC 库实现音视频通信。媒体协商、音视频数据的采集以及从 track 中读取视频数据进行渲染等都是在该文件中实现的。
- defaults.cc、defaults.h,实现了几个常用的函数。

以下再从类对象的角度分析 peerconnection_client 的组成。peerconnection_client 项

目的类关系图如图 12.5所示，这几个类分布在 main_wnd、peer_connection_client 以及 conductor 三个文件中。

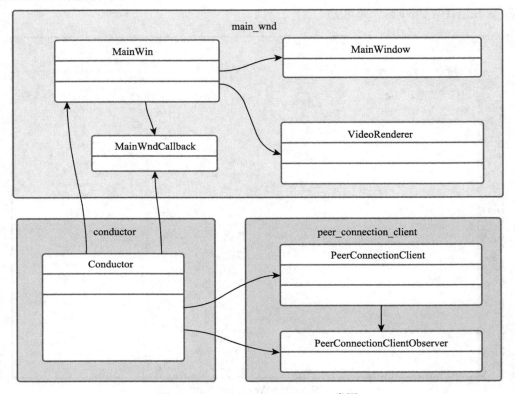

图 12.5 peerconnection_client 类图

在 main_wnd 文件中包含了 MainWindow、MainWnd、VideoRenderer 以及 Main-WndCallback 四个类。它们的含义如下：

- MainWindow 类，是接口类，其中定义了两类接口，一类用于 Windows 操作界面的切换，另一类用于视频渲染。
- MainWnd 类，继承自 MainWindow 类，在其内部实现了 MainWindow 类中定义的所有接口。此外，由于视频的渲染也是在 MainWnd 中实现的，所以该类还拥有 VideoRenderer 对象。
- VideoRenderer 类，继承自 WebRTC 的 VideoSink 类，所以它可以利用 WebRTC 库获取到视频帧，并最终将其转化为 BITMAP 图像交由 MainWnd 渲染出来。

peer_connection_client 文件中定义了 PeerConnectionClient 类，用于信令处理与收发。在 PeerConnection 项目中，需要处理的信令并不多，只有 SignIn、SignOut、SendToPeer 等几个信令。这几个信令的含义如下：

- SignIn，用户加入房间。
- SignOut，用户退出房间。
- SendToPeer，消息转发，即从一个终端转发到另一个终端。
- HangUp，结束通话。

最后一个类 Conductor 定义在 conductor 文件中，是 MainWndCallback 和 PeerConnectionClientObserver 的子类，因此 Conductor 可以接收来自 MainWnd 和 PeerConnectionClient 类的通知消息。另外，Conductor 对象还持有 MainWnd 和 PeerConnectionClient 对象指针，即 main_wnd_ 和 client_，因此它也可以根据需要直接操控这两个对象完成任务。

图 12.6 是 peerconnection_client 启动后各类对象之间交互的时序图。从该时序图中可以看到，程序从 wWinMain 函数开始执行，首先做一些初始化工作，如获取服务端 IP 地址和端口，初始化 SSL 等。之后创建了三个类对象，分别是 MainWnd、PeerConnectionClient 以及 Conductor，也就是时序图中的第❶❷❸步。

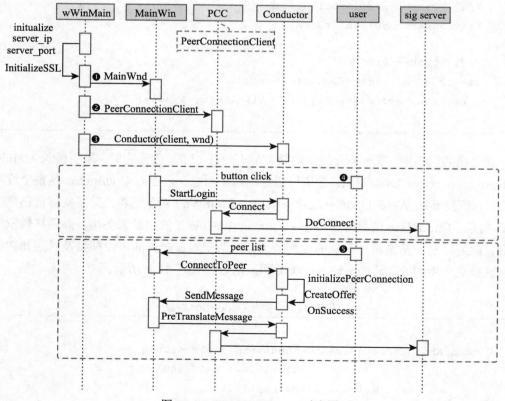

图 12.6　WebRTC Demo 时序图

在 wWinMain 函数中，创建三个对象的具体实现如代码 12.1所示。代码中首先创建了 MainWnd 对象，之后通过其 Create() 方法创建了一个 Windows 窗口。当该函数执行完成后，peerconnection_client 程序的第一个界面就显示出来了。然后创建 PeerConnection-Client 对象，为连接信令服务器做好准备。最后创建 Conductor 对象。创建 Conductor 对象时需要两个参数，即 MainWnd 对象和 PeerConnectionClient 对象。至此，peerconnection_client 的初始化工作基本完成了。

代码 12.1　PCC 创建对象

```
1   ...
2   //创建MainWnd对象
3   MainWnd wnd(server.c_str(),...);
4   if (!wnd.Create()) {
5     ...
6   }
7
8   //创建PeerConnectionClient对象
9   PeerConnectionClient client;
10
11  //创建Conductor对象
12  rtc::scoped_refptr<Conductor> conductor(
13    new rtc::RefCountedObject<...>(&client, &wnd));
14  ...
```

在上面的代码中，唯一需要注意的是 Conductor 对象。创建它时，需要传入 MainWnd 和 PeerConnectionClient 对象。之所以需要这两个对象，是因为 Conductor 是整个程序的核心，它既需要从 WebRTC 库获取视频帧交由 MainWnd 对象渲染，又需要将自己产生的 SDP 信息、Candidate 信息等交由 PeerConnectionClient 发送给服务端，并最终转发给另一端。此外，它还是这两个对象的观察者，即这两个对象产生的事件都要及时通知它，以便它能做进一步的处理。Conductor 类的构造函数如代码 12.2 所示。

代码 12.2　构造 Conductor 对象

```
1   ...
2   Conductor::Conductor(PeerConnectionClient* client,
3                        MainWindow* main_wnd)
4       : peer_id_(-1), loopback_(false),
5         client_(client), main_wnd_(main_wnd)
```

```
 6  {
 7      client_->RegisterObserver(this);
 8      main_wnd->RegisterObserver(this);
 9  }
10  ...
```

从上述代码中的第 7 行代码和第 8 行代码可以看到，PeerConnectionClient 和 Main-Wnd 对象将 this 指针（刚刚创建的 Conductor）注册为自己的观察者，这样当有事件时，就可以随时通知 Conductor 了。比如说，当 PeerConnectionClient 收到远端的 Candidate 信息时，就需要通知 Conductor 来做进一步处理。

当 wWinMain 将初始化工作完成后，peerconnection_client 的第一个界面就显示出来了，如图 12.7 所示。在该界面中输入服务器的 IP 地址和端口，然后点 Connect 按钮，客户端就会与信令服务器建立起连接。

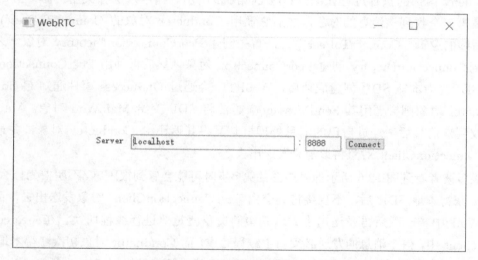

图 12.7　连接信令服务器界面

实际上，上面的操作过程就是图 12.6 中的第❹步。当用户点击 Connect 按钮后，peer-connection_client 的 MainWnd 对象首先会接收到该消息，之后 MainWnd 对象调用 Conductor 对象的 StartLogin() 方法，在 StartLogin() 方法中又会调用 PeerConnectionClient 对象的 Connect() 方法，最终通过其底层的 DoConnect() 方法与信令服务器建立连接。

当 peerconnection_client 与信令服务器成功建立连接后，peerconnection_client 会切换到第二个操作界面，如图 12.8 所示。

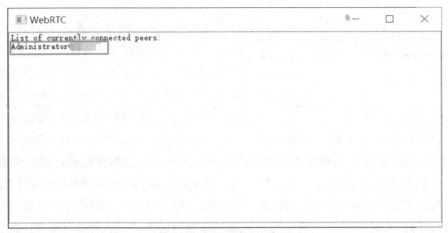

图 12.8　选择通信用户界面

此时可以在用户列表中选择想要通信的用户，从而实现一对一通信。在 peerconnection_client 内部的执行过程如图 12.6中的第❺步所示。当用户选择某用户时，MainWnd 同样是第一个收到该消息的对象，之后它调用 Conductor 对象的 ConnectToPeer() 方法完成后续的逻辑。ConnectToPeer() 方法首先创建 PeerConnectionFacotory 对象。之后通过 PeerConnectionFactory 创建 PeerConneciton 对象，然后再利用 PeerConnection 创建本地 SDP。当本地 SDP 创建成功后，WebRTC 会通过 OnSuccess 事件通知 Conductor，Conductor 对象则会调用其 SendMessage() 方法将 SDP 交给 MainWnd 对象。MainWnd 对象收到该消息后，经过自己的消息处理机制又将其返还给 Conductor 对象，并最终由 PeerConnectionClient 对象将该消息发送出去。

很多读者看到图 12.6 所示的时序图的第❺步时可能会感到很困惑，不明白为什么 Conductor 获得本地 SDP 后，不直接将其交由 PeerConnectionClient 对象发送出去，而是从 MainWnd 中转一圈后再发送出去。这其中的奥秘就是要进行线程切换。在 peerconnection_client 中，信令消息的发送必须由主线程完成，而 Conductor 对象初次获得本地 SDP 信息时，实际处于 WebRTC 库的线程中，所以必须对其进行线程切换。将 Conductor 对象从 WebRTC 线程切换到主线程的方法是先将本地 SDP 信息交给 MainWnd 对象，然后再将 SDP 消息返还给 Conductor 对象。在此过程中，由于经过了 MainWnd 对象的消息处理机制，工作线程就自然发生了切换，此时 Conductor 对象所在的工作线程就变为主线程了。

以上就是 peerconnection_client 的组成，以及各类对象之间的调用关系，了解了这些内容后，相信现在你应该对 peerconnection_client 的运作机制有了一个大体的认知了。接下来我们再进一步细化，了解一下它内部的具体实现。

12.2.3　界面的展示

peerconnection_client 程序中的界面部分是由 Windows 底层 API 实现的。在使用 Windows 底层 API 开发应用程序时，只需执行三步即可完成一个 Windows 应用程序骨架的搭建：注册窗口类、创建窗口以及处理 Windows 事件消息。

Windows 窗口的作用是什么呢？举个例子，当我们在 Windows 上打开应用程序时，会发现每个应用程序的背景、风格都不太一样。窗口类就是用来设置窗口风格的，如窗口的背景色、鼠标样式，等等。只要修改窗口类的属性，就可以创建出不同样式的窗口。此外，窗口类除了可以设置窗口的样式外，还有一个更重要的作用，就是为 Windows 程序指定消息事件处理函数。

清楚窗口类的作用后，我们看一下在 peerconnection_client 程序中是如何注册窗口类的。在 peerconnection_client 程序的 main_wnd.cc 文件的 RegisterWindowClass() 方法中，可以看到如代码 12.3 所示的片段。

代码 12.3　注册窗口类

```
1   ...
2   WNDCLASSEXW wcex = {sizeof(WNDCLASSEX)};
3   wcex.style = CS_DBLCLKS;
4   wcex.hInstance = GetModuleHandle(NULL);
5   wcex.hbrBackground = ...
6   wcex.hCursor = ::LoadCursor(NULL, IDC_ARROW);
7   wcex.lpfnWndProc = &WndProc;
8   wcex.lpszClassName = kClassName;
9   wnd_class_ = ::RegisterClassExW(&wcex);
10  ...
```

在上述代码段中，WNDCLASSEXW 类型变量 wcex 就是 peerconnection_client 程序的窗口类，它指定了程序的窗口风格。对于该变量的大部分字段，通过其名称就可以知道它们的含义，如 hbrBackground 是用来设置背景色的，hCursor 是设置鼠标风格的。有几个字段需要特别说明一下，第一个字段是第 4 行代码中的 hInstance，表示进程句柄，其值就是 main.cc 文件中 wWinMain 函数的输入参数 hInstance。在 Windows 系统中，每个应用程序都有一个唯一的进程句柄，操作系统内部可以通过它来找到对应的程序实例。第二个字段是第 7 行代码中的 lpfnWndProc 字段，该字段用于为应用程序指定消息事件处理函数（该函数在后面介绍）。第三个字段是第 8 行代码中的 lpszClassName 字段，该字段指定了窗口类的名称。在创建窗口时，Windows 系统就是通过 lpszClassName 字段找到窗口类从而绘制出窗口的。当 WNDCLASSEXW 变量设置好后，将其传入 RegisterClassExW 接口，这样窗口类就注册好了。

注册好窗口类之后，就可以创建窗口了。Windows 底层创建窗口的 API 为 CreateWindowExW()，该接口的参数比较多，如代码 12.4 所示。

代码 12.4　创建窗口

```
1   ...
2   wnd_ = ::CreateWindowExW(
3          WS_EX_OVERLAPPEDWINDOW,
4          kClassName,
5          L"WebRTC",
6          WS_OVERLAPPEDWINDOW | WS_VISIBLE |...,
7          CW_USEDEFAULT,
8          CW_USEDEFAULT,
9          CW_USEDEFAULT,
10         CW_USEDEFAULT,
11         NULL,
12         NULL,
13         GetModuleHandle(NULL),
14         this);
15  ...
```

上面代码中的 CreateWindowExW() 方法共有 12 个参数，各参数的含义如下：

- dwExStyle，窗口扩展风格。Windows 有很多扩展风格[○]，程序中使用的 WS_EX_OVERLAPPEDWINDOW 表示该窗口是可以与其他窗口重叠在一起的。
- lpClassName，窗口类名。该值要与注册窗口类中的类名一致，此处为 kClassName。
- lpWindowName，窗口标题。在这里设置的字符串将在窗口的标题栏中显示出来，此处为 L "web RTC"。
- dwStyle，窗口标准外观样式，可选项有 WS_OVERLAPPEDWINDOW、WS_VISIBLE 等。
- X，是窗口相对于其父级窗口的 X 坐标。CW_USEDEFAULT 表示让 Windows 系统自己处理坐标位置。
- Y，是窗口相对于父级窗口中的 Y 坐标，此处为 CW_USEDEFAULT。
- nWidth，窗口的宽度。将其设置为 CW_USEDEFAULT 表示使用默认宽度，也可以

　　○　https://docs.microsoft.com/en-us/windows/win32/winmsg/extended-window-styles

设置为具体的值，如 640。

- nHeight，窗口的高度，此处为 CW_USEDEFAULT。
- hWndParent，指明该窗口的父窗口是哪一个。这里设置为 NULL，表示它没有父窗口。
- hMenu，指定窗口的菜单。由于该窗口没有菜单栏，所以将其设置为 NULL。
- hInstance，指明当前应用程序的进程句柄。它与 wWinMain 的输入参数 hInstance 是同一个值。
- lpParam，指明是否有附加数据。

在这 12 个参数中，X、Y、nWidth 和 nHeight 参数用于指明了窗口的大小和位置，dwExStyle、dwStyle 参数指明了窗口的外观样式，其他参数也都与窗口息息相关。

窗口创建好后，还有最后一步，就是处理 Windows 消息。在 Windows 中，当我们用鼠标关闭窗口、放大/缩小窗口时都会产生消息。获取到这些消息非常重要，因为可以根据不同的消息做一些不一样的处理。比如说当 Windows 收到窗口关闭消息时，就可以弹出一个气泡，并在气泡里写上"我要走了，再见！"，然后将窗口关闭。

要处理 Windows 消息，首先需要创建一个回调函数，然后将它赋值给窗口类（WNDCLASSEXW 类型变量）的 lpfnWndProc 字段，这样每当有该窗口的 Windows 消息时，系统都会回调它。通常，我们把回调函数的名称设置为 WndProc，只要看到这个函数名，就知道它是这个窗口程序的消息处理函数。设置回调函数的代码可参见代码 12.5。

代码 12.5　设置 WndProc

```
1  ...
2  wcex.lpfnWndProc = &WndProc;
3  ...
```

peerconnection_client 也不例外，它的消息事件处理函数也是 WndProc()，其如代码 12.6 所示。

代码 12.6　消息事件处理函数 WndProc()

```
1  ...
2  LRESULT CALLBACK MainWnd::WndProc(HWND hwnd,
3                    UINT msg,
4                    WPARAM wp,
5                    LPARAM lp) {
6    MainWnd* me = ...
7    ...
```

```
8     if (me) {
9       ...
10      bool handled me->OnMessage(msg, wp, lp, &result);
11      ...
12    } else {
13      result = ::DefWindowProc(hwnd, msg, wp, lp);
14    }
15    ...
16  }
17  ...
```

如上面的代码所示，WndProc() 方法有四个输入参数，它们的含义如下：

- hwnd，发送消息的窗口句柄。
- msg，消息 ID，代表不同的消息类型。
- wp，msg 的附加信息，不同消息（msg）的附加信息各有不同。
- lp，同样是 msg 的附加信息。

peerconnection_client 中的 WndProc() 函数的代码，真正重要的只有两行：一是第 10 行代码，当收到来自 peerconnection_client 自己发出的消息时，交由 MainWnd 对象的 OnMessage 方法处理；二是第 13 行代码，当收到 Windows 系统的消息时，交由 DefWindowProc() 处理。DefWindowProc() 是 Windows 系统提供的默认消息处理函数。

上面提到的 OnMessage() 方法的实现逻辑参见代码 12.7。

代码 12.7　OnMessage 方法实现

```
1   ...
2   bool MainWnd::OnMessage(UINT msg,
3               WPARAM wp,
4               LPARAM lp,
5               LRESULT* result) {
6   switch (msg) {
7     ...
8     case WM_COMMAND:
9       if (button_==reinterpret_cast<HWND>(lp)) {
10        if (BN_CLICKED == HIWORD(wp))
11          OnDefaultAction();
12      }else if(listbox_==reinterpret_cast<HWND>(lp)) {
13        if (LBN_DBLCLK == HIWORD(wp)) {
```

```
14            OnDefaultAction();
15        }
16      }
17      return true;
18    case …
19    }
20
21    return false;
22  }
23  …
```

在 OnMessage() 方法中，针对不同的消息做了区分处理。在众多的消息中，对于梳理 peerconnection_client 流程至关重要的消息是 WM_COMMAND。查阅 Windows API 手册可知，当用户从窗口菜单中选中某个菜单项，或当一个子控件给父窗口发送通知消息，再或者用户按下一个快捷键时，就会触发 WM_COMMAND 消息。在 peerconnection_client 中，WM_COMMAND 消息是由用户点击连接信令服务器的 Connect 按钮或者点击通信列表中通信对象时触发的。

当 OnMessage() 收到 WM_COMMAND 消息后，会通过其输入参数 wp 和 lp 来判定 WM_COMMAND 消息是由谁发出的。wp（Word Parameter）中存放的是通知码，通过它可以知道控件发送的动作是什么，如鼠标单击、双击等。lp（Long Parameter）存放的是窗口句柄，通过它可以知道是谁（哪个子控件）发出的通知码。

对于 OnMessage() 方法来说，虽然它对 WM_COMMAND 消息的发送者以及通知码做了区分，但它们的处理逻辑最终还是由同一个函数 OnDefaultAction() 处理的，即将决定权交给了 OnDefaultAction()。

在 OnDefaultAction() 方法中是如何处理子控件发出的事件的？其代码参见代码 12.8。

代码 12.8　OnDefaultAction() 方法

```
1  …
2  void MainWnd::OnDefaultAction() {
3    …
4    if (ui_ == CONNECT_TO_SERVER) {
5      …
6      callback_->StartLogin(server, port);
7    } else if (ui_ == LIST_PEERS) {
8      …
```

```
 9            callback_->ConnectToPeer(peer_id);
10      }
11      ...
12   }
13   ...
```

OnDefaultAction() 方法会根据 ui_ 变量的不同执行不同的逻辑。ui_ 是一个状态机，表示当前正在展示哪个窗口界面。在 12.2.2 节中曾介绍过 peerconnection_client 共有三个界面，即登录信令服务器界面、通信用户选择界面以及视频渲染界面，而 ui_ 就是为了更好地控制这三个界面的切换用的。如果 ui_ 处于登录信令服务器界面 (CONNECT_TO_SERVER) 时，则调用 Conductor 对象的 StartLogin() 方法来连接信令服务器；如果处于通信用户选择界面 (LIST_PEERS) 时，则调用 ConnectToPeer() 方法与对端建立连接。

至此，peerconnection_client 的 Windows 骨架程序就搭建好了，紧接着就是向各窗口界面里添加子控件。关于子控件的内容不是我们要讲解的重点，在此不做介绍，有兴趣的读者可以自行研究分析。当子控件添加好后，peerconnection_client 会调用 Windows 系统函数 ShowWindow(wnd, SW_SHOWNA)，最终将窗口界面展示出来。

12.2.4 视频的渲染

在 peerconnection_client 中也实现了视频渲染，是通过 GDI 的方式实现的，因此其性能相较于使用 D3D 来说要差很多。但对于一个 Demo 来说，使用 GDI 的好处是学习成本低，只需要几个 API 即可完成视频渲染工作。

peerconnection_client 是如何实现视频渲染的呢？在前面介绍的 WndProc() 方法中，有一个消息是专门用于视频渲染的，即 WM_PAINT 消息。该消息的作用是当窗口显示区域的一部分内容或者全部内容变为"无效"（即要重绘应用程序窗口）时，需要发送该消息通知应用程序更新显示区。

当 peerconnection_client 收到 WM_PAINT 消息后，会调用 OnPaint() 方法实现窗口的重绘。对于视频渲染来说，正是通过不断地重绘窗口，且每次重绘不一样的内容来实现视频渲染效果的，如代码 12.9 所示。

代码 12.9　视频渲染

```
 1   ...
 2   bool MainWnd::OnMessage(UINT msg,
 3                           WPARAM wp,
```

```
 4                         LPARAM lp,
 5                         LRESULT* result) {
 6  switch (msg) {
 7    ...
 8    case WM_PAINT:
 9      OnPaint();
10      return true;
11    ...
12  }
13  ...
14 }
```

在上面代码段中可以看到，每收到一次 WM_PAINT 消息，OnPaint() 方法便会被调用一次。

那么 WM_PAINT 消息是哪里发出来的，又是什么时间发出来的呢？在 peerconnection_client 的代码中没有任何地方出现过发送 WM_PAINT 消息的关键字。其实，WM_PAINT 消息并不是直接调用 SendMessage() 方法发送的，而是通过 InvalidateRect() 函数间接发送出来的。当需要重绘窗口时，只要调一下 InvalidateRect() 函数，就会发送一个 WM_PAINT 消息。其代码参见代码 12.10。

代码 12.10　刷新窗口

```
1  ...
2  void MainWnd::VideoRenderer::OnFrame(…) {
3  {
4    ...
5    InvalidateRect(wnd_, NULL, TRUE);
6  }
7  ...
```

通过上面的代码可以知道，每次 peerconnection_client 从 WebRTC 库收到一帧视频数据时，就会调用一次 InvalidateRect() 函数，触发 WM_PAINT 消息的发送；该消息被 WndProc() 方法接收，调用 OnPaint() 方法对视频窗口进行重绘，从而实现视频的连续渲染与播放的。这就是 peerconnection_client 视频渲染的整个过程。OnFrame 函数是由 WebRTC 底层回调的，更多的细节会在 13.4.1 节中介绍。

12.2.5　WebRTC 的使用

在第 8 章中分别介绍了在 Android 端和 iOS 端如何通过 Native 的方式使用 WebRTC 库。本节介绍在 Windows 下如何使用 WebRTC 库。在学习本节内容时，建议与第 8 章中的内容对照学习。

在 Windows 下使用 WebRTC 库的步骤与 Android 端和 iOS 端使用的步骤基本上是一样的，其过程都是先进行媒体协商，之后交换 Candidate，最终通过 Candidate 建立好网络连接。当网络连接建立好后，通信双方就可以将自己的音视频数据源源不断地发送给对方。当通信双方接收到音视频数据后，会将它们进行区分处理：如果是音频，经解码后直接送默认扬声器播放；如果是视频，不仅需要解码，还需要为它指定渲染的窗口（View），这样才能将视频展示出来。

在 Windows 端进行媒体协商之前，也需要创建 PeerConnection 对象（媒体协商接口属于 PeerConnection 对象），创建的过程与 Android 端和 iOS 端中创建的过程类似，可参见代码 12.11。

代码 12.11　创建 PeerConnectionFactory

```
1   bool Conductor::InitializePeerConnection() {
2     ...
3     peer_connection_factory_ =
4         webrtc::CreatePeerConnectionFactory(
5         nullptr /* network_thread */,
6         nullptr /* worker_thread */,
7         nullptr /* signaling_thread */,
8         nullptr /* default_adm */,
9         webrtc::CreateBuiltinAudioEncoderFactory(),
10        webrtc::CreateBuiltinAudioDecoderFactory(),
11        webrtc::CreateBuiltinVideoEncoderFactory(),
12        webrtc::CreateBuiltinVideoDecoderFactory(),
13        nullptr /* audio_mixer */,
14        nullptr /* audio_processing */);
15
16     if (!CreatePeerConnection(/*dtls=*/true)) {
17       ...
18     }
19     ...
20   }
```

如上面的代码所示，PeerConnection 对象的创建是在 Conductor 类的 InitializePeer-Connection() 方法中完成的。在创建 PeerConnection 对象之前，要先创建 PeerConnectionFactory 对象。与 Android 和 iOS 相比，在 Windows 下创建 PeerConnectionFactory 对象的方法需要输入更多参数。

- 第一个参数 network_thread，是专门用于处理网络收发包的线程。如果我们对该线程有特殊需求的话，可以将其设置为自己创建的线程；否则，可以设置为 nullptr，这样 WebRTC 内部会为其创建默认线程。
- 第二个参数 worker_thread 是 WebRTC 的工作线程。
- 第三个参数 signaling_thread 是消息处理线程。
- 第四个参数 default_adm(AudioDeviceManager) 用于音频设备的管理。
- 第五个参数 audio_encoder_factory 和第六个参数 audio_decoder_factory 用于设置音频的编解码器。
- 同理，第七个参数 video_encoder_factory 和第八个参数 video_decoder_factory 用于设置视频的编解码器。
- 第九个参数 audio_mixer 用于处理混音，不设置则使用默认音频混音器。
- 第十个参数 audio_processing 用于 3A 处理（回音消除、降噪、自动增益），如果不设置，则使用 WebRTC 的默认值。

以上参数中，大部分都不需要设置，因为 WebRTC 内部都有调优后的默认值。但对于音视频的编解码器来说，在 PC 端，WebRTC 默认设置的是软编码器和软解码器。如果想要使用硬件编解码器，则需要像上述代码一样，调用 CreateBuiltinXXXFactory() 方法进行设置。

PeerConnectionFactory 对象创建好后，接下来就可以创建 PeerConnection 对象了，PeerConnection 对象的创建是在 CreatePeerConnection() 方法中完成的，具体参见代码 12.12。

代码 12.12　创建 PeerConnection

```
1   ...
2   bool Conductor::CreatePeerConnection(bool dtls) {
3
4     ...::RTCConfiguration config;
5     //设备SDP格式PlanB 或 UnifiedPlan
6     config.sdp_semantics = ...::kUnifiedPlan;
7
8     //设置底层数据加密传输方式
```

```
9       config.enable_dtls_srtp = dtls;
10      webrtc::PeerConnectionInterface::IceServer server;
11
12      server.uri = GetPeerConnectionString();
13      config.servers.push_back(server);
14
15      peer_connection_ = peer_connection_factory_
16                      ->CreatePeerConnection(config,
17                              nullptr, nullptr, this);
18      ...
19   }
20   ...
```

在 peerconnection_client 中创建 PeerConnection 对象与在 Android 和 iOS 下创建是一样的，只不过 config 参数中设置了更多的信息。其中 sdp_semantics 用于指定 SDP格式，在 WebRTC 中默认使用的 SDP 格式是 PlanB，但这种格式基本已被 UnifiedPlan格式所代替。所以建议在创建 PeerConnection 对象时，将 SDP 设置为 UnifiedPlan 格式。enable_dtls_srtp 用于指定是否使用 dtls_srtp 协议。在 WebRTC 底层有两种加密方式，一种是 dtls_srtp，另一种是 SDES，WebRTC 推荐使用 dtls_srtp 方式。最后一个 server.uri用于指定 STUN 服务器地址。

另外，在创建 PeerConnection 对象的 CreatePeerConnection() 方法中输入的参数也略有不同。

- 第一个参数 config，用于设置一些配置信息。
- 第二个参数 allocator，是网络端口分配器。当设置为 nullptr 时，WebRTC 会使用默认分配器。建议使用默认分配器。
- 第三个参数 cert_generator，是证书生成器，只有需要生成特定证书时才使用该参数，所以该参数也建议使用默认值。
- 第四个参数 observer，为 PeerConnection 的观察者。这里设置的是 Conductor 对象，可以及时了解 PeerConnection 的变化。比如当 PeerConnection 收到远端音视频流时，就会通过 OnAddTrack() 方法通知 Conductor 对象。

当 PeerConnection 对象创建好后，还需要为其添加本地音视频轨，这是非常关键的一步。对于刚入门的读者来说，这一步是很容易被遗忘的。如果没有添加本地音视频轨，WebRTC 内部就无法为其产生带有媒体信息的 SDP，媒体协商时就会失败，双方也就无法进行通信了。

在 peerconnection_client 中，是通过 Conductor 对象的 AddTracks() 方法来为 Peer-Connection 对象添加音视频轨的。在 AddTracks() 函数中，首先创建了音频轨和视频轨对象，然后再将其添加到 PeerConnection 对象中。需要注意的是，音视频轨的创建是有区别的。

首先看一下音频轨的创建，如代码 12.13 所示。

代码 12.13 创建音频轨

```
1   ...
2   void Conductor::AddTracks() {
3     ...
4     //创建音频轨
5     rtc::scoped_refptr<...> audio_track(
6         peer_connection_factory_
7             ->CreateAudioTrack(
8                 kAudioLabel,
9                 peer_connection_factory_
10                    ->CreateAudioSource(
11                        cricket::AudioOptions()
12                    )
13               )
14   );
15
16   auto result_or_error =
17       peer_connection_
18           ->AddTrack(audio_track, {kStreamId});
19   ...
20 }
```

本地音频轨的创建是由 PeerConnectionFactory 对象的 CreateAudioTrack() 方法完成的，需要两个输入参数：第一个参数是音频标识串字符；第二个参数是 AudioSource 指针，而 AudioSource 指针又是由 CreateAudioSource() 方法创建的。通过 CreateAudioTrack() 方法将 AudioTrack 对象创建好后，接下来就可以调用 AddTrack() 方法将其添加到 Peer-Connection 对象中了。

相比较而言，视频轨的创建要比音频轨复杂一些。在创建视频轨之前，首先要选择合适的视频源（视频源的选择是由自定义类 CapturerTrackSource 完成的），然后以视频源为参数创建视频轨。视频轨创建好后，同音频轨一样，也需要调用 AddTrack() 方法将其添加到 PeerConnection 对象中。创建视频轨的整个过程如代码 12.14 所示。

代码 12.14　创建视频轨

```
1   ...
2   void Conductor::AddTracks() {
3     ...
4     //创建视频设备
5     rtc::scoped_refptr<...>
6         video_device = CapturerTrackSource::Create();
7
8     //创建视频轨
9     if (video_device) {
10      rtc::scoped_refptr<...> video_track_(
11          peer_connection_factory_
12              ->CreateVideoTrack(kVideoLabel,
13                                 video_device));
14
15      //显示本地视频
16      main_wnd_->StartLocalRenderer(video_track_);
17
18      result_or_error =
19          peer_connection_->AddTrack(video_track_,
20                                     {kStreamId});
21      ...
22    }
23    ...
24  }
25  ...
```

从上述代码中还可以看到，视频源 video_device 是由自定义类 CapturerTrackSource 的静态方法 Create() 生成的。在 Create() 方法内部会遍历设备列表，从中找到第一个可用的设备，然后通过该设备采集视频。其实，这段逻辑与 iOS 端创建视频源的逻辑是类似的。视频轨 video_track_ 创建好后，可以用在多个地方，比如上面代码中视频轨就被用到了两个地方：一是被添加到 PeerConnection 对象中，以便生成 SDP 信息；二是作为本地视频的渲染源被添加到 localRenderer 中。

音视频轨被添加到 PeerConnection 对象中后，就可以调用 CreateOffer() 方法创建 SDP 信息了，具体参见代码 12.15。

代码 12.15　创建 SDP 信息

```
1   ...
2   void Conductor::ConnectToPeer(int peer_id) {
3     ...
4     if (InitializePeerConnection()) {
5       peer_connection_->CreateOffer(
6               this,
7               webrtc::...::RTCOfferAnswerOptions());
8     }
9     ...
10  }
11  ...
```

上面代码中的第 4 行代码是对 PeerConnection 对象的创建与设置。第 5 ~ 7 行调用 CreateOffer() 方法创建 SDP，该方法有两个参数：

- 第一个参数是事件观察者，即当 SDP 创建成功或失败时异步通知 Conductor 对象。
- 第二个参数是媒体协商选项，可以设置很多配置项，如是否开启静音检测、RTCP 与 RTP 端口是否复用等。

如果调用 CreateOffer() 方法成功创建了 SDP，则 WebRTC 会回调 Conductor 对象的 OnSuccess() 方法，最终通过信令处理模块将创建好的 SDP 发送给对端；如果创建 SDP 失败，则会回调 Conductor 的 OnFailure() 方法。

之后的流程就是媒体协商、交换 Candidate、处理远程 track 事件……这些逻辑与 Android 端和 iOS 端都是一样的，这里不再赘述。

12.2.6　信令的处理

在 12.2.2 节中曾介绍过，peerconnection_client 中的信令处理类为 PeerConnection-Client 类，需要处理的信令包括 SignIn、SignOut、SendToPeer 等。我们要从三个方面来理解 peerconnection_client 的信令：一是信令的格式；二是信令连接的建立；三是收到信令后做什么。

在 peerconnection_client 中，其信令都是以标准的 HTTP GET 格式呈现的。各信令的内容如下：

- 用户登录（SignIn）信令

```
"GET /sign_in?client_name HTTP/1.0\r\n\r\n"
```

- 用户退出（SignOut）信令

```
"GET /sign_out?peer_id=xxx HTTP/1.0\r\n\r\n"
```

- 用户等待（Wait）信令

```
"GET /wait?peer_id=xxx HTTP/1.0\r\n\r\n"
```

- 向对端发送命令（Message）信令

```
"GET /message?peer_id=xx&to=xxx HTTP/1.0\r\n\r\n"
"Content-Length: xxx\r\n"
"Content-Type:text/plain\r\n"
"\r\n"
"XXX"
```

上述四个信令中，SignIn 和 SignOut 比较好理解，Wait 和 Message 信令需要特别说明一下。Wait 信令的作用是从信令服务端（代表自己）的消息队列中获取暂存的中转消息（SDP、Candidate）。Message 信令的作用是将中转信令，如 SDP、Candidate，存放到对端在服务器上的消息队列中。此外，通过 Message 信令的格式可以知道，解析 Message 信令时，除了要解析信令的 HTTP 头外，还要解析 HTTP 的 Body 部分，因为 Message 的 Body 中存放的就是 SDP 或 Candidate。

peerconnection_client 的信令连接是如何建立的？当点击 peerconnection_client 连接界面的 Connect 按钮时，StartLogin() 方法会被调用，之后通过层层调用，最终利用 WebRTC 底层的 Socket 与信令服务器建立起连接。其调用过程参见代码 12.16。

代码 12.16　连接信令服务器过程

```
1  -> Conductor::StartLogin(…)
2  -> PeerConnectionClient::Connect(…)
3  -> PeerConnectionClient::DoConnect(…)
4  …
```

在上述调用过程中，PeerConnectionClient 类中的 DoConnect() 方法是真正用来与信令服务器建立网络连接的函数，其逻辑参见代码 12.17。

代码 12.17　连接信令服务器

```
1  void PeerConnectionClient::DoConnect() {
2    control_socket_.reset(CreateClientSocket(…));
3    …
4    InitSocketSignals();
5    …
6    bool ret = ConnectControlSocket();
7    …
8  }
```

在上述代码中，第 1 行行代码的 CreateClientSocket() 方法创建了两个 AsyncSocket⊖对象，一个用于创建长连接，另一个用于创建短连接。第 4 行代码的 InitSocketSignals() 方法用于为 AsyncSocket 对象设置回调函数。第 6 行的 ConnectControlSocket() 方法用于与信令服务器建立起真正连接。

下面来看一下 InitSocketSignals() 方法中都设置了哪些回调函数，以及这些函数的作用是什么，具体参见代码 12.18。

代码 12.18　设置回调函数

```
1   void PeerConnectionClient::InitSocketSignals() {
2     …
3     control_socket_
4       ->SignalCloseEvent.connect(this,
5             &PeerConnectionClient::OnClose);
6     hanging_get_
7       ->SignalCloseEvent.connect(this,
8             &PeerConnectionClient::OnClose);
9     control_socket_
10      ->SignalConnectEvent.connect(this,
11            &PeerConnectionClient::OnConnect);
12    hanging_get_
13      ->SignalConnectEvent.connect(this,
14            &PeerConnectionClient::OnHangingGetConnect);
15    control_socket_
16      ->SignalReadEvent.connect(this,
17            &PeerConnectionClient::OnRead);
```

⊖ AsyncSocket 是在 WebRTC 中定义的采用异步方式处理网络事件的对象。peerconnection_client 就是采用这种异步的方式向信令服务器发送 SignIn 消息的。

```
18    hanging_get_
19        ->SignalReadEvent.connect(this,
20            &PeerConnectionClient::OnHangingGetRead);
21  }
```

从上面的代码中可以看到，函数中有两个连接，分别是 control_socket_ 和 hanging_get_，这两个连接就是由上面介绍的 CreateClientSocket() 方法创建的。其中 control_socket_ 是长连接，用于发送登录、退出消息；hanging_get_ 是短连接，用于发送/接收中转信令。

在 InitSocketSignals() 方法中，为不同的连接设置了不同的回调函数。其中，为 control_socket_ 设置的回调函数有 OnClose()、OnConnect() 以及 OnRead()；为 hanging_get_ 设置的回调函数有 OnClose()、OnHangingGetConnect() 和 OnHangingGetRead()。这些回调函数的作用如下：

- OnClose()，收到信令服务器连接关闭消息时回调该函数。
- OnConnect()，control_socket_ 与信令服务器连接建立成功时回调该函数。
- OnRead()，control_socket_ 收到数据时回调该函数。
- OnHangingGetConnect()，hanging_get_ 与信令服务器连接建立成功时回调该函数。
- OnHangingGetRead()，hanging_get_ 收到数据时回调该函数。

在上述几个回调函数中，OnClose()、OnConnect()、OnRead() 比较容易理解，在此不做介绍了。重点介绍一下 OnHangingGetConnect() 和 OnHangingGetRead() 函数。

OnHangingGetConnect() 函数利用 hanging_get_ 连接向信令服务器发送 Wait 信令，服务器收到该信令后，会从客户端对应的消息队列中取出一个中转消息，并返回给客户端。需要注意的是，服务端每次给客户端返回中转消息后，会将 hanging_get_ 连接断开，而客户端每次检测到与信令服务的连接断开后，又会重新向信令服务器发起连接请求，当连接成功后，又会发送 Wait 信令获取中转消息。如此循环往复，直到服务端消息队列变空为止。

OnHangingGetRead() 函数实现比较复杂，其作用是接收信令服务器发来的中转消息，然后对其进行 HTTP 解析，取出 Body 部分交给 Conductor 类处理，具体参见代码 12.19。

代码 12.19　读取返回消息

```
1   void PeerConnectionClient::
2     OnHangingGetRead(rtc::AsyncSocket* socket) {
3       ...
4       if (ReadIntoBuffer(…)) {
5           ...
```

```
6          ParseServerResponse(…);
7
8      if (ok) {
9       …
10      if (my_id_ == static_cast<int>(peer_id)) {
11        …
12        if (ParseEntry(…)) {
13          if (connected) {
14            peers_[id] = name;
15            callback_->OnPeerConnected(id, name);
16          } else {
17            peers_.erase(id);
18            callback_->OnPeerDisconnected(id);
19          }
20        }
21      } else {
22        OnMessageFromPeer(static_cast<int>(peer_id),
23            notification_data_.substr(pos));
24      }
25    }
26    …
27  }
28  …
29 }
```

从上面的代码中可以看到，该函数首先将中转消息存放到缓冲区中（第 4 行代码），然后对其进行 HTTP 解析（第 6 行代码），再根据解析出的 peer_id 判断此消息是服务端的响应信令还是对端的中转信令。如果是连接响应信令，则交由 Conductor 类的 OnPeerConnected() 方法处理；如果是断开响应信令，则交由 Conductor 类的 OnPeerDisconnected() 方法处理；如果是中转信令，则交由 Conductor 类的 OnMessageFromPeer() 方法处理。在 Conductor 类的 OnMessageFromPeer() 中，又会对 Body 进行解析，最终实现媒体协商或添加 Candidate 的工作。

12.3　小结

本章花费了大量的篇幅详细剖析了 WebRTC 中的 peerconnection 程序的实现细节，包括 server 和 client 两部分。该程序是打开 WebRTC 大门的一把钥匙，是我们学习 WebRTC 源码之前必须弄明白的。有了这个基础，就可以更好地深入 WebRTC 源码里剖析想要了解的内容。

在阅读本章内容时，一定要先将 WebRTC 的开发环境搭建好，一边阅读本章所讲的内容一边看 peerconnection 代码，这样可以达到更好的学习效果。

WebRTC源码分析

想通过一个章节的内容就将 WebRTC 源码细节讲清楚是不切实际的。WebRTC 源码涉及的知识太多、太广，随便选其中一个主题就可以写一本书。因此在本章中，只能尝试着将 WebRTC 的整体流程介绍清楚，而更多的细节还需要读者自己不断地深入分析。

本章首先介绍 WebRTC 中的数据流是如何流转的，使读者对 WebRTC 有一个整体上的认知。之后再逐步细化，深入讲解在工作中用到的几个重要的模块，从而使读者不但可以知道 WebRTC 的运行机制，还能在工作中处理实际问题。在本章中，我们从 WebRTC 的众多主题中挑选了以下几个主题进行重点介绍，即 WebRTC 的数据流、WebRTC 线程模型、音视频数据采集、音视频编解码、音视频渲染、网络传输，将这几个主题了解清楚后，就能对 WebRTC 的整体脉络有一个清晰的认识，并能解决工作中的大部分问题。下面就开始我们的 WebRTC 源码分析之旅吧！

13.1　WebRTC 的数据流

WebRTC 的数据流如图 13.1所示，展现了 WebRTC 数据流的大体逻辑。

该图按数据的流转方式将 WebRTC 分成了两部分，其中粗虚线的上半部分用于数据的发送，称之为发送侧，而下半部分用于数据的接收，称之为接收侧。

首先看一下发送侧的逻辑，其数据流从左向右流转。当通信的双方媒体协商成功后，便开始采集数据。WebRTC 可以采集多种数据类型，最常见的就是音频和视频数据，还可以是桌面数据（按视频数据处理）、应用数据（多媒体文件、文本文件、各种二进制文件）等。

采集音视频数据后，要交给音视频编码器进行编码。但在此之前，还有一些额外的工作需要完成。对于视频而言，由于采集到的视频帧参数有可能与目标帧参数不一致，因此需要根据目标帧参数对其做适当的调节。如采集到的视频帧发生了旋转，在编码之前要将其转正；如采集的帧率过多，则要将多余的帧丢掉。此外，处理后的视频帧除了交由编码器编码外，还需要发送给本地渲染模块一份以进行本地预览。而对于音频而言，在编码之前要对其进行声音信号处理，最主要的是进行 3A⊖处理。关于 3A 的内容是另外一个话题，不在本书中介绍，有兴趣的读者可以关注作者的网站⊖。

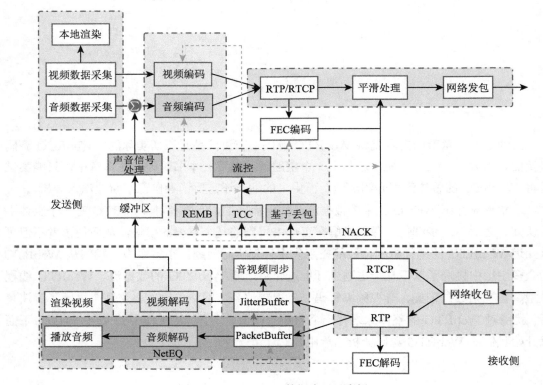

图 13.1　WebRTC 数据流（见彩插）

通过上面的介绍可以知道，如果想在直播中对视频做一些特效处理（如瘦脸、大眼、美白等），最好在采集数据与数据编码之间进行，经特效处理后的音视频数据最终交由编码器进行压缩编码。

WebRTC 支持多种编解码器。对于视频来说，支持 VP8、VP9、H264 等编码器，默认

⊖　AEC（Acoustic Echo Cancellation），回音消除。ANC（Active Noise Control），主动降噪。AGC（Automatic Gain Control），自动增益。

⊖　https://avdancedu.com

使用的编码器是 VP8；对于音频而言，支持的编码器就更多了，如 iLBC、iSAC、G.722、Opus 等，默认使用的编码器是 Opus。

需要注意的是，编码器输出码流的大小受拥塞控制的限制。当用户网络带宽好的时候，拥塞控制会通知编码器增大码流；反之，当用户网络带宽变差时，拥塞控制通知编码器减少码流以防止网络过载。

那么，WebRTC 中的带宽又是如何评估的呢？有两种评估方法，一种是基于丢包的评估方法，另一种是基于延迟的评估方法。基于延迟的评估方法又分为两种：一种是基于接收端的方法，称为 Goog-REMB⊖，该方法已被基本淘汰（但 WebRTC 还兼容该方法）；另一种是基于发送端的方法，称为 Transport-CC⊖。拥塞控制通过基于丢包和基于延迟的评估方法分别评估出用户的带宽后，取其中最小的值作为最终带宽的评估结果。

经编码器编码后的数据需要交由 RTP/RTCP 模块进行打包。对于视频来说，由于视频帧都比较大，因此会被拆分成多个 RTP 包发送。RTP 包到达接收端后，接收端根据 RTP 头中的 Sequence、TimeStampe 等字段将多个 RTP 包组成原帧。在网络传输的过程中，难免会发生丢包的情况。WebRTC 对于丢包有两种处理方法：一种是通过 RTCP 的 NACK⊖消息，让发送端将丢失的包重新补发；另一种是使用 FEC⑳算法，通过发送一些冗余数据来修复丢失的包，以避免通过 NACK 重发包带来的延迟。对于音频来说，由于每个音频包都很小，因此可以将多个音频包打成一个 RTP 包进行发送。

默认情况下，WebRTC 会将打好包的音视频包经 FEC 重新编码后再发送出去。当然它也提供了控制接口，你可以根据自己的需要打开或关闭 FEC 功能。此外，FEC 也是受拥塞控制限制的，在网络带宽不足的情况下，拥塞控制机制会对数据的源头、处理过程以及发送的各个环节进行控制，从而达到精准控制码流的效果。

接下来我们再看一下图 13.1 中的下半部分即接收侧的逻辑。

接收端在收到网络包后，首先按类型将其拆分为 RTP 和 RTCP 包。对于 RTP 包，还会判断其是否为 FEC 编码，如果是经 FEC 编码的，则进入 FEC 解码模块进行还原，然后按 PayloadType 将其拆分为音频数据和视频数据进行单独处理。

如果是视频数据，则会被放入 JitterBuffer 模块进行平滑处理，以防止视频包出现抖动。同时，JitterBuffer 模块还负责实现音视频的同步。通常我们做播放器时，以音频的时间为主轴，视频向音频同步，而直播类的产品则恰恰相反，它需要音频向视频靠拢。如果是音频数据包，则会被放入 NetEQ 中。NetEQ 做的事情就比较复杂了，它首先也是对音

⊖ Goog-REMB（Google Receiver Estimated Max Bitrate），接收端评估的最大码率。

⊖ Transport-CC（Transport Congestion Control），传输拥塞控制。

⊖ NACK（Negative Acknowledgement），否定确认。

⑳ FEC（Forward Error Correction），向前纠错。

频数据进行平滑处理，消除抖动，然后进行音频解码，最后再根据音频时间戳对音频进行同步处理。音频同步处理的规则如下：如果音频包没有丢包、抖动等问题，则正常解码播放音频；如果音频数据有堆积，则加速播放；如果音频数据不足，则采用变速不变调的方法将语音拉长。

至此，我们已将 WebRTC 数据流从发送到接收的整个流转过程介绍完了，接下来我们再深入分析一下这个过程中的几个重要的模块，以便对 WebRTC 有更深入的理解。

13.2 WebRTC 线程模型

要学习和掌握任何一个系统或开源库，了解并掌握其线程模型是至关重要的。相较于其他系统来说，WebRTC 的线程模型是比较复杂的。从图 13.2可以知道，WebRTC 是由许多线程组成的，而且图中也只是 WebRTC 全部线程的一部分（是最重要的一部分）。线程越多，意味着系统越复杂，越让人难以理解其运作机制。尤其是线程间的配合，如果处理不好的话，会直接影响 WebRTC 的整体性能。以下从 WebRTC 线程的创建、线程的使用以及线程间的切换几个方面详细介绍 WebRTC 线程是如何工作的。

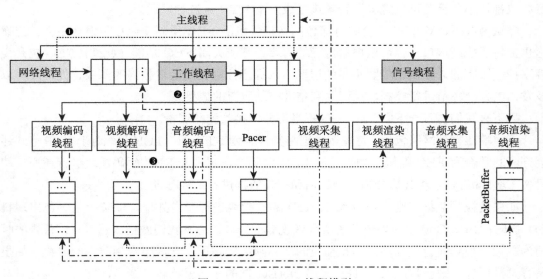

图 13.2 WebRTC 线程模型

13.2.1 WebRTC 线程的创建与使用

对 WebRTC 的线程模型可以从创建和运行两个不同的角度来理解。

从创建的角度看，WebRTC 的线程被划分为两层。第一层由三个线程构成，即网络线程、工作线程以及信令线程。这三个线程可以在 WebRTC 库外由用户自己创建后传给 WebRTC 管理，也可以由 WebRTC 在构造 PeerConnectionFactory 对象时自己创建。一般情况下，我们使用后一种方法，即让 WebRTC 自己创建三个线程。需要特殊说明的是，WebRTC 自己创建线程时，实际只创建了两个线程，即网络线程和工作线程，而信令线程则是由主线程来代替的。具体实现参见代码 13.1。

代码 13.1　WebRTC 线程创建过程

```
1  ...
2  if (!network_thread_) {
3    ...
4  }
5
6  if (!worker_thread_) {
7    ...
8  }
9  //信令线程指向当前线程，即主线程
10 if (!signaling_thread_) {
11   signaling_thread_ = rtc::Thread::Current();
12   ...
13 }
14 ...
```

网络线程、工作线程以及信令线程创建好后，它们会根据业务的需要创建子线程，从而形成第二层线程。其中工作线程会创建视频编码线程、视频解码线程、音频编码线程、Pacer 线程等，信令处理线程则会创建视频采集线程、视频渲染线程、音频采集线程以及音频渲染线程。

WebRTC 线程模型中的第一层线程是必须存在的，也就是说只要使用 WebRTC 库，三个线程就必然会被创建。第二层线程则不一定存在，比如使用 WebRTC 时没有开启音视频业务，WebRTC 就不会创建与音视频相关的线程。

从运行的角度看，WebRTC 的线程模型分为三层，第一层还是网络线程、工作线程以及信令线程，第二层是音视频编解码层，第三层是硬件访问层，用于进行音视频的采集与渲染。

举个例子，当对端发送视频包过来时，本机的 WebRTC 会利用网络线程接收该视频包，并找到对应的 Channel，然后对收到的 SRTP 包进行解密，将其还原回 RTP 数据，再交由

工作线程处理，也就是图 13.2中的步骤❶。工作线程不断地从任务队列中取出 RTP 包，判断是视频包后做一系列逻辑处理，再将数据交给视频解码线程进行解码，即步骤❷。此时，数据从第一层流入第二层，即进入视频解码线程。视频解码线程将数据解码后，执行步骤❸，将视频帧交由视频渲染线程处理。此时数据流入第三层。对于 peerconnection_client 来说，视频渲染线程的工作是由主线程承担的，因此解码好的视频帧会被插入主线程的窗口消息队列中，最终由主线程将其渲染出来。以上就是视频包从进入 WebRTC 到被 WebRTC 消费掉的整个过程。

　　通过上面的例子我们了解了视频包从接收到被消费的大体过程，对于接收到的音频包的处理过程也是如此。音视频从采集到打包发送的过程已在图 13.2中显示出来，按图中箭头的方向可以很容易地找出其完整的流转路径。

13.2.2　线程切换

　　上一节中我们讲到了数据会在 WebRTC 的线程间不断地切换，那么 WebRTC 是如何实现这种切换的呢？实际上其原理非常简单，如图 13.3所示。

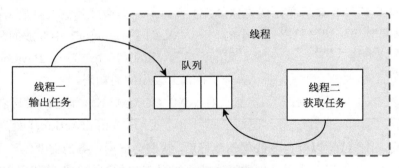

图 13.3　线程切换原理

　　在 WebRTC 中，每个线程对象都是由线程本身和队列组成的。队列中可以存放任何类型的数据，既可以是音视频这种二进制数据，也可以是一个任务对象。对于接收线程来说，它通过一个 while 循环不停地从自己的队列中取出数据进行处理，如图 13.3中的线程二所示。当线程一将处理好的数据交换到线程二进行处理时，它只需将自己的输出数据/任务插入线程二的列队中即可。

　　为了方便在线程间切换，WebRTC 提供了两种线程间切换的方法，即 Post() 和 Send()。Post() 方法最简单，在其内部会构造一个 Message 对象，然后将 Message 对象插入队列中即完成任务。Send() 方法则要复杂得多，不仅要构造 Message 对象并将它插入队列中，还要等待插入队列中的任务执行完后，才能继续自己的逻辑，实际上就是将 Post() 方法的异步处理变成了同步调用。

在 WebRTC 中，除了 Post() 和 Send() 方法可以切换线程外，还有两种变型方法：PostTask() 和 Invoke()。PostTask() 方法是从 Post() 方法衍生出来的，而 Invoke() 方法则是从 Send() 方法衍生出来的。这两种方法与原方法的最大区别是，衍生方法需要执行指定的处理函数，而原方法更加灵活。下面举几个例子，看一下在 WebRTC 中是如何使用这几种方法来切换线程的。

1. 利用 Post() 和 PostTask() 方法切换线程

首先从最简单的 Post() 方法开始。该方法定义在 rtc_base 目录的 thread.h 文件中，其接口参见代码 13.2。

代码 13.2　Post 接口定义

```
1  virtual void Post(const Location& posted_from,
2                    MessageHandler* phandler,
3                    uint32_t id = 0,
4                    MessageData* pdata = nullptr,
5                    bool time_sensitive = false);
```

在上述方法的参数中，第一个参数 posted_from 用来记录发生线程切换的位置。该参数对于我们排查问题有帮助，可以快速定位到问题所在的线程，除此之外它不参与任何逻辑处理。第二个参数 phandler 最为重要，它是一个包含 OnMessage() 方法的类对象。当线程发生切换时，目标线程会调用该参数的 OnMessage() 方法做进一步的逻辑处理。第三个参数 id 表示消息 ID，当源线程处理的数据包含多种类型（如音频和视频）时，目标线程可以通过该参数对数据进行区分。第四个参数 pdata 表示一个数据指针，目标线程需要处理的数据就存放在该指针所指向的地址中。最后一个参数 time_sensitive 已被淘汰，该值应该一直为 false。

WebRTC 是如何使用该接口的呢？当 WebRTC 的网络线程收到第一个视频包时，它会通知上层（业务层）远端有视频数据来了，此时网络线程就会向信令线程 Post 发送一个 MSG_FIRSTPACKETRECEIVED 类型的消息，其具体操作参见代码 13.3。

代码 13.3　使用 Post() 方法

```
1  ...
2  signaling_thread()->Post(RTC_FROM_HERE,
3                           this,
4                           MSG_FIRSTPACKETRECEIVED);
```

```
5  ...
```

在上面的调用中，RTC_FROM_HERE 参数是 WebRTC 定义的宏，用来获取当前的位置信息，实际上就是在其内部生成一个带有函数名和行号的 Location 对象。第二个参数 this 是指调用 Post() 方法的对象，该对象一定是继承自 MessageHandler 类的，且实现了 OnMessage() 方法。第三个参数是消息 ID，指明是什么消息。

由于上面的代码是从 BaseChannel 对象的 OnRtpPacket(···) 方法中摘取的，所以 this 指的就是 BaseChannel 对象。由此也可以知道，BaseChannel 类一定继承自 MessageHandler 类，且实现了 OnMessage() 方法。BaseChannel 类的定义参见代码 13.4。

代码 13.4　BaseChannel 类定义

```
1  ...
2  class BaseChannel : ···,
3      public rtc::MessageHandler,···{
4    ...
5    // 继承自 MessageHandler
6    void OnMessage(rtc::Message* pmsg) override;
7    ...
8  }
9  ...
```

接下来剖析一下 Post() 方法的实现，看看其内部是如何运转的。打开 Post() 方法，其实现参见代码 13.5。

代码 13.5　Post() 方法的实现

```
1  void Thread::Post(···) {
2    ...
3    {
4      CritScope cs(&crit_);
5      Message msg;
6      msg.posted_from = posted_from;
7      msg.phandler = phandler;
8      msg.message_id = id;
9      msg.pdata = pdata;
10     messages_.push_back(msg);
11    }
```

```
12    ...
13  }
```

从上面的代码中可以看到其实现非常简单，就是将 Post() 方法的输入参数填入 Message 对象中，然后将其插入目标线程的 message__ 队列中。

现在的关键是，目标线程收到该消息后如何处理呢？当目标线程启动时，它会执行 PreRun() 方法，PreRun() 方法又会调用 Run() 方法，而 Run() 方法最终调用 ProcessMessage() 方法实现消息的分发与处理。上述调用过程如下所示：

```
启动线程(Thread)>PreRun()->Run()->ProcessMessage()
```

进入 ProcessMessage() 方法后，它是如何分发和处理消息的呢？代码 13.6 中就是 ProcessMessage() 方法的实现逻辑。

代码 13.6　ProcessMessage() 方法的实现

```
1   bool Thread::ProcessMessage(int cmsLoop) {
2     ...
3     while (true) {
4       Message msg;
5       if (!Get(&msg, cmsNext))
6         return !IsQuitting();
7
8       Dispatch(&msg);
9       ...
10    }
11    ...
12  }
13
14  void Thread::Dispatch(Message* pmsg) {
15    ...
16    pmsg->phandler->OnMessage(pmsg);
17    ...
18  }
```

从上述代码中可以看到，在 ProcessMessage() 方法内部实现了一个死循环，这样可以让线程一直运行。死循环中不断地调用第 5 行代码的 Get() 方法从线程的 message__ 队列中获取消息，之后将获得的消息交由 Dispatch() 处理。在 Dispatch() 方法中，则会调用 Message 中 phandler 对象的 OnMessage() 方法，最终完成消息的处理。

接下来了解一下 PostTask() 是如何切换线程的。PostTask() 方法是从 Post() 方法衍生出来的，其整体逻辑与 Post() 方法是一致的。PostTask() 方法的实现参见代码 13.7。

代码 13.7　PostTask() 方法的实现

```
1  void Thread::PostTask(…task) {
2    Post(RTC_FROM_HERE,
3         &queued_task_handler_,
4         /*id=*/0,
5         new …(std::move(task)));
6  }
```

从上面的代码中可以看到，PostTask() 方法内部也是调用 Post() 方法来实现的。因此，我们可以知道 PostTask() 方法实际上是 Post() 方法的包裹函数，它将 Post() 方法的前三个输入参数固定下来，只允许改变第四个输入参数。

在 PostTask() 方法中，调用 Post() 方法时设置的第二个参数（queued_task_handler_）尤为关键，若想彻底理解 PostTask() 方法的作用，就必须将该对象的 OnMessage() 方法的实现逻辑弄清楚；此外，调用 Post() 方法时设置的第四个输入参数（task）也值得我们注意，该参数将在 queued_task_handler_ 对象的 OnMessage() 方法中使用。正是这两个参数使得 PostTask() 方法与 Post() 方法有了巨大的区别。

queued_task_handler_ 对象是在 rtc_base 目录下的 thread.h 文件中定义的，其类型为 QueuedTaskHandler，继承自 MessageHandler 类，且实现了 OnMessage() 方法。该对象的 OnMessage() 方法实现如代码 13.8 所示。

代码 13.8　OnMessage() 方法的实现

```
1  void QueuedTaskHandler::OnMessage(Message* msg) {
2    …
3    auto* data = static_cast<…>(msg->pdata);
4    std::unique_ptr<…>task = std::move(data->data());
5    …
6    if (!task->Run())
7      …
8  }
```

在 queued_task_handler_ 对象的 OnMessage() 方法中，首先对 Message 中的 data 字段进行反操作，还原成 task 对象，然后调用 task 对象的 Run() 方法执行发送线程提交的任务。

我们再来比较一下 Post() 方法与 PostTask() 方法之间的区别。对于 Post() 方法，当它将消息插入目标线程的消息队列后，目标线程只是简单地从队列中提取消息，然后调用消息中 phandter 对象的 OnMessage() 方法。PostTask() 比 Post() 方法更复杂，虽然目标线程也是调用消息中 phandler 对象的 OnMessage() 方法，即 queued_task_handler_ 对象的 OnMessage() 方法，但在该方法内部又会调用 task 对象的 Run() 方法，所以最终执行的是发送线程提交的任务（task 对象的 Run() 方法）。

上述 PostTask() 的设计极为巧妙，它使得 WebRTC 发送线程可以聚焦在任务的实现逻辑上，而目标线程则只负责任务的执行，两个线程之间的分工非常明确。发送线程在执行 PostTask() 时，一般会先实现一个匿名函数，然后将该匿名函数交由 webrtc::ToQueuedTask() 处理（生成 task 对象），再将其传入 PostTask() 方法，最终交由目标线程执行，从而实现由目标线程执行发送线程提交的任务的目的，即线程切换。调用 PostTask() 方法的示例代码可参见代码 13.9。

代码 13.9　调用 PostTask() 方法

```
1   ...
2   PostTask(webrtc::ToQueuedTask([](){…});
3   ...
```

至此，Post() 以及 PostTask() 切换线程的工作原理以及它们之间的差别介绍完毕。你需要清楚的是，了解它们的运行机制对于阅读和理解 WebRTC 源码是至关重要的，因此这一部分内容需要你仔细研读，务必将其牢记于心。

2. 利用 Send() 和 Invoke() 方法切换线程

掌握了上面的知识后，接下来就可以分析 Send() 和 Invoke() 方法是如何实现的了。相对于 Post() 和 PostTask() 来说，Send() 和 Invoke() 方法的实现更加复杂。在分析它们的原理之前，首先应该了解清楚 Send() 和 Invoke() 方法起什么作用。简单地说，它们的作用就是切换到目的线程执行逻辑，并同步返回结果。

读者可能会问，既然要求同步返回结果，为什么不放在同一线程中执行，而非要去另外一个线程执行呢？实际上，这涉及程序的架构设计原理。随着计算机硬件的发展及多核 CPU 的出现，为了提高效率，充分利用 CPU 资源，异步并行开发已成为当今程序设计的主流。WebRTC 也不例外，为了提高工作效率，它也采用异步并行的设计方案。既然采用这种设计方案，那么按照高内聚、低耦合的设计原则，每个线程都应该有自己的分工，如信令线程负责上层业务的处理，网络线程负责网络数据包的收发，工作线程负责内部逻辑处理等。此时，如果上层业务需要获取底层的参数，如获取 RTP 包的接收参数（收了多少包，丢了多少包……），它应该将任务交给信令线程去完成，而具体参数的获取则可能是在其他线程（如网络线程）完成后，交由信令线程上报业务层的，所以 Send() 和 Invoke() 方法有了用武之地。

Send() 和 Invoke() 方法的作用了解清楚后，接下来就详细分析一下这两种方法的实现原理。

首先来看 Send() 方法的实现。Send() 方法定义在 rtc_base 目录下的 thread.h 文件中，其原型参见代码 13.10。

代码 13.10　Send 方法的定义

```
1    virtual void Send(const Location& posted_from,
2                      MessageHandler* phandler,
3                      uint32_t id = 0,
4                      MessageData* pdata = nullptr);
```

通过与 Post() 方法对比，可以发现其输入参数与 Post() 方法的输入参数几乎是一样的，只是少了最后一个参数而已。

接着来看 Send() 方法的实现逻辑。它由四步实现。第一步与 Post() 方法一样，需要先构造一个 Message 消息。第二步确保发送线程与 Thread 对象进行了绑定。因为线程间的同步需要通过 Thread 对象的异步事件处理机制（epoll/WSEvent）实现，所以这一步很关键。其实现参见代码 13.11。

代码 13.11　创建线程

```
1    ...
2    AutoThread thread;
3    Thread* current_thread = Thread::Current();
4    ...
5
6    AutoThread::AutoThread()
7      : Thread(SocketServer::CreateDefault(), false) {
8      if (!ThreadManager::Instance()->CurrentThread()) {
9        DoInit();
10       ...Instance()->SetCurrentThread(this);
11     }
12   }
```

在上面的代码中，第 2 行代码的作用是创建一个新的 Thread 对象 (代表当前线程)。在其构造函数中，会将新创建的 Thread 对象添加到 ThreadManager 中，同时调用 Thread-Manager 的 SetCurrentThread() 方法将 Thread 设置为当前线程。ThreadManager 是线程管理器，每创建一个新线程，ThreadManager 中就增加一个与之对应的 Thread 对象；同理，每销毁一个线程，就从 ThreadManager 中删除对应的 Thread 对象。ThreadManager 中还会记录当前正在运行的线程，并对外提供 Thread::Current() 方法以便外部访问。第 3 行代码的作用是将 ThreadManager 中的当前线程赋值给 current_thread 变量。通过这样的间接赋值，就将发送线程与 Thread 对象绑定到了一起。其过程如图 13.4所示。

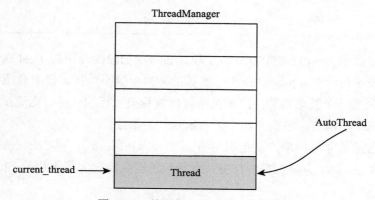

图 13.4　线程与 Thread 对象绑定

不过上述绑定是有条件的，即发送线程之前没有与任何 Thread 对象绑定过（Thread Manager::Instance() ->CurrentThread() 为空表示没有绑定过，CurrentThread() 代表 Send() 方法所在的线程是当前线程）。如果 CurrentThread() 的返回值不为空，就表示当前线程已与 ThreadManager 中的当前 Thread 绑定了，则 AutoThread 创建的 Thread 就没有必要再与当前线程绑定了，此时 AutoThread 创建的 Thread 对象什么工作都不需要做，只需等待 Send() 方法执行结束后将其释放掉即可。

上述过程基本上都是在 AutoThread 的构造函数（在 rtc_base 目录下的 thread.cc 文件中）中实现的。

然后，Send() 方法将向目标线程发送任务，其使用的方法就是前面介绍的 PostTask() 方法，参见代码 13.12。

代码 13.12　使用 PostTask() 方法

```
1   ...
2   PostTask(
3     webrtc::ToQueuedTask(
```

```
4      [msg]() mutable {
5          msg.phandler->OnMessage(&msg);
6      },
7      [this, &ready, current_thread] {
8          CritScope cs(&crit_);
9          ready = true;
10         current_thread->socketserver()->WakeUp();
11     }
12   )
13 );
14 …
```

　　仔细观察上面的 PostTask() 方法会发现，它与我们前面介绍的 PostTask() 方法有一点不同，差别在于传给 ToQueuedTask() 函数的参数个数不一样。前面介绍的 ToQueued-Task() 函数只需要一个匿名函数，用于指明目标线程要执行的任务。而这里用的是重载过的 ToQueuedTask() 函数，它需要两个匿名函数作为参数。

　　第一个匿名函数非常简单，就是调用 msg 中的 OnMessage() 方法。从图 13.5中可以看到，为了处理 Send() 方法提交的任务，目标线程需要绕一大圈去执行 phandler 对象的

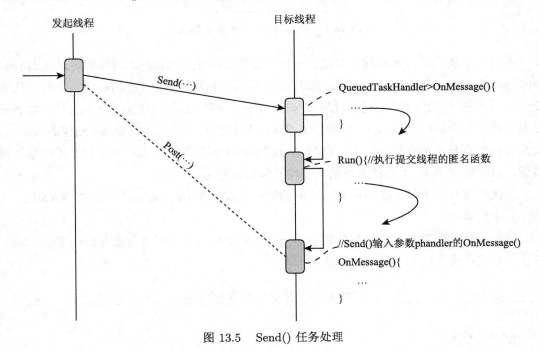

图 13.5　Send() 任务处理

OnMessage() 方法。为什么不直接调用 Post() 方法呢？

要了解其中的原因，就要说到第二个匿名函数了。该函数的作用就是在任务执行完成后做一些清理工作。这些清理工作包括设置 ready 变量状态，然后唤醒发起线程。这就是 Send() 要绕一大圈的原因。如果不绕这一圈而直接调用 Post() 方法的话，就需要将第二个匿名函数的逻辑与第一个匿名函数的逻辑合并，这样做显然不符合高内聚、低耦合的设计原则，因为第二个匿名函数要做的清理工作与 phandler 对象的 OnMessage() 没有一点关系，是完全不同的逻辑。

最后一步是当前线程进入睡眠状态，等待目标线程将任务执行完后，再将当前线程唤醒，参见代码 13.13。

代码 13.13　唤醒线程

```
1  …
2  bool waited = false;
3  crit_.Enter();
4  while (!ready) {
5    crit_.Leave();
6    current_thread->socketserver()->Wait(…);
7    …
8    crit_.Enter();
9  }
10 crit_.Leave();
11 …
```

在上述代码中，while 循环通过 ready 变量的状态判断目标线程是否已执行完任务。如果 ready 为 true，说明任务已完成，则退出循环。在循环内部，通过调用 socketserver 对象的 wait() 方法进入睡眠状态，直到目标线程将其唤醒。需要注意的是，将其唤醒的也可能是其他线程，因此当它发现任务没有执行完时，又会再次进入睡眠状态。

另外需要说明的是，由于发送线程与目标线程共用同一把锁，因此发送线程在进入睡眠前需要将锁释放掉，否则目标线程与发送线程将进入死锁状态。

接下来我们了解一下第二种线程切换的方法 Invoke()。Invoke() 方法的作用与 Send() 方法是一样的，也是让目标线程执行本地函数，然后同步返回执行结果。它们的区别是，对于用户而言，Invoke() 方法使用起来比 Send() 方法更简便。实际上，Invoke() 方法就是 Send() 方法的包裹函数，它只是做了一层类型转换，即将用户传入的 functor 转换成 Send() 方法需要的 MessageHandler 对象，从而让 Send() 方法做具体的工作。Invoke() 方法的原型定义参见代码 13.14。

代码 13.14　Invoke() 方法的定义

```
1  //带返回值的Invoke()
2  template <class ReturnT,typename = typename
3    std::enable_if<!std::is_void<…>::value>::type>
4  ReturnT Invoke(const Location& posted_from,
5                   FunctionView<ReturnT()> functor) {
6    ReturnT result;
7    InvokeInternal(posted_from, [functor, &result] {
8                     result = functor();
9                   });
10   return result;
11 }
12
13 //无返回值的Invoke()
14 template <
15   class ReturnT,typename = typename
16   std::enable_if<std::is_void<…>::value>::type>
17 void Invoke(const Location& posted_from,
18               FunctionView<void()> functor) {
19   InvokeInternal(posted_from, functor);
20 }
```

从上面的代码中可以看到，在 Thread 类中实现了两种 Invoke() 模板方法，一种带返回值，一种不带返回值。在它们内部都调用了 InvokeInternal() 方法。InvokeInternal() 方法会将用户传入的 functor 封装成 MessageHandler 对象，最后调用 Send() 方法向目标线程发送任务，最终完成线程的切换。

3. 外部接口的线程切换

在 WebRTC 中，除了上面介绍的 Post()/PostTask()、Send()/Invoke() 方法需要切换线程外，外部访问 WebRTC 提供的接口时也会进行线程切换。这样做得目的是很好地将应用层与 WebRTC 内核进行隔离，从而保证 WebRTC 内核不被应用层代码污染。此外，WebRTC 只有信令线程和工作线程对外提供了接口，其他线程都被隐藏了起来，这样的设计使得 WebRTC 内核更不容易受到污染。

在 WebRTC 中，最"著名"的外部接口是 PeerConnection 相关接口，如 PeerConnectionFactory 类中的 CreatePeerConnection()、CreateLocalMediaStream() 接口等。WebRTC 为了让用户更方便地访问接口，在信令线程和工作线程提供的接口之上又做了一层封装，称为代理层。有了代理层，外部用户就不用考虑所调用的接口是哪个线程的了，从而大大减少了用户的使用成本。

　　另外，为了让 WebRTC 开发人员可以方便地实现接口代理层，WebRTC 定义了一组宏，利用这组宏，只要几行代码就可以将接口代理层实现好。下面以 PeerConnectionFactory 类为例，看看它是如何利用 WebRTC 提供的宏实现代理层的。如代码 13.15 所示，其实现在 api 目录下的 peer_connection_factory_proxy.h 文件中。

代码 13.15　BEGIN_SIGNALING_PROXY_MAP 宏定义

```
1   BEGIN_SIGNALING_PROXY_MAP(PeerConnectionFactory)
2   ...
3   PROXY_METHOD4(...refptr<PeerConnectionInterface>,
4     CreatePeerConnection,
5     const PeerConnectionInterface::RTCConfiguration&,
6     std::unique_ptr<cricket::PortAllocator>,
7     ...
8     PeerConnectionObserver*)
9   ...
10  END_PROXY_MAP()
```

　　首先看一下 BEGIN_SIGNALING_PROXY_MAP(PeerConnectionFactory) 宏的作用。该宏利用解析器的连词符（##）定义了一个以 PeerConnectionFactory 为开头，以 ProxyWithInterface 为结尾的代理类，即 PeerConnectionFactoryProxyWithInterface。同时还为该类设置了一个以 PeerConnectionFactory 为开头，以 Proxy 为结尾的别名，即 PeerConnectionFactoryProxy。此外，该代理类还要继承自 PeerConnectionFactoryInterface 类。因此将 BEGIN_SIGNALING_PROXY_MAP(PeerConnectionFactory) 宏展开后，如代码 13.16 所示。

代码 13.16　展开宏

```
1   class PeerConnectionFactoryProxyWithInterface;
2   typedef PeerConnectionFactoryProxyWithInterface
3                       PeerConnectionFactoryProxy;
4   class PeerConnectionFactoryProxyWithInterface:
5     PeerConnectionFactoryInterface{
```

```
6      ...
7    }
```

再看一下 PROXY_METHOD 宏。PROXY_METHOD 宏的作用是定义代理类中的方法。宏的第一个参数为方法的返回值类型，第二个参数为方法名，从第三个参数开始的其他参数为方法的输入参数。参数个数是由 PROXY_METHOD 宏后面紧跟着的数字决定的，如 PROXY_METHOD4 表示方法包含 4 个参数。最后一个宏 END_PROXY_MAP() 表示类的结束。

下面我们再来分析一下当用户调用代理接口时，在 WebRTC 内部是如何进行线程切换的。

如图 13.6所示，以用户调用 PeerConnectionFactory 类的 CreatePeerConnection() 方法为例，展示了从代理层到调用线程切换，再到目标线程执行最终的 CreatePeerConnection() 方法的完整过程。首先标号❶的 PROXY_METHOD 宏在编译时，会被解析器展开为标号❷的 CreatePeerConnection() 方法，该方法处于代理层。当用户调用该方法时，在其内部会调用 MethodCall 类的 Marshal() 方法，通过其名称也可以知道 Marshal 方法是一个包裹方法，也就是对另一个方法的再封装，以方便调用。在 Marshal() 方法内部，直接调用标号❹处的语句，即 SynchronousMethodCall 类的 Invoke() 方法。SynchronousMethodCall 类的 Invoke() 方法是在标号❺处定义的线程的切换就是在该方法中实现的。那么在 Invoke() 方法内部，线程是如何切换的呢？查阅其代码，会看到了一个熟悉"身影"，即标号❻处的 Post()。至此，外部接口线程切换的神秘面纱被揭开了。

实际上，所有外部接口线程的切换都是由 Post() 来完成的。继续顺着图 13.6 中的方向向下看，当切换到目标线程后，目标线程会调用 SynchronousMethodCall 类的 OnMessage() 方法，而该方法中直接调用了 proxy_ 成员变量的 OnMessage() 方法，也就是标号❼。proxy_ 就是 this 指针，也就是 MethodCall 对象。所以，调用 proxy_ 的 OnMessage() 方法就是调用 MethodCall 类中的 OnMessage() 方法，也就是标号❽所指的语句。OnMessage() 方法也是一个包裹方法，其内部调用的是 MethodCall 类的 Invoke() 方法，即标号❾处的语句。同样地，Invoke() 调用了标号❿的 Invoke() 方法；进入标号❿的 Invoke() 方法后，用户才终于找到了自己想要调用的 PeerConnectionFactory::CreatePeerConnection() 方法。

通过上面的描述可以发现，用户调用 WebRTC 内核接口的整个链条是非常长的。这么长的调用链条对于 WebRTC 的性能会不会产生影响呢？其实不必担心，因为编译器在编译 WebRTC 时已经做好了优化，尤其是上面提到的几个包裹方法都会被优化掉，因此它在主机上运行时的层级是非常少的。

在上面的分析中，我们只介绍了以 BEGIN_SIGNALING_PROXY_MAP 为首的三个宏。实际上，WebRTC 为了提高开发人员的工作效率，还提供了包括 BEGIN_PROXY_ MAP、BEGIN_OWNED_PROXY_MAP 在内的多个宏。这些宏适用于不同的场景，比如 BEGIN_SIGNALING_PROXY_MAP 用于定义在信令线程中运行的接口代理，也就是说，在该代理类中的方法都是在信令线程中执行的。如果代理类中的方法既可以在信令线程上运行，也可以在工作线程上运行，那么就应该使用 BEGIN_PROXY_MAP 宏来定义它。如果不想使用引用计数管理你的代理类，则应选择 BEGIN_OWNED_PROXY_MAP 宏。以上这些宏全部定义在 api 目录下的 proxy.h 文件中。

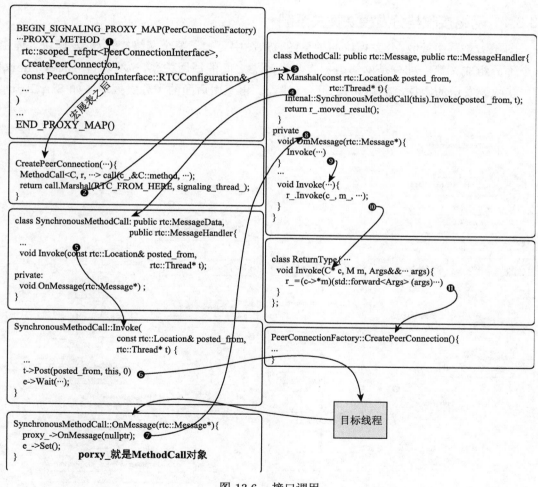

图 13.6　接口调用

需要注意的是，在本小节中介绍了两种 Invoke() 方法：第一种是在 WebRTC 内部使用的，在其内部调用 Send() 方法完成线程切换；而第二种是在调用外部接口时使用的，在其内部调用 Post() 方法完成切换线程。这两种 Invoke() 方法很容易混淆，所以要将它们区分清楚。

13.3　网络传输

WebRTC 中的网络传输是其极为重要的一个组成部分，包含了诸如带宽评估模块、流控模块、网络接收/分发模块等很多内容。限于篇幅，本节介绍网络接收/分发模块的内容。

13.3.1　网络接收与分发模块类关系图

图 13.7 是网络接收/分发模块的关系图。从图中可知，整个网络接收/分发模块大体由八个部分组成。第一部分是网络数据包收发时类之间的调用关系。发包时，BaseChannel 首先接收要发送的数据，然后切换到网络线程，再交由后面的类分层处理（如 SrtpTrans-

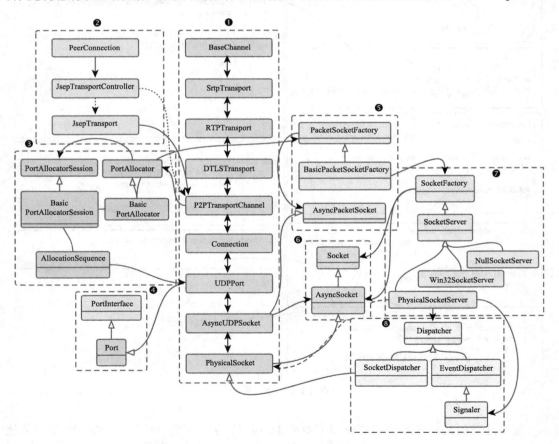

图 13.7　WebRTC 网络接收/分发模块

port 类对数据加密，RTPTransport 类区分发送的是 RTP 包还是 RTCP 包等），最终由 PhysicalSocket 类将数据通过物理网卡发送出去。收包时，其操作顺序正好与发包的顺序相反，先由 PhysicalSocket 接收数据，再一层层地向上传，最后由 BaseChannel 类交由工作线程继续处理。第二部分是网络模块的接口层，用户可以通过该接口给网络模块设置一些参数，如通知网络模块收集本地 Candidate、增加远端 Candidate 等。第三部分用于底层端口的分配，当网络模块收到上层发送的收集本地 Candidate 的指令时，就会让其分配端口。第四部分是对网络端口的抽象，其定义了一个网络端口可以做什么。第五部分用于创建 Socket 抽象层，该层的作用是为 UDP、TCP、STUN 等网络协议制定一套统一的接口，使上层应用可以通过同一套接口访问不同协议的 Socket。第六部分是对底层 Socket 接口的封装。第七部分定义了创建 Socket 的工厂类。在 WebRTC 中，针对不同平台实现了不同的工厂。WebRTC 为了提高网络收发包的工作效率，使用了异步 I/O 事件处理机制，第八部分就是对这一机制的封装。

实际上，网络收发模块除了上面介绍的八个部分外，还有网卡、网络地址等内容，不过这些内容都不属于核心内容，因此也就没有在图中展现出来，有兴趣的读者可以自行对其进行分析研究。

13.3.2　网络连接的建立

在讲解 WebRTC 的网络连接如何建立之前，我们先来回顾一下通常做网络开发时都需要考虑哪些因素。需要从两个角度考虑：一是从服务端的角度考虑；二是从客户端的角度考虑。对于服务端来说，必须开放某些端口（至少要开放一个端口）以供客户端访问。另外，服务端最好使用网络异步 I/O 的处理方式，如使用 epoll/selectAPI 等，以便提高网络处理的效率。对于客户端来说，需要知道服务端的外网 IP 地址以及开放的端口，这样它才能知道连接哪个服务器。此外，服务端使用的传输协议也是客户端必须清楚的，因为对于不同的网络协议（TCP、UDP）使用的底层 API 也是不一样的。

对于 WebRTC 而言，其所有应用场景都是端对端通信。因为即使两个客户端之间无法直接通信，需要通过服务器中转数据，其与服务器之间依然是端对端的通信模式，只不过通信对象由另一端的 WebRTC 变成了服务器而已。因此它必须既具备网络客户端的功能，又具有服务端的功能。

除了要同时具备服务端和客户端功能外，WebRTC 中还有一个难点需要解决，就是如何才能让通信的双方彼此知道对方的 IP 地址、开放的端口以及使用的网络协议类型。因为只有彼此知道了对方的上述信息后，它们才能建立连接，最终实现通信。这个难点的解决方案总结起来只有两步：第一步，各自收集自己可用的 Candidate；第二步，将收集好的 Candidate 通过信令交换给对方，之后双方就可以建立连接互发数据了。

WebRTC 是在进行媒体协商时，更具体地说，是在 PeerConnection 对象调用 Set-LocalDescription() 方法时，进行本地 Candidate 的收集工作的。Candidate 分为 host、srflx 等多种类型。WebRTC 收集 Candidate 时，对每个网卡都是先收集 host 类型的 Candidate，再收集与之对应的 srflx 类型的 Candidate。不过由于有些 host 类型的 Candidate 没有外网映射，所以 srflx 类型 Candidate 的收集并不是每次都能成功。收集 Candidate 的代码逻辑如代码 13.17 所示。

代码 13.17　收集 Candidate

```
1   void DoAllocate(bool disable_equivalent) {
2     ...
3     std::vector<...> networks = GetNetworks();
4     ...
5     for (uint32_t i = 0; i < networks.size(); ++i) {
6       AllocationSequence* sequence =
7         new AllocationSequence(this, networks[i],...);
8       ...
9       sequence->Init();
10      sequence->Start();
11      ...
12    }
13  }
```

上述代码中，第 3 行代码首先获得本机所有的网卡。第 6 ～ 7 行代码遍历每个网卡，并利用 AllocationSequence 在每个网卡上创建一个用于通信的 Socket。第 9 ～ 10 行代码利用创建好的 Socket 生成 UDPPort 对象和 StunPort 对象。在创建 UDPPort 和 StunPort 的过程中，还会检测 Socket 所对应的地址是否有外网映射。测试的方法是，向用户指定的 STUN 服务器发送 Stun Binding Request 消息，如果在规定时间内收到 STUN 服务器的 Stun Binding Response 消息的话，说明该地址是有外网映射的，否则，说明该地址是没有外网映射的。

当翻阅 AllocationSequence 对象的相关方法时会发现，其代码只创建了 UDPPort 和 StunPort 对象，并没有生成 Candidate 对象。不过有了 UDPPort 对象后，创建 Candidate 所需的条件已全部满足，只要找一个合适的时机生成它即可。

下面我们了解一下 WebRTC 是如何从 SetLocalDescription() 方法调用 DoAllocate() 并开始收集 Candidate 的，其函数调用栈如代码 13.18 所示。

代码 13.18　收集 Candidate 的调用过程

```
1  -> PeerConnection::SetLocalDescription)()
2  -> JespTransportController::MaybeStartGathering()
3  -> P2PTransportChannel::MaybeStartGathering()
4  -> BasicPortAllocatorSession::StartGatheringPorts()
5  ...
6  -> BasicPortAllocatorSession::OnAllocate()
7  -> BasicPortAllocatorSession::DoAllocate()
```

通过上面的函数调用栈，再结合图 13.7，可以知道，当用户调用 PeerConnection 对象的 SetLocalDescription() 后，WebRTC 底层会将收集 Candidate 的任务层层下发到图 13.7 的第三部分（按箭头方向）。第三部分收到该任务后，再交由 DoAllocate() 方法做具体的分配工作。

UDPPort 对象的成功创建有两层含义，其一是准备好了一个与对端通信的网络端口，其二表示该 Candidate 的收集工作已完成大半。接下来，WebRTC 会利用 UDPPort 生成 Candidate 对象，并层层上报给应用层。其具体过程是，UDPPort 创建好后，使用 signal/slot 机制触发 UPPPort 的 OnLocalAddressReady() 方法，在该方法中生成 Candidate 对象，然后再利用 signal/slot 机制将创建好的 Candidate 对象向上通报。就这样层层上报，直到应用层收到 OnIceCandidate 事件为止。代码 13.19 中是其上报时的函数调用栈。

代码 13.19　上报 Candidate 时的调用栈

```
1  -> UPPPort::OnLocalAddressReady()
2  //生成 Candidate
3  -> Port::AddAddress()
4  -> Port::FinishAddingAddress()
5  -> BasicPortAllocatorSession::OnCandidateReady()
6  //如果已经有 Remote Candidate，则生成 Connection
7  -> P2PTransportChannel::OnPortReady()
8  //生成 Connection 后，重新回到 OnCandidateReady 执行
9  -> BasicPortAllocatorSession::OnCandidateReady()
10 -> P2PTransportChannel::OnCandidateReady()
11 -> JespTransportController::
12 OnTransportCandidateGathered_n()
13 -> PeerConnection::OnTransportCandidateGathered()
14 -> PeerConnection::OnIceCandidate()
15 -> PeerConnectionObserver::OnIceCandidate()
```

　　在上述函数调用栈中，有几点需要注意。第一点是第 3 行代码中的 Port::AddAddress() 方法，该方法会根据 UDPPort 对象生成 Candidate 对象。第二点是第 7 行代码中的 OnPortReady() 方法，该方法为每个 Remote Candidate 和本地 UDPPort 生成一个 Connection 对象。每个 Connection 对象代表一条本地端口与远端 Candidate 的网络连接。你也许会问，用户收集 Candidate 时，Remote Candidate 是从何而来的？这个问题其实不难回答，按照媒体协商的规则，作为被呼叫的一方在调用 SetLocalDescription() 方法时，呼叫方早就完成了其 Candidate 的收集工作，并将准备好的 Candidate 发送给了被呼叫方。因此当被呼叫方收集自己的 Candidate 时，Remote Candidate 已经准备就绪了，这时就可以创建 Connection 对象了。不过对于呼叫方而言，其在收集 Candidate 时，确实还没有 Remote Candidate 可用，所以它不会在 OnPortReady() 方法中创建 Connection，而是通过其他机制创建 Connection。第三点是第 14 行中的代码，当 WebRTC 将 Candidate 对象上报给 PeerConnection 的 OnIceCandidate() 方法后，OnIceCandidate() 方法还会再上传给 PeerConnection 对象的观察者（PeerConnectionObserver）。对于 peerconnection_client 而言，PeerConnectionObserver 指的就是 Conductor 对象。这样应用层通过 Conductor 就可以拿到收集到的 Candidate 对象，并将其通过信令系统发送给远端了。

　　当 WebRTC 底层将所有的 Candidate 全部上报完成后，Candidate 收集工作也随之完成。

　　在 WebRTC 中，有三种建立网络连接的方法：第一种，在收集 Candidate 并返回给应用层的过程中，如果已经收到 Remote Candidate，则会创建 Connection 对象；第二种，应用层收到远端传来的 Candidate 并调用 AddIceCandidate() 方法，将其加入 PeerConnection 对象后，会创建新的 Connection；第三种，WebRTC 收到 STUN 服务器的响应消息（Stun Binding Response）时，如果对应的 Connection 还没有创建，那么此时会为其创建 Connection。

　　第一种方法前面已经介绍过了，此处不再介绍。第二种方法创建 Connection 的逻辑如代码 13.20 所示。

代码 13.20　创建 Connection

```
1   ...
2   bool P2PTransportChannel::
3   CreateConnections(const Candidate& remote_candidate,
4                   PortInterface* origin_port) {
5     ...
6     std::vector<PortInterface*>::reverse_iterator it;
```

```
7    for(it=ports_.rbegin(); it!=ports_.rend(); ++it){
8      if (CreateConnection(*it,
9                           remote_candidate,
10                          origin_port)) {
11       ...
12     }
13   }
14   ...
15 }
16 ...
```

从上面的代码中可以知道，WebRTC 每收到一个 Remote Candidate，就会遍历所有创建好的 Port，并让它们分别与 Remote Candidate 组建 Connection 对象。因此，在每个 WebRTC 端，每个本地端口与每个 Remote Candidate 都会有一个连接。

因为通信的双方存在多个可用 Connection，且每个 Connection 还有优劣之分，例如处于同一个局域网中的 Connection 肯定要比外网的 Connection 更优质，所以在创建好 Connection 后，还要对其进行排序和 Ping 测试，从而选出最优质的 Connection 作为双方最终的通信通道。需要注意的是，上面提到的 Ping 测试并不是通常我们所说的使用 ICMP 实现的 Ping，而是通过 STUN 协议中的 Binding Request 和 Binding Respone 实现的 Ping 功能。如果通信双方通过了 Ping 测试，它们肯定是可以向对方收/发 UDP 数据的。

下面我们再从宏观的角度来了解一下应用层调用 AddIceCandidate() 方法后，WebRTC 是如何一步步调用底层，最终通过 P2PTransportChannel 对象的 CreateConnections() 方法将多个连接建立起来的。其调用栈如代码 13.21 所示。

代码 13.21　添加 Candidate 调用过程

```
1   -> PeerConnection::AddIceCandidate()
2   -> PeerConnection::UseCandidate()
3   -> JespTransportController::AddRemoteCandidate()
4   -> JespTransport::AddRemoteCandidate()
5   -> P2PTransportChannel::AddRemoteCandidate()
6   -> P2PTransportChannel::FinishAddingRemoteCandidate()
7   -> P2PTransportChannel::CreateConnections()
8   -> UDPPort::CreateConnection()
```

通过上述调用栈，可以清楚地了解到从应用层到 WebRTC 底层都使用了哪些对象以及方法。再结合图 13.7就可以将其脉络整理清楚，这对后续分析 WebRTC 源码具有极大的帮助。

第三种连接方法就更简单了。如前所述，其建立连接的条件是，应用层收到远端发来的 Stun Binding Request 消息，并且发现其之前从未与自己联系过，此时会为其建立一个新的 Connection 对象，并向其返回 Stun Binding Respone 消息。此外，新创建的 Connection 不必再进行 Ping 测试，因为能够收到对端的 Binding 消息本身就说明它们之间是可以互通数据的。

一般什么时候会用到第三种连接方式呢？通常是在某一端使用第二种方式创建连接后，做 Ping 测试，这时另一端就会收到 Binding Request，此时使用第三种方式在自己的一端将连接建立起来。

以上就是 WebRTC 底层网络建立连接的全部过程。当网络连接建立好后，音视频数据就可以源源不断地传送给对端了。

13.4 音视频数据采集

音视频采集功能是音视频互动直播系统中非常重要的组成部分。在 WebRTC 出现之前，所有终端的音视频采集功能都需要我们自己实现，是一项非常麻烦的工作。因为音视频采集都是与硬件打交道，而每台机器的硬件又千差万别，比如有的声音卡使用单声道 16 位位深，有的则是双声道 32 位位深，等等，所以做好与各种硬件的适配工作是最大的难点。

有了 WebRTC 之后，这种难度就大大降低了。更可贵的是，WebRTC 不仅降低了对各种终端的适配难度，大大减少了适配的工作量，而且其优秀的架构设计将上层业务与底层设备完全隔离，这样底层设备的变化不会影响到上层业务，同样上层业务的调整也不会涉及底层设备，从而保证了 WebRTC 的高品质。

为了做到业务与设备的完全隔离，WebRTC 在设备层之上定义了一套统一接口，这样上层业务只要调用这套接口就可以采集音视频数据，至于底层具体是由哪个设备提供服务的则完全不用关心。对于不同设备/系统的适配工作则可以交由不同设备/系统的开发工程师去完成。这种设计方案更利于团队的协作开发，让不同类型的工程师各司其职。

13.4.1 音频采集与播放

WebRTC 中音频的整体处理流程如图 13.8所示。

从图 13.8 中可以看到，整个图由音频设备、AudioDeviceBuffer、ADM、音频引擎以及网络传输等模块组成，其中右侧虚框中的部分是本节要重点讲解的内容。

当 WebRTC 进行媒体协商时，它会调用 ADM 启动两个线程，一个用于设备采集音频数据，另一个用于播放音频数据。下面分别介绍音频的采集流程和音频的播放流程。

　　当音频采集线程启动后，会驱动设备按照采样参数（采样率、采样大小、通道数）设定的要求采集音频数据，每采集到一帧数据，就交由 AudioDeviceBuffer 处理。AudioDeviceBuffer 在收到数据后，首先将其暂存起来，然后调用音频引擎对数据进行重采样，使其变成标准规格后做前处理（如回音消除、降噪等），处理后的音频帧就可以进行编码了。需要注意的是，如果音频帧的回音消除、降噪等工作是由硬件完成的，则 AP（AudioProcess）模块就不再对其做同样的工作。音频的编码是由单独的编码线程完成的，由于编码需要一定时长，因此为编码单独创建一个线程可以增强采集线程的实效性。音频帧编码后，再交由 Pacer 线程进行平滑处理，最终交由网络传输线程将其发送给目的端。以上就是音频采集的完整过程。

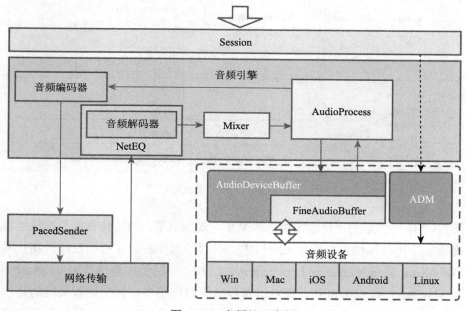

图 13.8　音频处理流程

　　与音频采集流程一样，音频播放流程也需要一个单独的线程，该线程会以阻塞方式向声卡的缓冲区填充数据。数据填好后，声卡会自动从缓冲区读取数据进行播放。播放线程一旦将数据填充成功，便立即向 AudioDeviceBuffer 要数据，AudioDeviceBuffer 转而向音视频引擎要数据，这样层层推进，一直到解码线程。解码线程拿到数据后，播放线程并不会直接使用，它会使用混音器将同一时刻多个通道的音频进行混音，再经 AP 处理后才最终将数据发送给声卡进行播放。

　　需要注意的是，以上是 Windows 端音频的采集与渲染流程，对于移动端（如 iOS）来说，采用的是事件驱动的方式。事件驱动方式只是线程方式的一种变形，它会在系统层开启线程，每当采集到数据后，就回调上层注册的接口，从而将采集到的数据提交给上层。

13.4.2 视频采集与渲染

视频的采集和渲染处理流程如图 13.9 所示。

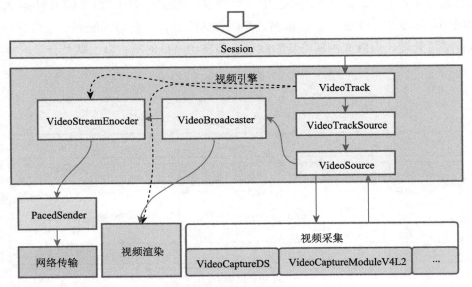

图 13.9 视频处理流程

从图 13.9 中可以看到，整个图由视频采集、视频引擎、网络传输以及视频渲染等模块组成。视频采集模块包括多种视频采集技术，不同的操作系统使用的视频采集技术各不相同，如 Windows 系统使用的是 DirectShow，Linux 系统使用的是 V4L2、Android 系统使用的是 Camera1 和 Camera2。视频引擎包括的类比较多，其中比较关键的是图中列出的几个类。视频渲染模块将视频帧在显示器或屏幕上渲染出来。网络模块负责网络数据的收发。

视频的采集流程是如何建立起来的？这要从 VideoTrack 开始说起。VideoTrack 相当于一个管道，管道的一头连接的是视频源（VideoTrackSource），而另一头连接的是编码器（VideoStreamEncoder）或本地预览窗口，这样视频数据就可以通过 VideoTrack 从源头流到编码器进行编码或流到本地预览窗口进行渲染了。

下面以本地预览为例，看看具体该如何使用它。要通过 VideoTrack 实现本地预览至少需要三步：第一步创建 VideoTrack 对象；第二步为 VideoTrack 设置视频源；第三步为 VideoTrack 指定视频流的目标。具体参见代码 13.22。

代码 13.22　视频采集与渲染

```
1   ...
2   //VideoTrackSource
3   rtc::scoped_refptr<CapturerTrackSource>
4   video_device = CapturerTrackSource::Create();
5   ...
6   rtc::scoped_refptr<webrtc::VideoTrackInterface>
7   video_track_(
8     peer_connection_factory_->CreateVideoTrack(
9                               kVideoLabel,
10                              video_device);
11  );
12  //设置目标
13  main_wnd_->StartLocalRenderer(video_track_);
14  ...
```

在上述代码中，第 3 ~ 4 行代码用于创建 CapturerTrackSource，由于 CapturerTrack-Source 继承自 VideoTrackSource，因此创建的就是 VideoTrackSource。第 6 ~ 11 行代码用于创建 VideoTrack。因为创建 VideoTrack 时，video_device（CapturerTrackSource）被作为参数传给了 CreateVideoTrack() 方法，所以 VideoTrack 创建后便与 VideoTrackSource 绑定到了一起。第 13 行代码用于将 VideoTrack 与视频消费者绑定到一起，这里绑定的是 main_wnd_，即本地预览窗口。至此视频数据就可以经 VideoTrack 流到预览窗口并被渲染出来了。

实际上，VideoTrack 只是一个抽象概念，数据并不是通过它流向目的地的，它的存在只是为了让应用层使用 WebRTC 时逻辑更加清晰。此外，VideoTrack 的输入端 VideoTrack-Source 也是一个抽象对象，而真正提供数据的是 VideoSource，它会调用 VideoCapturer 驱动设备，最终从摄像头采集视频数据。那么 VideoTrackSource 是何时与 VideoSource 绑定到一起的呢？看一下代码 13.23 就明白了。

代码 13.23　创建 CapturerTrackSource

```
1   ... CapturerTrackSource::Create(...) {
2     std::unique_ptr<VcmCapturer> capturer;
3     ...
4     for (int i = 0; i < num_devices; ++i) {
5       capturer = absl::WrapUnique(
6         VcmCapturer::Create(kWidth, kHeight, kFps, i));
```

```
7       ...
8       if(capturer) {
9         return new ...<CapturerTrackSource>(
10                          std::move(capturer));
11      }
12    }
13      ...
14  }
```

上面 Create() 方法的作用是找到第一个可用的设备，为其生成 VcmCapturer 对象，并与 CapturerTrackSource 对象绑定后返回。由于 VcmCapturer 继承自 TestVideoCapturer 类，而 TestVideoCapturer 类又继承自 VideoSourceInterface，因此创建好的 capturer 就是 VideoSource 对象。第 9 ~ 10 行代码将 capturer 作为构造函数的参数传给了 Capturer-TrackSource，实现了 VideoTrackSource 与 VideoSource 的绑定。

如前所述，VideoTrack 和 VideoTrackSource 都是抽象概念，视频数据并不是通过它们进行流转与分发的，真正负责数据流转与分发的是 VideoSource 及其成员 VideoBroadaster 对象。

图 13.10所示是一张视频类重点关系图。在这张类关系图中，核心类为 VcmCapturer，即 VideoSource，它将所有其他类都串联起来。如前所述，当用户创建 VideoTrack 并为其设置视频源时，创建了 VcmCapturer 对象，该对象中包含了 VideoBroadcaster 对象用于数据的分发，视频数据则是由 VideoCaptureModule 驱动摄像头获取的。当应用层为 Video-Track 设置本地预览窗口时，VideoTrack 会通过其 AddOrUdpateSink() 方法将本地预览窗口层层传递到 VideoBroadcaster 中，其传递路径如图 13.10 中加粗的虚线所示。此时，当 VideoCaptureModule 采集到视频数据后，会通过回调的方式将数据传递给 VcmCapturer，而 VcmCapturer 则将数据转交给 VideoBroadcaster 进行分发，最终将数据分发给本地预览，这样我们就可以从本地预览窗口看到采集的视频了。当与远端进行视频通信时，为了让编码器可以获得本机的视频数据，同样需要将 VideoStreamEncoder 设置到 VideoBroad-caster 中，这样 VideoBroadcaster 在进行数据分发时会复制一份数据给 VideoStream-Encoder。将 VideoStreamEncoder 设置到 VideoBroadcaster 的方法和执行线路与设置本地预览不同，它是在端对端通信的媒体协商的过程中设置的，因此只要进行正常的媒体协商操作，视频数据就可以被分发到编码器进行编码了。

本节的重点是介绍 WebRTC 采集到数据后是如何传递和处理的，并没有介绍各终端数据采集的具体实现，因为各终端使用的数据采集技术不同，在书中将其全部介绍一遍是不现实的。

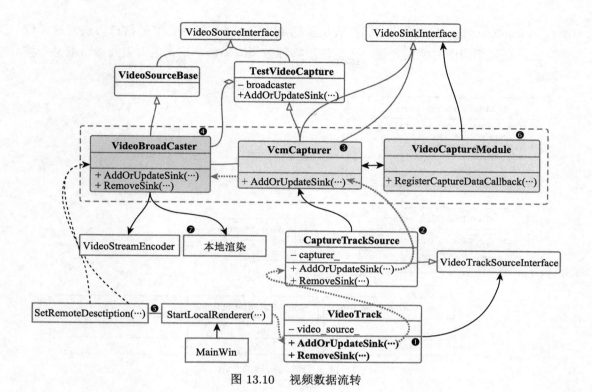

图 13.10　视频数据流转

13.5　音视频编解码

音视频编解码可以说是音视频开发人员最熟悉的话题了。如果想要实现一套直播系统，可选的技术方案还是比较多的，既可以使用 ffmpeg 这种优秀的开源库，也可以直接使用更底层的编解码器，如 Opus、x264、VP8 及 iOS/Android 硬件编解码器等。

WebRTC 直接使用底层编解码器，而且为了适应更多的场景，它将常见的音视频编解码器都集成了进来，如 iLBC、iSAC、Opus、VP8/VP9、H264、AV1 等。不仅如此，WebRTC 还可以根据传输的数据选择出最适合的编解码器对其进行编码或解码。

13.5.1　音频编码

想要了解清楚 WebRTC 的音频编码，需要解答以下几个问题。

第一个问题，WebRTC 是如何管理音频编码器的？如图 13.11 所示，AudioEncoder-OpusImpl、AudioEncoderIlbcImpl 等类是各编码器在 WebRTC 中的包裹类，其中 AudioEncoderOpusImpl 表示 Opus 编码器，AudioEncoderIlbcImpl 表示 iLBC 编码器。通过类名就可以知道其所代表的是哪种音频编码器。此外，上述所有编码器的包裹类都继承自 AudioEncoder 类，因此它们都实现了 AudioEncoder 类中定义的接口方法，这样就使得上层更换编码器时特别方便，无论使用哪种音频编码器，其调用编码的接口都是一模一样的。

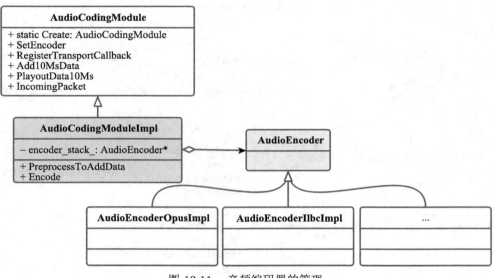

图 13.11　音频编码器的管理

WebRTC 具体使用哪个编码器是由 AudioCodingModuleImpl 类中的 encoder_stack_ 成员指定的，其指向的编码器是在媒体协商时协商出来的。AudioCodingModuleImpl 类除了含有 encoder_stack_ 成员外，还从 AudioCodingModule 类继承了几个重要的方法，如 AudioCodingModule() 方法用于创建 AudioCodingModuleImpl 对象，SetEncoder() 方法用于将上层创建好的编码器设置给 encoder_stack_，等等。除此之外，AudioCodingModuleImpl 类自己也有几个重要的方法，如 Encode() 方法用于音频编码，它最终会调用具体编码器的 Encoder() 方法做编码工作；PreprocessToAddData() 方法用于从上层接收数据并调用 Encoder() 方法编码。

第二个问题，音频编码器是何时创建的？在 5.7.3 节中我们介绍过，双方通信之前要先进行媒体协商，以确认双方所使用的音视频编解码器。确认好后，就可以进行音频编码器的创建了。其创建过程如图 13.12所示。

对于呼叫方来说，首先执行 SetLocalDescription() 方法，在该方法中又会调用 Voice-Channel 的 SetLocalContent_w() 方法为每个音频通道创建一个音频编码器。图中只列出了 SetLocalContent_w() 方法与音频编码器相关的关键节点。其中 AudioSendSteam 表示一个发送流，流中可以包括多个 ChannelSend，每个 ChannelSend 对应一个音频编码器。在 ChannelSend 的构造函数中会创建 AudioCodingModuleImpl 对象，并在 Audio-

CodingModuleImpl 对象创建成功后调用其 RegisterTransportCallback() 方法接收编码后的音频帧。

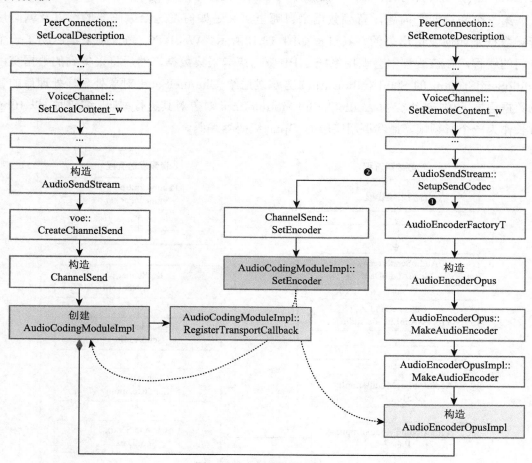

图 13.12　创建音频编码器

在 SetLocalDescription() 方法中,仅完成了创建音频编码器的一半工作,而另一半工作则是在呼叫方收到对端发来的 Answer 消息后调用 SetRemoteDescription() 方法完成的。与 SetLocalDescription() 方法类似,在 SetRemoteDescription() 方法中会调用 VoiceChannel 的 SetRemoteDescription_w() 方法做具体的工作。在 SetRemoteDescription_w() 方法中,调用了 AudioSendStream 的 SetupSendCodec() 方法。该方法特别关键,主要做两件事情:第一件事情,根据媒体协商后的结果调用 AudioEncoderFactoryT 模板工厂创建音频编码器,最终生成 AudioEncoderOpusImpl 对象(Opus 是 WebRTC 默认使用的音频编码器),即步骤❶。第二件事情,调用 ChannelSend 的 SetEncoder() 方法设置音频编码器,也就是将 AudioEncoderModuleImpl 赋值给 AudioCodingModuleImpl 的 encoder_stack_ 字

段，即步骤❷。真正的设置工作是由步骤❶中创建的 AudioEncoderOpusImpl 对象调用其 SetEncoder() 方法实现的。至此，音频编码器就创建好了。

第三个和第四个问题，音频数据来自哪里，又是如何发送给编码器的，以及编码后音频数据是如何发送出去的？其过程如图 13.13所示。WebRTC 为音频采集启动了一个专门的线程，在该线程中会调用系统 API 驱动声卡采集数据，然后将采集到的数据交由 AudioSendStream 的 SendAudioData() 方法发送给 ChannelSend 对象处理，处理后的音频数据层层下传，最终交由 AudioCodingModuleImpl 对象对其进行编码。编码时，以 10ms 时长作为一个音频帧，最终调用底层的 Opus 编码器编码。

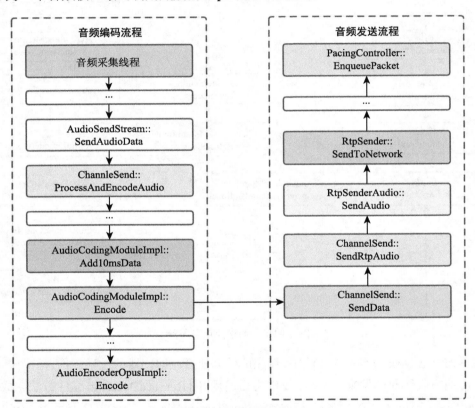

图 13.13　音频编码与发送

编码成功后，编码后的音频帧会通过之前在媒体协商时注册的对象 ChannelSend 发送出去。ChannelSend 收到数据后，调用 SendRtpAudio() 方法将数据传给 RtpSenderAudio 对象，RtpSenderAudio 对象又会调用 SendAudio() 方法把数据交给 RtpSender 对象，最终交由 PacingController 对象的 EnqueuePacket() 方法将数据插入流控队列中，这样网络线程就可以从队列中取出数据发送给远端了。

13.5.2　音频解码

首先需要说明的是，音频编码器的创建时机与音频解码器的创建时机完全不同。音频编码器是在媒体协商时创建的，而解码器的创建则要比编码器灵活得多，是在远端数据过来后才创建的。

为什么两者会有如此大的差异呢？这就要从 RTP 传输协议说起了。在 RTP 中，其 Header 中的 PayloadType 字段专门用于区分数据类型，比如说 PT（PayloadType）为 111，表示该数据是由 Opus 编码的音频帧，PT 为 96，则表示是 VP8 编码的视频帧，这些值都是在 WebRTC 的 SDP 中定义的。因此，WebRTC 在接收到远端音频数据时，通过其 RTP 头中的 PayloadType 字段就可以确定数据是用哪种编码器编码的，同样地，它也可以通过 PT 来创建与之对应的解码器对数据进行解码。这样就使得 WebRTC 在解码数据时变得更加灵活了。

此外，解码数据的消费模式也需要重点强调一下。正常情况下，处理数据的方式都是投递式的，比如网络模块收到数据后，会将数据投递给工作线程，工作线程又会分发给某个模块进行处理，这是一种典型的投递方式。但解码后音频的消费模式则是相反的，它不是由解码线程投递给音频播放线程的，而是由音频播放线程主动发起请求。当音频播放线程发现自己的播放缓冲区中有空间时，就会向上层要数据，直到音频控制模块从队列中取出解码后的数据为止。

音频解码的完整流程如图 13.14所示。从图中可以看到，音频的解码过程由左右两部分组成。左侧部分描述的是音频数据的接收、存储以及第一次收到数据时创建解码器的过程，右侧描述的是音频播放线程需要数据时是如何获取数据并对其进行解码，以及最终播放的过程。

首先看一下图 13.14 的左侧部分。当网络模块收到数据后，会对数据进行层层过滤，最终拿到 RTP 包，并将其插入工作线程队列中；工作线程从队列中取出数据，根据 SSRC 的不同将其放到不同的 BaseChannel 中单独处理，BaseChannel 判断数据属于哪个呼叫⊖（可能同时要与多个用户通信），然后交由对应的呼叫处理。呼叫最主要的作用是进行音视频同步，因此同一个呼叫中既可以包含音频流，也可以包含视频流（一般只有一个音频流和一个视频流）。另外需要注意的是，只有属于同一个呼叫的音视频流才能进行同步，不同的呼叫之间不进行音视频同步。紧接着，呼叫模块利用 RtpStreamReceiverController 将 RTP 头去掉，最终交由 AcmReceiver 将数据插入音频播放线程队列中。如果此数据是该通道收到的第一个音频数据，那么它还会经 NetEq 模块创建音频解码器。在创建解码器时，首先通过 NetEqImpl 获得该数据的解码格式，然后调用模板工厂 AudioDecoderFactoryT

⊖　呼叫（Call），是指通信中用户之间逻辑连接的建立。

创建出具体的编码器，如 AudioDecoderOpusImpl。

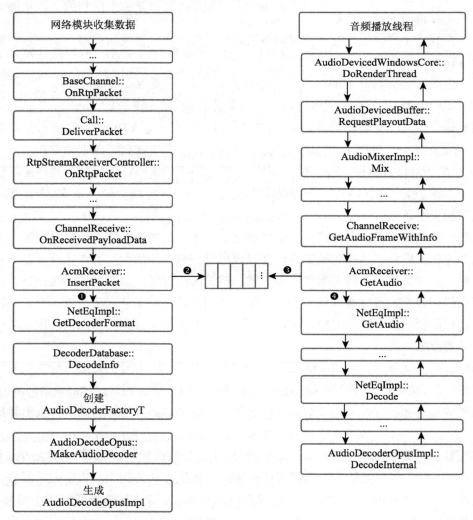

图 13.14　音频解码与播放

接下来看一下图 13.14 的右侧部分。音频播放线程是在媒体协商后启动的，启动后便不断地向上层要音频数据，直到 AcmReceiver 从线程队列中取出数据为止。此时取出的数据不能直接使用，因为它还未被解码。因此，当 AcmReceiver 从队列中拿到数据后，要交由 NetEqImpl 进行解码。默认情况下，NetEqImpl 最终调用 AudioDecoderOpusImpl 类的 DecodeInternal() 方法对音频数据进行解码。解码后的数据再按原路返回到 AudioMixerImpl 模块，在该模块中会对音频进行混音（即如果同时与多个用户通信时，需要将多个用户的语音混成一路音频后再播放出去）。音频混音完成后，音频播放线程最终会将数据填充到声卡的缓冲区中，这样声音就被播放出来了。

13.5.3　视频编码

与音频编码器一样，WebRTC 也支持多种视频编码器，如 VP8、VP9、H1.264 等，具体使用哪种编码器也是在媒体协商阶段决定的。

由于 WebRTC 中视频编码器与音频编码器的管理方式不同，因此它们的创建流程也会有很大的区别。虽然使用哪个视频编码器是在媒体协商时决定的，但其创建则是在收到第一幅（采集的）视频图像时完成的。因此，在媒体协商时，只需确定好视频编码器的类型、视频分辨率的大小以及帧率等信息即可。其过程如图 13.15所示。

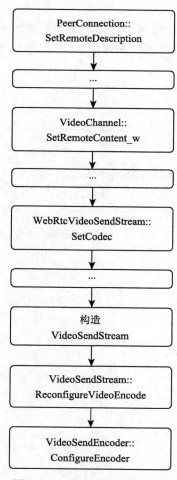

图 13.15　视频编码器的创建

从图中可以看到，作为呼叫的一方，当收到远端 Answer 消息后，会调用 PeerCon-
nection 对象的 SetRemoteDescription() 方法对 Answer 消息进行解释，并将 Answer 消息
中的视频信息交由 VideoChannel 对象的 SetRemoteContent_w() 方法进行处理。在 Set-
RemoteContent_w() 方法中会提取出远端支持的视频编码器列表，然后与本地支持的视
频编码器列表进行匹配，找到双方列表中都支持的第一个编码器即为双方协商的结果。之
后经层层处理，调用 WebRtcVideoSendStream 的 SetCodec() 方法设置编码参数。在调用
SetCodec() 方法设置参数时，该方法会先构造出一个 VideoSendStream 对象，然后调用其
ReconfigureVideoEncode() 方法对旧的参数进行重新配置（如果是第一次配置，则没有旧
的参数），最终将配置信息保存到 VideoSendEncoder 对象中。

视频参数设置好后，接下来我们看一看 WebRTC 是如何创建视频编码器并对视频数
据进行编码的。

WebRTC 创建编码器并进行视频编码的完整过程如图 13.16所示。该图由左右两部分
构成，左侧部分用于接收未编码的视频图像，右侧部分用于视频图像的编码与发送。

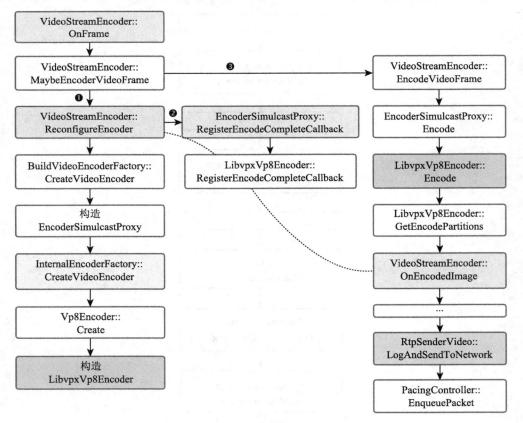

图 13.16　视频编码与发送

　　首先看一下图中左侧部分。正如在 13.4.2 节中介绍的，视频数据被采集后，会由 Video-Broadcast 分发给 VideoSendEncoder 对象进行编码。VideoSendEncoder 通过 OnFrame() 方法即可收到采集的视频图像。收到视频图像后，首先判断其是不是传来的第一幅图像，如果是，则为其创建视频编码器，即图中的第❶步，然后再将视频图像交由编码器进行编码，即图中的第❸步。

　　视频编码器的创建是由 BuildVideoEncoderFactory 工厂类完成的。首先从 VideoStreamEncoder 中获取到协商的视频媒体信息，然后生成 EncoderSimulcastProxy 对象为每路码流创建一个编码器。EncoderSimulcastProxy 的作用是为 WebRTC 开启 Simulcast 机制⊖准备的。当 Simulcast 开启后，WebRTC 可以为同一个视频源生成多路码流，然后再根据网络情况选择合适的码流发送给远端。默认情况下，该机制是未开启的。另外需要说明的是，EncoderSimulcastProxy 为每一路码流生成编码器时，使用的是 InternalEncoderFactory 的 CreateVideoEncoder() 方法，该方法会根据协商的编码器种类生成具体的编码器（默认编码器为 Vp8Encoder），参见代码 13.24。

代码 13.24　创建视频编码器

```
1   std::unique_ptr<VideoEncoder>
2   InternalEncoderFactory::CreateVideoEncoder(…) {
3     if (absl::EqualsIgnoreCase(…, kVp8CodecName))
4       return VP8Encoder::Create();
5     if (absl::EqualsIgnoreCase(…, kVp9CodecName))
6       return VP9Encoder::Create(…);
7     if (absl::EqualsIgnoreCase(…, kH264CodecName))
8       return H264Encoder::Create(…);
9     …
10    return nullptr;
11  }
```

　　当视频编码器创建好后，VideoSendEncoder 还会调用 EncodeSimulcastPorxy 的 RegisterEncodeCompleteCallback() 方法向编码器注册回调对象（即 VideoStreamEncoder），这样当视频图像编码成功后，就可以通过它将编码后的视频帧发送出去。

　　接下来看一下图中右侧部分。当 VideoStreamEncoder 收到采集的视频图像后，无论是否是第一幅图像，都要调用其 EncodeVideoFrame() 方法进行编码。在 EncodeVideoFrame() 内部，为了保证在开启 Simulcast 机制时可以同时编码出多路码流，最终是由 EncoderSimul-

⊖　Simulcast，在同一时刻为同一个视频源生成不同分辨率的码流，WebRTC 会根据带宽情况选择不同的码流传输。

castProxy 对象完成具体工作的。EncoderSimulcastProxy 在生成多路码流之前，会将一份源视频图像复制多份，然后发给各自的编码器去编码。

编码输出的视频帧可以通过 LibvpxVp8Encoder 对象的 GetEncodePartition() 方法获取到，之后再由注册的回调对象（VideoStreamEncoder）调用其 OnEncodedImage() 方法将其发送出去。我们要知道数据的发送是层层传递的，最终经 RtpSendVideo 的 LogAnd-SendToNetwork() 方法输出给网络模块，再由网络模块发送给远端。

13.5.4 视频解码

视频解码是由一个单独的线程处理的，相对于视频编码来说代码逻辑要简单不少，其整体流程如图 13.17所示。

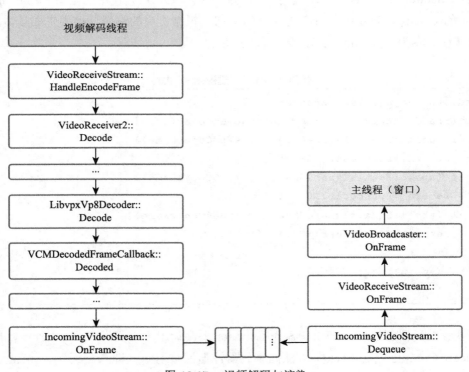

图 13.17 视频解码与渲染

图中包含了两部分内容。左侧为视频解码流程，右侧为解码后视频渲染的流程。

首先看一下图中左侧部分。当媒体协商完成之后，WebRTC 就会启动视频解码线程，之后调用 StartNextDecode() 方法从解码帧队列中读取数据，并交由 HandleEncodedFrame() 方法进行处理，参见代码 13.25。

代码 13.25　视频解码

```
1   void VideoReceiveStream::StartNextDecode() {
2     frame_buffer_->NextFrame(
3       GetWaitMs(),
4       keyframe_required_,
5       &decode_queue_,
6       /* 编码帧处理器 */
7       [this](…) {
8         …
9         decode_queue_.PostTask([…](){
10          …
11          if (frame) {
12            HandleEncodedFrame(std::move(frame));
13          }
14          …
15          StartNextDecode();
16        });
17      });
18  }
```

在上述代码中，如果对其再进行简化的话，可以发现 StartNextDecode() 方法中只调用了 frame_buffer_ 对象的 NextFrame() 这一个方法。由于该方法传入的参数过于复杂，所以才不太好理解，其实关键点是掌握其核心代码的第 9 ～ 15 行。

其中第 9 行代码的作用是将一个匿名方法放入 decode_queue_ 队列中，供其处理线程执行。匿名函数完成了两件事：一是调用 HandleEncodedFrame() 方法处理需要解码的视频帧，即第 12 行代码；二是再次调用 StartNextDecode() 方法，从解码帧队列中读取数据。通过递归调用的方式，不断地处理需要解码的视频帧，直到队列空为止。

接下来分析一下 HandleEncodedFrame() 方法。在 HandleEncodedFrame() 方法中，最重要的工作就是发送关键帧请求。当双方或多方通信时，后加入的一方（用户）接收到的第一个视频帧往往不是关键帧（IDR 帧），这导致接收端无法进行视频解码（涉及视频的编解码原理，读者可自行查阅相关知识）。因此，当接收端发现第一帧不是关键帧时，需要主动向对方请求关键帧。

而后，HandleEncodedFrame() 调用 VideoReceiver2 的 Decode() 方法。该方法实现的功能也非常简单，就是为解码器设置一个回调对象，当解码器解码成功后，通过该回调对象将解码后的视频图像发送出来。当 VideoReceiver2 设置完回调对象后，将数据传送给

LibvpxVp8Decoder 进行真正的解码。

接下来看一下图中右侧部分。视频解码线程最终会将解码后的视频图像通过回调对象 VCMDecodedFrameCallback 交给 IncomingVideoStream 插入视频渲染队列中。视频渲染线程则会不断地从视频渲染列队中取出解码后的视频图像，交给 VideoBroadcaster 进行分发。

VideoBroadcaster 收到数据后，会遍历自己的 Sink 队列，然后将数据分发给每一个 Sink。仍以 peerconnection_client 为例，呼叫方在收到远端的 OnAddTrack 事件时，会调用 StartRemoteRenderer() 方法将主窗口作为 Sink 添加到 VideoBroadcaster 对象中，这样远端传来的视频帧经解码后就被渲染到了主窗口上。

13.6　小结

本章以音视频的数据流转为主线，详细介绍了 WebRTC 内核处理音视频的整个流程，从中可以了解到音视频数据是如何从设备上采集音视频数据，又是如何对其进行编解码的，以及是如何通过网络模块进行传输的。WebRTC 在处理数据流转的过程中，为了保障执行效率，将数据分散到多个线程，以流水线的方式对它们进行"加工"处理，这使得 WebRTC 的代码更让人难于理解。针对这个问题，我们专门用一节篇幅（13.2 节）详细阐述了 WebRTC 的线程模型，介绍了每个线程的作用以及线程之间的数据如何切换等内容。

正如本章开篇所说，WebRTC 是一个巨大"宝藏"，不可能通过一个章节全部展现清楚，本章仅为读者打开了进入 WebRTC 世界的一条门缝。读者若要想有更大的发现，还需要加倍努力。

音视频开发进阶指南：基于Android与iOS平台的实践

作者：展晓凯 魏晓红 ISBN：978-7-111-58582 定价：79.00元

凝聚资深专家多年经验和最佳实践的结晶，深入解析音视频开发技术

FFmpeg从入门到精通

作者：刘歧 赵文杰 编著 武爱敏 审校 ISBN：978-7-111-59220 定价：69.00元

FFmpeg官方代码维护者与SRS主要贡献者联袂出品，音视频领域资深专家校审

深入讲解流媒体开发与应用技术，通过实例详解FFmpeg音视频技术的具体使用方法，大幅降低新手入手难度，同时解决了FFmpeg使用者无处可查的疑难问题

Flutter实战

作者：杜文 编著 ISBN：978-7-111-64452 定价：99.00元

Flutter中文网社区创始人倾力撰写的网红书《Flutter实战》正式出版
从入门、进阶到应用开发实战详细阐述Flutter跨平台开发技术

Flutter技术入门与实战 第2版

作者：亢少军 编著 ISBN：978-7-111-64012 定价：89.00元

本书由资深架构师撰写，从实战角度讲解Flutter
　　从基础组件的详解到综合案例，从工具使用到插件开发，包含大量精选案例和详细实
操步骤，还有配套视频课程可帮助读者快速入门